MEIN COSTA RICA

INA KNOBLOCH

40 Jahre im Einsatz für den Dschungel

NATIONAL GEOGRAPHIC

INHALT

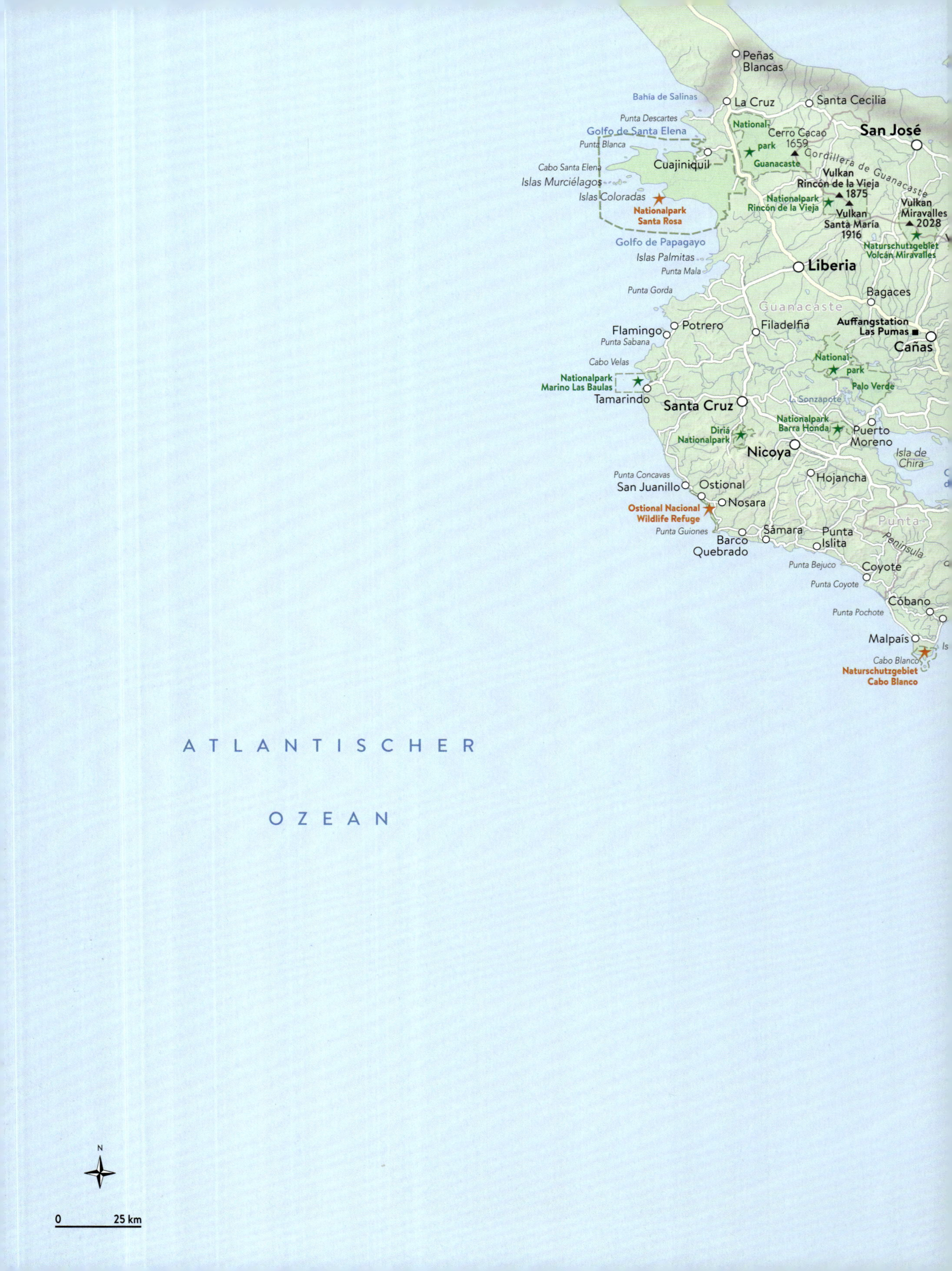
Peñas Blancas
Bahia de Salinas
La Cruz
Santa Cecilia
Punta Descartes
Golfo de Santa Elena
Nationalpark Guanacaste
Cerro Cacao 1659
San José
Punta Blanca
Cuajiniquil
Cordillera de Guanacaste
Cabo Santa Elena
Islas Murciélagos
Vulkan Rincón de la Vieja 1875
Islas Coloradas
Nationalpark Santa Rosa
Nationalpark Rincón de la Vieja
Vulkan Santa María 1916
Vulkan Miravalles 2028
Naturschutzgebiet Volcán Miravalles
Golfo de Papagayo
Islas Palmitas
Punta Mala
Liberia
Punta Gorda
Bagaces
Guanacaste
Flamingo
Potrero
Filadelfia
Auffangstation Las Pumas
Cañas
Punta Sabana
Cabo Velas
Nationalpark Palo Verde
Nationalpark Marino Las Baulas
Tamarindo
Santa Cruz
La Sonzapote
Nationalpark Barra Honda
Puerto Moreno
Diriá Nationalpark
Nicoya
Isla de Chira
Punta Concavas
San Juanillo
Ostional
Hojancha
Nosara
Ostional Nacional Wildlife Refuge
Punta Guiones
Barco Quebrado
Sámara
Punta Islita
Punta Peninsula
Punta Bejuco
Coyote
Punta Coyote
Cóbano
Punta Pochote
Malpaís
Cabo Blanco
Naturschutzgebiet Cabo Blanco
ATLANTISCHER OZEAN
N
0 25 km

NICARAGUA
Río San Juan
Los Chiles
Refugio Nacional de Vida Silvestre Mixto Caño Negro
Laguna Caño Negro
San Rafael de Guatuso
Alajuela
Boca Tapada
Lagarto Lodge
Río San Juan
Punta Castilla
Karibisches Meer
Barra del Colorado
Laguna Cahue
Naturschutzgebiet Barra del Colorado
Tortuga Lodge & Gardens
Manatus Hotel
Tortuguero
Nationalpark Tortuguero
Heredia
Limón
Vulkan Arenal 1670
Naturschutzgebiet Fortuna Waterfall
La Fortuna
Wasserfall La Fortuna
Nationalpark Volcán Arenal
Pital
Puerto Viejo de Sarapiquí
Ciudad Quesada (San Carlos)
Cloud Lodge Böena
Biologisches Reservat Monteverde
Station La Tigra
Cordillera de Tilarán
Cerro Ojo de Agua 1761
Juntas
Nationalpark Juan Castro Blanco
Vulkan Poás 2708
Rara Avis Rain Forest Lodge
Parismina
Guápiles
Zarcero
Vulkan Poás-Nationalpark
National-park Braulio Carrillo
San Ramón
Puntarenas
Siquirres
Boca del Río Matina
Vulkan Turrialba 3330
Cordillera Central
Böëna Parcuare Lodge und Schutzgebiet
Puerto Limón
Heredia
Río Segundo
Internationaler Flughafen Juan Santamaría
Vulkan Irazú 3432
Irazú Vulkan Nationalpark
CATIE Forschungs-station
National-park Barbilla
Limón
Puntarenas
Orotina
SAN JOSÉ
Turrialba
Selva Bananito Lodge
Nationalpark Cahuita
Isla Cedros
Crocodile Bridge
Nationalpark Carara
Santiago de Puriscal
Cartago
Cartago
Islas Negritos
Isla Alcatráz
Tárcoles
San José
Punta Cahuita
Cahuita
Puerto Viejo de Talamanca
Punta Tambor
San Antonio
Nationalpark Tapantí-Macizo
Cerro La Muerte
Jaguar Centro de Rescate
Tree House Lodge
Natur schutzgebiet Gandoca-Manzanillo
Isla Herradura
Jacó
San Marcos
Cerro Sákira 3418
Punta Guapinol
Nationalpark Los Quetzales
National-park Chirripó
Punta Judas
Parrita
Cerro Terbi 3766
Cordillera de Talamanca
Quepos
Arenas Del Mar Beachfront & Rainforest Resort
Manuel Antonio
Nationalpark La Amistad - Talamanca Range
Punta Catedral
Savegre
Nationalpark Manuel Antonio
San Isidro El General
San José
Cerro Kamuk 3550
PANAMA
Cerro Nai 3130
Punta Dominical
Kura Boutique Hotel
Nationalpark Marino Ballena
Uvita
Cristal Ballena
Punta Uvita
Pejibaye
Buenos Aires
Cerro Fábrega 3336
Isla Boca Brava
Palmar Sur
Isla Boca Chica
Bahía de Coronado
Cortés
Site Museum Farm 6
Puntarenas
Isla Zacate
Humedal Nacional Térraba-Sierpe
Sierpe
Isla Violín
San Vito
Fila Cruces
Punta Sierpe
Nationalpark Piedras Blancas
Isla del Caño
Drake
Rincón
Dos Ríos
Ciudad Neily
Lodge Punta Marenco
Playa Nicuesa
Golfito
Golfo Dulce
Punta Llorona
National-park
Laguna Corcovado
Corcovado
Puerto Jiménez
Punta Zancudo
La Cuesta
Península de Osa
Bahía de Pavón
Punta Salsipuedes
Lapa Rios Lodge
Cabo Matapalo
Punta Banco
Puerto Armuelles
Bahía de Charco Azúl
Golfo de Chiriquí
Punta Vanegas
Punta El Mangle
Punta Gorda
Punta Burica
Isla Burica

VORWORT

Sehnsucht nach dem Dschungel

»Dschungel« – allein das Wort löst bei mir seit jeher Glücksgefühle aus. In Costa Rica ging dieser Traum für mich in Erfüllung, dort bin ich seit fast 40 Jahren immer wieder im Einsatz für den Dschungel, für Forschung und Naturschutz, als Vermittlerin zwischen den Welten.

Costa Rica heißt »reiche Küste«. Der Reichtum des mittelamerikanischen Landes war seit jeher die Natur, der Urwald mit einer Artenvielfalt, die hierzulande kaum vorstellbar ist, in einem demokratischen Land ohne Militär. Ein Mekka für Biologinnen und Naturliebhaber, ein Paradies für Ornithologen und genau so, wie ich mir als Kind den Dschungel vorgestellt hatte. Ein bedrohter Sehnsuchtsort, den ich schon damals in Büchern und im Frankfurter Palmengarten entdeckt hatte, in der Schule immer wieder zeichnete und während meines Studiums erforschte.

Sehnsuchtsort Dschungel: *Die einmalige Artenvielfalt im tropischen Regenwald entfaltet sich in Costa Rica besonders prachtvoll. Schon früh faszinierte mich die einzigartige Fauna des Urwalds, wie meine Kinderzeichnung bezeugt, die ich in der 5. Klasse anfertigte.*

Die frühen 1980er-Jahre waren eine düstere Zeit voller Zukunftsängste, geprägt von dem Mantra meiner Generation: »Erst wenn der letzte Baum gerodet, der letzte Fluss vergiftet, der letzte Fisch gefangen ist, werdet ihr merken, dass man Geld nicht essen kann.« Diese Prophezeiung machte vor 40 Jahren als Weissagung der Cree die Runde, während Bilder vom brennenden Amazonas-Dschungel um die Welt gingen. Es spielte keine Rolle, dass dieser Satz so von den indigenen Cree wohl nie gesagt wurde. Die Botschaft zählte. Zusammen mit den Nachrichten über die heimischen sterbenden Wälder und katastrophalen Chemie-Unfällen fügten sich die Impressionen des Urwald-Infernos zu einem apokalyptischen Szenario im Schatten des Kalten Kriegs. In der dystopischen Stimmung jener Zeit hatten wir wahlweise die drastischen Folgen des Klimawandels, den Atom-

oder Chemie-Supergau oder den Dritten Weltkrieg vor Augen. Die Bilder von der Zerstörung der Erde haben mich damals nicht nur erschüttert, sondern bereiteten mir fast körperliche Schmerzen. Obwohl das Thema bald von anderen Katastrophen überlagert wurde und aus den Medien verschwand, hat die Umweltbewegung mit ihren konkreten Forderungen und Vorschlägen viel erreicht. Die Erde wäre heute eine andere, eine bessere, wenn Natur- und Klimaschutz damals konsequent weiterentwickelt worden wären. Der Fehler darf sich nicht wiederholen.

Die Rettung der Schatzkammer Regenwald habe ich zu meiner persönlichen Aufgabe gemacht. Mit der Bewahrung der tropischen Wälder schützen wir die Menschheit. Um den Dschungel zu retten, habe ich als Biologin geforscht, Bäume gepflanzt, Waldstücke unter Schutz stellen lassen und einen Verein zur Erhaltung der grünen Lunge unserer Erde gegründet. Die Bedeutung der Regenwälder für die Menschheit spielt in meinen Filmen, Artikeln, Büchern und Vorträgen immer wieder die zentrale Rolle. Dieses Buch ist eine Hommage an Costa Rica, das Land, das mehr für den Erhalt der Regenwälder und anderer Urwälder getan hat, als jeder andere Staat auf der Welt. Seine Einwohner setzen sich für den Schutz von Natur und Klima ein, und das schon seit Jahrzehnten.

Als Vermittlerin zwischen den Welten will ich für ein Paradies werben, das der Menschheit schon unendlich viel geschenkt hat: einzigartige Artenvielfalt, Grundlage für Nahrung, Medikamente, Tee, Kaffee, zauberhafte Blumen aus Wäldern, die wir weiterhin skrupellos vernichten und dem Technikwahn opfern. Aus purer Gier zerstört der Mensch unschuldige Natur. Lebensräume werden für Fleisch, Gold, Edelsteine, seltene Erden, Edelholz, Sojabohnen, Ölpflanzen, Tabak, Gummi, Palmöl oder Drogen vernichtet. Dafür wurden und werden die Regenwälder der Erde in atemberaubendem Tempo dem Erdboden gleichgemacht. Bereits vor mehr als 40 Jahren, als die Zerstörung noch lange nicht so weit vorangeschritten war wie heute, aber erstmals in das Bewusstsein der Menschen vordrang, sehnte ich mich danach, diesen artenreichen Lebensraum zu sehen, riechen, fühlen, zu erforschen und zu schützen. Ich wollte Wege finden, den Urwald zu retten und meinen Teil zum Erhalt dieses einzigartigen Lebensraums beitragen.

Kartoffeln an der Leine

Aus dieser Sehnsucht heraus forschte ich am Botanischen Institut der Frankfurter Goethe-Universität in den 1980er-Jahre an einer Nutzpflanze, die in den Tropen weitverbreitet ist: die Yamswurz, genauer die Art *Dioscorea bulbifera*, eine tropische Liane mit kartoffelähnlichen Knollen, die nicht unter der Erde gedeihen, sondern als dicke Bollen direkt aus den Blattachseln herauswachsen, quasi Kartoffeln an der Leine. Das stärkereiche Gemüse ist ein wichtiges Grundnahrungsmittel und eine bedeutende Heilpflanze mit dem wertvollen Wirkstoff Diosgenin. In den 1950er-Jahren kamen erste Anti-Baby-Pillen auf den Markt, basierend unter anderem auf Yams-Progesteron.

Zu der Zeit hörte ich zum ersten Mal von Costa Rica. Das Bild von dem Dschungelparadies schlich sich damals gleich doppelt in meine Gedankenwelt: Von der wissenschaftlichen Seite über die Beschäftigung mit der Yamswurz und privat durch den ausgewanderten Familienfreund Roland Lelin, der die Natur von Costa Rica in den leuchtendsten Farben schilderte. Ebenso enthusiastisch berichtete ein Studienkollege, der gerade von einem Forschungsaufenthalt in Costa Rica zurückgekehrt war. Zu der Zeit gab es noch keinen einzigen deutschsprachigen Reiseführer über Costa Rica, kein Reisebüro hatte das Land im Programm, geschweige denn Informationen zu dem Staat zwischen Nicaragua und Panama. Ein Land, wenig größer als die Schweiz, aber vielfältiger als ganz Europa. Ein paradiesischer wei-

Keimzellen: *Der Frankfurter Palmengarten (rechte Seite) entfachte meine Leidenschaft für tropische Wälder, während meine Forschungen im Bereich Zellkultur (unten) mich schließlich nach Costa Rica führten.*

ßer Fleck auf der Landkarte. So faszinierend, dass ich beschloss, das erste deutschsprachige Reisebuch über das Tropenparadies zu schreiben sowie Reportagen über wichtige Projekte in Costa Rica zu verfassen. Mit ein paar enthusiastischen Zeilen konnte ich schnell einen Verlag begeistern.

Das Dschungelfieber hatte mich allerdings schon viel früher gepackt. Die Sehnsucht nach tropischen Wäldern kannte ich bereits als Kind. Vielleicht war es der Duft der feuchten Erde, durchdrungen von exotischen Düften, den ich von klein auf liebte und aus den Gewächshäusern im Frankfurter Palmengarten kannte. Dort entdeckte ich die tropische Pflanzenwelt, inhalierte die Gerüche und verinnerlichte die vielfältigen Formen und Farben der üppigen Vegetation. Gewächshäuser können zwar nur einen dürftigen Eindruck der Dschungelvielfalt geben, aber dennoch eine faszinierende Essenz der Regenwaldpflanzen präsentieren. Inmitten des Großstadtdschungels Frankfurt beherbergen die sogenannten Tropicarien des Palmengartens verschiedene tropische Lebensräume mit ihren charakteristischen Pflanzen vom Nebelwald bis zum Mangrovensumpf. Bei jedem Besuch lernte ich etwas dazu: von wandernden Palmen bis zu gebärenden Mangroven, von insektenfressenden Kannenpflanzen bis zu Schlingpflanzen mit Ameisen-Armeen. Manche Arten halten einen Drogen-Cocktail bereit, um Tiere zu locken oder zu töten – ganz nach Bedarf. Die Überlebenstricks vor allem der Dschungelpflanzen sind so fantasievoll, dass man sie sich kaum selbst ausdenken könnte. Aspirin, Chinin, Diosgenin, Serotonin und Dutzende andere Wirkstoffe gehen auf Pflanzen zurück, selbst Antibiotika haben ihren Ursprung in Pflanzen und Pilzen. Die Bandbreite der medizinisch wirksamen Inhaltsstoffe in der Natur ist unfassbar groß und noch lange nicht ausgeschöpft.

Diese wahren Geschichten von Mutter Natur hatten mich gepackt wie ein spannender Krimi. Für meine Feldforschungen an der Yamswurz schickte mir das costa-ricanische Forschungsinstitut CATIE (Centro Agronómico Tropical de Investigación y Enseñanza) im Frühjahr 1987 eine Einladung und wenig später der Deutsche Akademische Austauschdienst (DAAD) Flugschein und Stipendium. Mein Ticket ins Paradies.

Nationale Naturschätze

Von aktiven Vulkanen, wimmelnden Regenwäldern und traumhaften Stränden

Lange bevor man in Deutschland Naturräume konsequent unter Schutz stellte, wurden in Costa Rica die ersten Nationalparks gegründet. Die Bereiche um die Zwillingsvulkane Irazú und Turrialba machten 1955 den Anfang. Nach Gebietserweiterungen erstreckt sich dieser Nationalpark inzwischen über eine Fläche von 2000 Hektar. Der erste Waldnationalpark des Landes geht auf den deutsch-schwedischen Auswanderer Nils Olof Wessberg zurück. Der in Eberswalde geborene Wessberg lebte im Süden der Guanacaste-Halbinsel und engagierte sich für die Nationalparks Cabo Blanco und Corcovado. Dass Cabo Blanco den Schutzstatus erhält, konnte er 1963 durchsetzen. Bei seinen Recherchen vor Ort für den Corcovado-Nationalpark wurde der Naturschützer 1973 ermordet, der Park aber dennoch wenig später gegründet.

Der Staat Costa Rica ist inzwischen weltweit führend bei dem Ziel, klimaneutral zu werden. Bis 2030 soll dieses Vorhaben realisiert werden. Rund ein Drittel der Landesfläche steht unter Naturschutz, neben mehr als 20 Nationalparks und anderen staatlichen Schutzgebieten gibt es über hundert großflächige private Areale. Zu Öko-Lodges gehört

***Gut behütet:** Über ein Viertel der Landesfläche Costa Ricas wird durch Nationalparks streng geschützt, viele entlang der atemberaubenden Küsten. Durch den Schutz des Dschungels werden auch seine tierischen Bewohner bewahrt.*

beispielsweise immer ein Waldschutzgebiet, das den Gästen für Exkursionen zur Verfügung steht und durch gut gekennzeichnete Dschungelpfade erschlossen ist.

In Costa Rica kommen sämtliche Waldtypen der Neotropen vor, also der tropischen Regionen der »Neuen Welt«: Trockenwald, Nebelwald, Regenwald, Bergregenwald, Mangrovensumpf bis hin zur Savanne. Etwa 850 Vogel- und 230 Säugetierarten sind in Costa Rica beheimatet. Vor allem die Faultiere, die vier verschiedenen Affenarten, die Nasen- und Ameisenbären bezaubern die Besucher. Diese Tiere lassen sich auch recht gut in der Wildnis beobachten, besonders erfolgreich in Begleitung eines fachkundigen Guides. Unter den Vögeln sind der Rote und der Grüne Ara, verschiedene Tukan-Arten, Kolibris und der seltene Quetzal die Highlights einer Dschungeltour. Kolibris können in allen Waldtypen entdeckt werden, Quetzals nur im Nebelwald, Aras und Tukane vor allem im Tieflandregenwald. Letztere sieht man zumeist auf der südlichen Halbinsel Osa, die Grünen Aras im Norden am Río San Juan, an der Grenze zu Nicaragua.

Zu den beliebtesten touristischen Regionen zählen die Vulkane Poás, Rincón de la Vieja und Irazú; das Nebelwaldgebiet Monteverde, die Strände von Guanacaste, die Halbinsel Osa, Strand und Wald im Nationalpark Manuel Antonio sowie das Sumpfgebiet Tortuguero. Am Vulkan Arenal gibt es Thermalquellen.

Jack Wolfskin
VIEJO CAÑERO
VODKA
ZAR

AUFBRUCH INS PARADIES

Vom Großstadtdschungel in den Urwald

Weichenstellend: *Meine erste Expedition in den Dschungel von Costa Rica im Herbst 1987 markierte einen Wendepunkt in meinem Leben. Seitdem widme ich mich dem Schutz dieses fragilen Ökosystems und berichte darüber in meinen Büchern und Filmen.*

Vor meiner Promotion hatten dramatische Umweltkatastrophen für Schlagzeilen gesorgt: die Katastrophe von Bhopal, bei der Zehntausende Menschen starben, das Sandoz-Chemie-Unglück, das den Rhein verseucht hatte, und die Atomkatastrophe von Tschernobyl – um nur einige wenige zu nennen. Meine Sehnsucht nach einem heilen, friedlichen Ort war daher noch größer als zu Studienbeginn und die Vorfreude auf Costa Rica unbändig. Das Land verhieß neben Dschungelglück und Abenteuer auch Frieden und Freiheit. 1987 erhielt der costa-ricanische Präsident Óscar Arias den Friedensnobelpreis.

Roland Lelin, der Costa-Rica-Auswanderer aus unserem Familienkreis, wollte mich in der Hauptstadt San José am Flughafen abholen. Die Informationen zu meiner Ankunft hatte ich handschriftlich per Luftpost an das Postfach 18 in Nosara geschickt. Eine andere Möglichkeit gab es damals nicht – Direktflüge auch nicht und so war die erste Reisestation Miami. Beim Zwischenstopp in Florida schlug mir ein Schwall feuchtheißer Luft entgegen. Nichts war von der Hurrikan-Saison zu spüren, die normalerweise im Oktober durch den US-Staat tobt, begleitet von sintflutartigen Regenfällen. So fühlte sich der Klimawandel an, dachte ich, nahm aber zugleich den strahlenblauen Himmel als gutes Omen – für mein costa-ricanisches Abenteuer wie für den Weiterflug. Wenig später tauchte unter mir das nächtliche Lichtermeer der Hauptstadt San José auf. Auch dort trübte kein Wölkchen die Sicht auf mein gelobtes Land.

Inzwischen habe ich alle Wettervarianten und Naturgewalten in Costa Rica erlebt, aber der erste Eindruck bleibt prägend. Wer bei Gewitter in San José landet und die ersten Tage bei sintflutartigem Regen verbringt, wird sich nicht so glücklich erinnern, wie ich es tue. Aber ohne diesen Regen wäre die Natur weniger üppig und die Vielfalt nicht so groß. Der Dschungel ist durstig, sehr durstig und mit ebenso großem Appetit verschlingt er das verteufelte CO^2. Nur dort, wo der Mensch eingegriffen hat, richten die tropischen Regengüsse Schaden an. In einem unberührten Urwald entstehen nicht einmal Pfützen, der Waldboden saugt alles auf und leitet überschüssige Feuchtigkeit in Flüsse und ins Grundwasser ab. Höchstens dort, wo Tiere den Boden verdichten, Wildschwein und Tapir sich suhlen, sammelt sich Regen-

Kleine Landeskunde

Die »reiche Küste« Mittelamerikas

Bei seiner vierten und letzten Reise im Jahr 1502 hatte Christoph Kolumbus die schmale Landbrücke zwischen Nord- und Südamerika entdeckt und war auf einer kleinen Insel vor der costa-ricanischen Karibikküste gelandet. Den Landstrich benannte er nach dem überwältigenden Reichtum der Natur. So will es zumindest die Legende. Andere behaupten, die Indigenen hätten Kolumbus mit ihrem üppigen Goldschmuck beeindruckt. Costa Rica heißt nichts anderes als »reiche Küste«. Heute ist zweifellos die Natur der größte Schatz des Landes.

Diesem Reichtum »jagen« auch die Touristen hinterher. Costa Rica ist kein einsamer Garten Eden mehr, aber immer noch ein Paradies in einer immer schwieriger werdenden Welt. In den vergangenen 40 Jahren hat sich vor allem der Ökotourismus stark entwickelt. Im ganzen Land gibt es inzwischen Dschungel-Lodges oder kleine Hotelanlagen, die sich als Ausgangspunkte für Exkursionen in den Regenwald, den Nebelwald, zu den Vulkanen, Flüssen oder anderen Naturattraktionen anbieten.

Der Staat Costa Rica gilt als das politisch stabilste Land in Mittelamerika, und er unterhält traditionell enge Beziehungen zu Deutschland. Von dort kamen kurz nach der Unabhängigkeitserklärung im Jahr 1821 die ersten Kaffeebauern ins Land. Die Unabhängigkeit von der Kolonialmacht Spanien führte schon im 19. Jahrhundert zu einem demokratischen Staatswesen. Seit dem Jahr 1946 gibt es kein Militär mehr. Zum Schutz der Urlauber ist seit einigen Jahren die Touristenpolizei unterwegs. Costa Rica ist ein vergleichsweise sicheres Land mit einem hohen Bildungsgrad und entsprechenden Hygienestandards. Das erleichtert auch das Reisen mit Kindern.

Bezaubernd: *Die Orchidee* Guaria Morada Cattleya skinnier *(oben) schmückt als Nationalblume von Costa Rica nicht nur die Geldscheine der Landeswährung Colones (linke Seite), sondern verkörpert auch wie viele andere Tier- und Pflanzenarten die Schönheit des Landes.* ***Starke Frauenfiguren****, wie die Skulpturen in der Innenstadt sie darstellen, repräsentieren das Land. Die im Zentrum von San José aufgestellte, gut zwei Meter große Bronzestatue* La Chola *ist besonders hervorzuheben (unten).*

Die Tierwelt ist im Vergleich zu Afrika und Australien harmlos – aber unglaublich bunt und beeindruckend.

Costa Rica liegt auf der Landbrücke zwischen Nord- und Südamerika und zeichnet sich auch daher durch eine besonders große Artenvielfalt aus. Was zum einen in der Brückenfunktion des Landes zwischen den beiden Kontinenten begründet liegt und zum anderen in seiner topografischen und klimatischen Mannigfaltigkeit, bedingt durch den Bergrücken der Kordilleren, der Costa Rica in West- und Osthälfte teilt. Dabei kennzeichnet das Land als tropische Region ohnehin ein großer Reichtum an Tier- und Pflanzenarten. An der atlantischen Küste im Osten erstrecken sich typisch karibische Strände, gesäumt von Dschungel und dem Schutzgebiet der indigenen Bribri. Am Pazifik sind die Strände entlang der gesamten Küste sehr abwechslungsreich.

wasser. Oder in den winzigen Zisternen, die Bromelien und andere Pflanzen für genau diesen Zweck bilden.

Bei meiner Ankunft zeigte sich das Land von seiner freundlichsten Seite, die Sterne funkelten am klaren Himmel. Als ich die Maschine in sommerlicher Kleidung verließ, fröstelte ich. Es dauerte einen Moment, bis mir einfiel, dass ich mich auf einem Bergplateau in 1200 Metern Höhe befand, auf dem das ganze Jahr über frühlingshafte Temperaturen herrschen. Schon Alexander von Humboldt hatte festgestellt, dass die Temperatur in den Tropen pro 100 Höhenmeter um 1°C sinkt. Mich erwarteten entsprechend angenehme 18–20°C und eine frische Brise. Kein Wunder, dass sich die europäischen Einwanderer im 19. Jahrhundert vor allem auf diesem Plateau niedergelassen hatten.

Unsere Maschine war weit und breit das einzige Flugzeug auf dem damals noch winzigen Airport. Es schien, als wären alle Flughafenmitarbeiter mit der Ankunft unseres Flugzeugs aus sanften Träumen erwacht und sofort in emsiges Treiben verfallen – allerdings fern von jeglicher Hektik. Mañana (morgen), tranquilo (langsam) lautet das Motto in Costa Rica, nur keine Hektik und nichts überstürzen. Diese Beschwörung der Gemütlichkeit verschaffte dem Bodenpersonal genug Zeit, die unverhältnismäßig vielen und teilweise unförmigen Gepäckstücke in die Halle zu schaffen, Resultate von Shopping-Exzessen in Miami, die damals zur Gewohnheit gutsituierter costa-ricanischer Familien gehörten. Auch mein Gepäck war zu groß, dabei ist weniger im Dschungel manchmal mehr; ich hatte noch viel zu lernen.

Mit dem »Costa-Rica-Unterricht« wollten Monika und Roland, die vor dem Terminal warteten, gleich beginnen. Wir durchquerten den Stadtpark mit einem Musiktempel im Jugendstil, umgeben von anmutigen tropischen Gewächsen, die im Vollmondlicht bizarre Schatten warfen. Zwischen riesigen Gummibäumen und endlos langen Palmen schritten wir auf einem von verschnörkelten Parkbänken gesäumten Weg, vorbei an dem Musiktempel, der mir irgendwie bekannt vorkam. Tatsächlich ist es der exakte Nachbau eines Bauwerks im Versailler Schlosspark, aber erst 1920 aufgestellt. Ein Relikt aus den Zeiten rauschender Feste einer einst prosperierenden Stadt, die nach einem Erdbeben in einen Dornröschenschlaf verfiel, aus dem sie erst langsam wieder erwachte. Unser Ziel lag in unmittelbarer Nähe, die Klänge lateinamerikanischer Tanzmusik drangen bereits gedämpft in den Park, mischten sich mit dem Gezirpe von Zikaden. Für mich traumhaftes Tropenkonzert und für meine Freunde alltägliche Geräuschkulisse, von der sie keine Notiz nahmen. Zielsicher steuerte Roland auf ein viktorianisches Gebäude zu, aus dem Salsa-Klänge drangen. Costa Rica tanzend erobern? Trotz Müdigkeit, ich war bereit.

Als das Telefon am nächsten Morgen um 7.30 Uhr klingelte, war ich schon wieder wach, dem Jetlag und der tropischen Sonne, die das ganze Jahr über pünktlich um 6 Uhr über den Horizont steigt, sei dank. Endlich ging es los Richtung Dschungel. Da die Pazifikküste von Costa Rica dank zweier großer Halbinseln viele Kurven macht und eine Küstenstraße die Strecke von Nicaragua nach Panama um ein Vielfaches verlängert hätte, wurde die Panamericana durch die Hochebene im Zentrum verlegt. Dort windet sie sich wie eine Schlange in den Kordilleren die Berge hinauf und hinunter. Entsprechend langsam kroch Rolands vollgepackter Pick-up die Serpentinen hoch. Schwerbeladene, uralte Laster bremsten den Verkehr auf der damals einzigen Nord-Süd-Verbindungsstraße des Landes, die in Costa Rica als Carretera Interamericana bekannt ist. Obwohl inzwischen eine weitere Schnellstraße an die Küste führt, geht es auch heute nicht schneller. Die Anzahl der Fahrzeuge hat sich in der Zeit mindestens verzehnfacht.

Auf der Panamericana durch den Dschungel

Insgeheim war ich damals dankbar für die langsame Fahrt. So hatte ich Zeit, die atemberaubende Landschaft zu genießen. Endlose Kaffeeplantagen schmiegten sich an Bergrücken, dazwischen Schattenbäume, deren leuchtend orangene Blüten hell im Morgenlicht strahlten: Korallenbäume. Jahrzehntelang war Kaffee das braune Gold von Costa Rica, der wichtigste Wirtschaftsmotor des Landes, vor allem im 19. Jahrhundert. Wobei die grünlich-grauen Kerne der knallroten Kaffeekirsche erst nach dem Rösten braun werden. Noch waren die Kaffeekirschen allerdings grell grün. Die Korallenbäume setzten feurige Farbtupfer auf die Felder, die sich in über 1000 Höhenmetern über die Hänge breiteten. Erythrina variegata, so der botanische Name der Bäume, wird nicht nur als Schattenspender zwischen die Kaffeesträucher gepflanzt: In ihren Wurzeln leben stickstofffixierende Bakterien, die den Boden mit natürlichem Dünger anreichern und damit die Kaffeepflanzen versorgen. Außerdem schützen sie den Kaffee vor schädlichen Insekten, wirken als natürliches Insektizid. Die attraktiven Blüten locken Insekten an und betäuben sie, sodass sie leichte Beute für die Vögel sind. Aber kein Gift, das nicht auch medizinische Wirkung hat, und so werden auch verschiedene Extrakte des Korallenbaums seit Jahrhunderten in der Volksmedizin genutzt. Am Ende der Regenzeit entzünden die Bäume ihr florales Leuchtfeuer, und mit Beginn der Trockenzeit werfen sie ihr Laub ab, sodass nur noch die Blüten an den kahlen Bäumen leuchten und orangerot in den Wipfeln tanzen wie Fackeln im Wind.

Das farbenprächtige Schauspiel war schlagartig vorüber, als ein dichter Nebelschleier über die Bergkuppe zog, gespenstisch über den Asphalt waberte

und sich zu einer weißen Wand aufbaute. Wie aus dem Nichts tauchten wenig später steile Felsvorsprünge direkt neben der Straße auf, die engen Kurven waren kaum mehr zu sehen. Die Panamericana hatte uns schnurstracks in die Wolken geführt. Roland kannte die Strecke bestens, und ich schaute fasziniert in die geisterhafte Nebellandschaft. Riesige Baumfarne lugten hinter den Nebelfeldern hervor, Tillandsien hingen wie zotteliges Lametta an Bäumen, Pfählen und Zäunen. Mit ihren silbrig

Legendär: *Die Panamericana, die das Land von Nord nach Süd durchzieht und sich durch die Kordilleren schlängelt, trifft auf eine üppige Vielfalt aus dichtem Dschungel und nebelverhangenen Bergwäldern. Entlang dieser berühmten Route von Alaska nach Feuerland gedeihen zahlreiche exotische Pflanzen.*

glitzernden, winzigen Schuppen saugen diese seltsamen Ananas-Verwandten Feuchtigkeit und Nährstoffe aus der Luft. Andere thronen auf den Ästen und sammeln Wasser in einer Zisterne am Blattgrund. Eine vage Vorstellung, wie archaisch beeindruckend die costa-ricanischen Nebelwälder sind, konnte ich hier bereits erhaschen. Dann gab der schwindende Nebel auf einmal einen beeindruckenden Panoramablick auf die Tiefebene und den Pazifik frei. Die Landschaft änderte augenblicklich ihr Gesicht. Galeriewälder voller seltsamer Bäume mit grüner oder stacheliger Rinde säumten die Straße. In der Ebene prägten ausgedehnte Rinderweiden die Landschaft. Wir hatten den »Wilden Westen« Costa Ricas erreicht: Einst dicht bewaldet, von den Siedlern fast vollständig abgeholzt, erholt sich der Wald dank umsichtiger Politik und zahlreicher Aktivisten zwar langsam wieder, aber aggressive Großkonzerne bedrohen die Regeneration.

Damals dominierten ausgemergelte Zebu-Rinder auf ausgedehnten Weiden das Bild von Guanacaste, der nordwestlichen Provinz von Costa Rica. Die Tiere dösten unter den Kronen mächtiger Guanacastebäume, im Schatten. Ein einzelnes Rind benötigt einen Hektar Weidefläche, um satt und »schlachtreif« zu werden. Für jedes einzelne Tier musste also ein Hektar Urwald abgeholzt werden. Die dickstämmigen Guanacastebäume mit den feinfiedrigen Blättern ließen erahnen, was für ein beeindruckender Wald hier einst gestanden hatte. Nur noch zwei Prozent dieses einzigartigen Trockenwalds blieben in ganz Mittelamerika übrig – sonst gibt es diesen besonderen Urwald nirgends auf der Welt.

Ganze vier Monate fällt in der Region kein Tropfen Regen. In dieser Zeit stellen sich die Bäume auf Dürre ein. Die meisten Arten verlieren ihre Blätter, andere können, ähnlich wie Kakteen, während der Regenzeit Wasser in ihren mächtigen Stämmen speichern, das sie während der Trockenzeit nach und nach aufbrauchen. Damit nimmt auch der Stammumfang erheblich ab und während der darauffolgenden Regenzeit wieder zu – eine spannende Tatsache, die meine Baumhausplanung später noch erheblich beeinflussen sollte.

Costa Rica ist das einzige tropische Land, das angesichts der dramatischen Zerstörung der Regen-

Weidelandschaft: *Was bei uns als idyllische Weidelandschaft gilt, ist ein Zeichen für Abholzung und Zerstörung des Urwalds. 98 Prozent der mittelamerikanischen Trockenwälder wurden vor allem für die Fleischproduktion zerstört. In Costa Rica ist vor allem der Nordwesten betroffen, die Provinz Guanacaste, doch langsam kehrt der Wald zurück (links).* ***Lebende Zäune*** *säumen viele Weiden, Pfähle aus Stammsegmenten treiben wieder aus. Faszinierend ist die Wundheilung der widerstandsfähigen Bäume. Neues Gewebe umschließt den eindringenden Draht und erscheint wie ein lächelndes Gesicht (rechts).*

wälder bereits in den 1980er-Jahren »den Rückwärtsgang« einlegte, die Wiederbewaldung von Weideflächen förderte und an dieser Strategie bis heute festhält. Seither haben sich die natürlichen Waldbereiche ausgedehnt, und das Land ist heute grüner und bewaldeter als bei meiner ersten Reise, aber nicht mehr so wild und einsam an den Stränden. Romantische Kulturlandschaften mit idyllischen Almwiesen sind nichts anderes als zerstörte heimische Urwaldflächen.

Wir fuhren bereits eine Stunde durch die Weidelandschaft, als plötzlich ein Lastwagen voller Rinder hinter einer Kurve auftauchte und Roland den Pickup zum Stehen bringen musste. »Mittagspause«, rief Monika und öffnete die Tür der klimatisierten Fahrerkabine. Ein Schwall heißer Luft schlug uns entgegen: Ich war endgültig in der tropischen Hitze angekommen. Nach dem Verlassen der Hochebene befanden wir uns inzwischen auf Meeresniveau, und die Temperatur war drastisch gestiegen. Nach einem kurzen Fußmarsch verstand ich unseren Halt: Wir warteten auf die Fähre über den Golf von Nicoya oder eher an die Spitze des Golfs mit der Flussmündung des Río Tempisque. Längst verbindet eine Brücke die Halbinsel Nicoya mit dem Festland. Die El Puente de la Amistad Costa Rica-Taiwan war ein Geschenk der taiwanesischen Regierung. Costa Rica baut Brücken zu verschiedenen Ländern und Regierungen, Deutschland war einst der wichtigste Partner dafür. Damals aber sog ich auf der Überfahrt über das von Mangroven gesäumte ausgedehnte Flussdelta die erste tropische Meeresbrise meines Lebens ein, und ich ahnte bereits, dass der Pazifik hier etwas ganz Besonderes für mich werden würde.

Mit der Überfahrt erreichten wir die letzte größere »Stadt«, die kaum 15 000 Einwohner zählte: Nicoya. Nach ihr ist die ganze Halbinsel benannt. Der alte Kolonialort war bereits in präkolumbianischer Zeit ein bedeutendes Zentrum indigener Kultur. Insgesamt gab es einst acht verschiedene präkolumbianische Kulturen in Costa Rica. Im Nordwesten des Landes, in der heutigen Provinz Nicoya, herrschten die Chorotegas und hinterließen zahlreiche kunstvolle Keramiken. Viel mehr ist von ihnen nicht bekannt, die Kolonialherren haben lange vor der Staatsgründung die Indigenen weitgehend ausgelöscht. Heute leben keine tausend Menschen mehr in Costa Rica, die sich selbst als Chorotega bezeichnen, aber die Regierung ist bemüht, Sprache und Kultur zu fördern und wiederzubeleben. Die Kirche im Zentrum der Stadt wurde Anfang des 17. Jahrhunderts errichtet und gilt als das älteste, noch erhaltene Gotteshaus im ganzen Land. Vermutlich wurde sie genau an der Stelle gebaut, wo einst der Tempel der Chorotegas stand. Angeblich hat ein Franziskanermönch aus Deutschland die Glocken in diese Kirche mit den seltsamen Insignien von »San Blas« geholt.

Wir ließen die Asphaltstraße hinter uns und bogen auf eine Schotterpiste ab: Hier war Roland der König der Straße mit dem damals wahrscheinlich tauglichsten Fahrzeug der ganzen Region. Wir begegneten mehr Pferden, Kühen, Eseln, Schweinen und sonstigem Getier als Autos und durchquerten mit Volldampf mehrere Flüsse. Der Dschungel wurde immer dichter. Am Straßenrand zog sich ein Galeriewald entlang, und selbst die Zäune der Weiden fingen an zu leben. »Holzpfähle« schlugen Wurzeln und Triebe, trotzten dem Stacheldraht, verschlangen ihn förmlich mit aufgerissenen oder geschlossenen Mäulern, die sich um den Draht gebildet hatten. Die Wundheilung der Bäume hatte im wahrsten Sinne des Wortes Wunder vollbracht. Noch nie zuvor in meinem Leben war ich durch eine so unberührte Gegend gefahren. Begeistert erblickte ich wilde Affen, Leguane, Ameisenbären, Papageien, Kolibris und einige andere Exoten, die mir später vertraute Nachbarn werden sollten.

Lagarta – allein im Dschungel

Während wir den letzten Fluss durchquerten, färbte sich der Himmel schon leicht rosa. Wenige Minuten später wurde der Urwald so dicht, dass Lianen die Windschutzscheibe streiften. Kurz darauf schossen wir um die Ecke auf einen hügeligen Bergrücken hinauf: Lagarta. Am Haus erwarteten uns Monikas vierjähriger Sohn Christoph, die Nachbarin und eine ziemlich gefährlich erscheinende Hundemischung, die auf den Namen Mickey hörte. Von der Terrasse bot sich eine gigantische Aussicht auf den Mangrovensumpf, eine wilde Flussmündung und den schier endlosen Sandstrand vor dem im Abendlicht fun-

Sehnsuchtsort: *Der unverbaute Blick von der Felsspitze vom alten Lagarta auf Mangrovensümpfe, Pazifik, Flussmündung und Sonnenuntergang war einzigartig. Bei Dreharbeiten für ARTE und ARD haben wir die Aussicht auf das Naturparadies festgehalten. Unverändert der Sonnenuntergang an unserem »Hausstrand« Pelada vor der Strandbar, nur nicht mehr so einsam (rechte Seite).*

kelnden Pazifik. Wie zur Begrüßung in Nosara ging die tiefrote Sonne unter und entfachte ein wahres Farbfeuerwerk. Fasziniert starrte ich noch lange auf die schillernden rot-orangenen Töne am Himmel, die sich im immer dunkler werdenden Pazifik spiegelten. Der Mangrovenwald war bald kaum mehr zu erkennen, aber die Grillen zirpten immer lauter, begleitet von anderen, exotischen Urwaldgeräuschen. Ich fühlte mich wie im Paradies.

Mit einem Mal war es stockfinster. Das flammende Spektakel am Himmel war wie mit dem Lichtschalter ausgeknipst, der letzte Funken Helligkeit abrupt verschwunden. Im gleichen Augenblick übermannte mich die Müdigkeit, was meinen Gastgebern wohl nicht entging. »Zeig Ina doch mal ihr Zimmer«, bat Monika ihr Söhnchen und wies dabei in die rabenschwarze Neumondnacht auf einen vom Dschungel überwucherten Hügel. Mir war vorher gar nicht aufgefallen, dass das Haus außer einer großen offenen Wohnküche keinerlei weitere Zimmer hatte. Trotzdem war ich mir sicher, dass die beiden mich auf den Arm nehmen wollten. Doch noch bevor ich etwas sagen konnte, ergänzte Roland stolz: »Ich habe dir doch erzählt, dass die beiden Gästezimmer jetzt endlich fertig sind. Da oben hast du ganz deine Ruhe.«

Als sich meine Augen an die Dunkelheit gewöhnt hatten, konnte ich schemenhafte Umrisse von riesigen Bäumen erkennen. Der Junge bewegte sich leichtfüßig wie Mowgli durch den Dschungel und leuchtete mir mit einer Taschenlampe. Beklommen folgte ich dem Vierjährigen, während Zikaden und andere nächtliche Urwaldtiere ihr Konzert zum Crescendo steigerten. Wir erreichten die Anhöhe, gekrönt von zwei Bungalows, die sich zwischen Felsen und Bäume schmiegten. Auf der zum Meer gerichteten Seite trennten Schiebetüren mit Moskitoschutzgittern den Schlafraum vom Dschungel. Kein Schloss, kein Sichtschutz, direkter Blick vom Bett zu Dschungel, Mangroven und Meer. Freier Blick auch in die andere Richtung – ich wähnte allerlei glotzende Augen auf mich gerichtet, vom Jaguar bis zum Brüllaffen.

Noch während ich mich im Zimmer umschaute, war Christoph schon in der Dunkelheit verschwunden. Wenn ich jetzt noch eine Frage gehabt hätte, wäre mir nichts anderes übrig geblieben, als allein dem dunklen Urwaldpfad zum Haupthaus zu folgen. Trotz Müdigkeit konnte ich nicht gleich einschlafen, und dann sah ich sie alle, meine vielen kleinen Mitbewohner. Hier verschwand eine Spinne hinter dem Spiegel, dort ein Käfer unter einem Bild und da eine Ameise in einer Ritze. Willkommen im Urwald! Das gleichmäßige Geräusch der Brandung, gepaart mit dem Zirpen der Zikaden, wirkte entspannend. Noch eine Weile konnte ich den silbernen Streifen des Pazifiks sehen, der sich still und heimlich in meine Träume schlich. Aber selbst im Traum wäre ich nicht auf die Idee gekommen, dass ich Jahrzehnte später nur wenige Meter entfernt in meinem eigenen Baumhaus von dem Dschungelkonzert in den Schlaf gesungen werden würde.

NORDPAZIFIKKÜSTE

Zauberhafter Trockenwald, Mangroven und bewegende Schildkröten

Regenwald mit allen Sinnen: *Tropische Wälder riechen ganz besonders und haben mich vom ersten Tag an beglückt und auch bei der Wahl meines Urwaldgrundstücks für mein Baumhaus beeinflusst. Das gilt auch für die Affen, meine sympathische tierische Nachbarschaft.*

»Uh-uh-uh-uh«. Der Ruf des Dschungels war nicht sanft, sondern ein lautstarkes Gebrüll, fast wie Gebell, und er riss mich aus dem Tiefschlaf, als die Dämmerung einsetzte. Damals ein furchterregendes Geräusch, gehört der Sound heute zu meiner geliebten Morgenmelodie im Baumhaus. Nach dem ersten Schreck hatte ich den Ton jedoch erkannt: der Ruf der Brüllaffen auf ihrer Route durch die Baumwipfel kurz vor Sonnenaufgang. Mit ihrem eindringlichen Gebell halten die Affen ihre Gruppe zusammen und verschrecken mögliche Feinde. Ihre zweite Abwehrstrategie bekam ich gleich darauf fast zu spüren, als ich mit einem Fernglas nach draußen eilte: Ein riesiger Flatsch, gefolgt von einem wässrigen Strahl, landete vor meinen Füßen – Affenpisse. Die Affen saßen direkt über mir in einem riesigen Pochotebaum, der wie ein Hüter über den Hügel auf der Spitze des bewaldeten Felsens thronte. Ich war auf einen Schlag wach, beobachtete die Tiere und wünschte mir ein Baumhaus.

Ein Traum, den ich mir an diesem magischen Ort erfüllt habe. Heute muss ich den Kopf nicht mehr verrenken, um Affen zu beobachten. Die Brüllaffen wandern direkt in Augenhöhe durch die Wipfel um mein Baumhaus herum oder verweilen und knabbern genüsslich an Blättern Früchten und Blüten. Schon lange schreien sie mich nicht mehr an in meinem »Nest«, sie haben sich an mich, die kauzige Nachbarin, gewöhnt.

Füttern verboten

Trotz ihres lauten und furchterregenden Gebells sind Brüllaffen völlig harmlos – ganz anders die Kapuzineraffen. Die Äffchen mit dem markanten weißen Gesicht und dem dunklen Fell am Hinterkopf kennen die meisten als niedlichen »Herrn Nielson« von Pippi Langstrumpf. Sie sind aber keinesfalls nur niedlich, sondern können aggressiv gegen Menschen werden – allerdings nur da, wo sie gefüttert werden. Kapuzineraffen sind im Gegensatz zu den rein vegetarisch lebenden Brüllaffen Omnivoren, das heißt sowohl Fleisch- als auch Pflanzenfresser. Einmal habe ich in einem Nationalpark gesehen, wie sie ein Brüllaffenbaby gefressen haben und hätte am liebsten eingegriffen. Allerdings ist in Costa Rica keinerlei Eingriff in die Natur erlaubt, im Nationalpark schon gar nicht.

Dazu gehört auch das Füttern von Wildtieren, dennoch sind viele Touristen unbelehrbar. Einige Tiere werden dadurch schnell aggressiv, sie verlieren ihre natürliche Hemmung vor Menschen und fordern immer aggressiver »ihr« Futter ein. In meinem Baumhaus erlaube ich Besuchern daher noch nicht einmal, Fruchtabfälle über die Terrasse zu entsorgen. Denn Brüllaffen sind nicht meine einzigen Nachbarn, verschiedene Waschbärarten, Ameisenbären, Gürteltiere, Wildkatzen, Streifenhörnchen und viele andere Tiere tummeln sich im Dschungel rundum. Vor allem die Waschbären verbinden heruntergeworfene Küchenabfälle sehr schnell mit ihrer Quelle und werden rasch zu penetranten Eindringlingen.

Brüllaffen sind jedoch absolut friedliche Zeitgenossen und auch nicht an meiner Vorratskammer interessiert. Ihre wirksame Angewohnheit, Störenfrieden auf den Kopf zu scheißen, sollte man aber besser nicht vergessen. Nach meiner ersten Nacht im Dschungel habe ich mich nie wieder unter einen Ast mit zeternden Affen gestellt.

Der Duft des Dschungels

Wenn die Brüllaffen an Frangipani-Blüten knabbern, werde ich allerdings unleidlich. Der Parfüm-Baum, *Plumeria alba*, wächst rund um mein Baumhaus und verströmt einen göttlich zarten, fast lilienähnlichen Duft. Die unscheinbaren, fünfblättrigen, weißgelben Blüten öffnen sich gegen Ende der Regenzeit und verströmen ihren Wohlgeruch. Die Frangipani wächst entlang der gesamten mittelamerikanischen Küste. Bekannt sind die duftenden Blüten vor allem in Südostasien und auf den Südsee-Inseln. Wann und wie die Pflanze, die schon den Azteken heilig war, über den Pazifik zu den Inseln und auf den asiatischen Kontinent gelangte, ist unbekannt. Schon seit Jahrhunderten wird die Frangipani fast im gesamten süd-

Durststrecke: *Während der Trockenzeit verlieren viele Bäume ihr Laub, und von meinem Baumhaus aus bietet sich dann ein besonders guter Blick auf den Sonnenuntergang. In dieser Zeit reifen auch zahlreiche Früchte, wie die Schoten des Parfümbaums Frangipani, die im Vordergrund zu sehen sind.*

Gute Nachbarschaft: *Brüllaffen sind ebenso wählerisch bei Blättern und Blüten wie ihre Nachbarn. Sie haben vor meiner Ankunft in diesem Urwald gelebt und besuchen mich auch heute noch täglich an meinem Baumhaus.* ***Kohlenstoffspeicher:*** *Mein Baumhaus wurde aus dem Holz der Bäume gebaut, die ich vor fast 40 Jahren auf einer Rinderweide gepflanzt habe. Richtig gepflanzt, wachsen die Bäume rasend schnell und erreichen bereits nach fünf Jahren diese Größe.*

asiatischen und südpazifischen Raum als heilige Tempelpflanze verehrt. Sie kommt in der Parfüm-Herstellung wie in der ayurvedischen Medizin zum Einsatz, ihre starke antibiotische und antivirale Wirkung ist seit Langem bekannt und gut erforscht. Inzwischen konnten sogar krebshemmende und antidiabetische Wirkstoffe nachgewiesen werden.

Mein Dschungelgrundstück ist also ein riesiger Parfümflakon mit medizinischer Nebenwirkung. Bei der Planung meines Baumhauses hatte ich das wohlriechende, fünfblättrige Blütenblatt vor Augen, musste an die fünfblättrige Wildrose und das heilige Pentagramm denken, das selbst in Goethes Tragödie »Faust« Eingang gefunden hat. Mein kleines Baumhaus sollte fünfeckig mit weißem Dach werden und an eine große Frangipani-Blüte erinnern. Aber bis dahin war es noch ein weiter Weg.

Holz statt Hamburger

Mit dem Holz von Pochotebäumen (*Pachira quinata*, früher *Bombacapsis quinata*) wollte ich es bauen, aber nicht mit den Bäumen des Walds oder uralten Solitären wie dem vor meinem Gästehäuschen, auf dem die Affen turnten, spielten und speisten, als ich meine erste Nacht in Costa Rica verbrachte. Das Holz dafür wollte ich anbauen. Auf seiner Finca, die einige Kilometer entfernt lag, hatte Roland bereits begonnen, Rinderweiden mit Pochote-Setzlingen zu bepflanzen.

Einst beherrschten die stacheligen Riesen die Wälder der Region, bis die Weiden sie verdrängten. Das wollten wir ändern – »Holz statt Hamburger« hieß der Slogan. Und wir pflanzten Tausende dieser Pochotebäume auf den Weiden. Schlechte Haltung und Aufzucht mit genmanipuliertem Soja, und Unmengen von Antibiotika und Vakzinen sind für Mensch und Erde keine gesunde Alternative. Ich halte es schon lange wie die Brüllaffen und esse kein Fleisch, Pochote-Blüten habe ich auch schon probiert. Die Affen schnabulieren sie wie Pralinen, die Blätter, um satt zu werden, die Blüten zum Dessert. Wie Puderquasten zieren sie gegen Ende der Regenzeit die ausladenden Bäume aus der Malvenfamilie und verströmen einen feinen Duft mit antibakterieller und antiviraler Wirkung. Zumindest sind diese Blüten dafür in der Volksheilkunde bekannt. Bei zahlreichen anderen Malvenblüten ist dieser Effekt auch wissenschaftlich nachgewiesen, vor allem bei Atemwegserkrankungen. Die Einheimischen essen die Blüten oder brühen daraus einen Tee.

Schon bei meinem ersten Forschungsaufenthalt hatte ich gehofft, wissenschaftliche Analysen zum Thema anstoßen zu können. Bis heute gibt es keine phytopharmazeutischen Untersuchungen zu dem Baum, und wir stehen kurz davor, die Dschungel-Apotheke fast vollständig zu verlieren. Einem aktuellen Forschungsbericht des Kew Magazine aus dem Royal Botanic Garden Kew vom Oktober 2023 zufolge, stehen allein 70 Prozent der Blütenpflanzen kurz vor dem Aussterben und damit auch die meisten Medizinalpflanzen. Fast alle Medikamente gehen auf pflanzliche Wirkstoffe zurück.

Mit dem Aufforstungsprojekt wollten Roland und ich bereits damals ein Zeichen gegen den Raubbau setzen und die Biodiversität der Region revitalisieren, indem wir heimische, vom Aussterben bedrohte Arten anbauten. Die meisten Plantagenbesitzer in Lateinamerika pflanzen hingegen Teak, oft in gewaltigen Ausmaßen. Teak ist begehrt, Teak ist teuer, Teak wächst schnell und ist lukrativ. Den zentralamerikanischen Pochote aus der Familie der Kapokbäume kennt dagegen kaum jemand, obwohl er in der Region einst vielfältig genutzt wurde.

Der Preis für Pochote-Plantagenholz ist wesentlich niedriger als für Teak – kein gutes Geschäft, aber nachhaltig und gut für die Region. Teak kommt aus Asien und zerstört mit seinen starken Gerbstoffen, die die lateinamerikanischen Mikroben offensichtlich schlecht vertragen, die Mikrofauna und damit die Biodiversität Mittelamerikas. Baum pflanzen ist eben nicht gleich Baum pflanzen.

Baumkulte

Die Ureinwohner verehren den Pochote und andere Kapokbäume als heilige Bäume und nutzen sie in fast allen Teilen: Blüten und Blätter als Medizin, die faserigen Früchte, um Matratzen zu füllen und Dächer gegen Hitze zu dämmen und das Holz zum Bau von Möbeln und Hütten. Manche Kapokbäume werden gigantisch groß, verzweigen sich erst weit oben und sehen wie überdimensionierte Flaschen aus. Wie afrikanische Baobabs füllen sich diese

Heilend und heilig: *Von krautigen Ingwergewächsen mit opulenten Blüten (oben links) bis zu den unterschiedlichsten Urwaldriesen, fast alle Pflanzen werden volksmedizinisch genutzt, viele sind den Indigenen heilig, vor allem Kapokbäume. Dazu gehört der imposante, stachelige Pochote* (Pachira quinata)*, der einst die Trockenwälder dominierte und mit dem wir Weideflächen wieder bewaldet haben (unten links), ebenso der riesige »dickbäuchige« Kapokbaum* (Ceiba pentandra)*, neben dem ich wie ein Zwerg erscheine.*

Baumriesen während der Regenzeit auf. Das Wasser speichern sie in speziellen Zellen und bekommen davon einen regelrechten »Bauch«, von dem sie in der trockenen Zeit zehren. Ihre fast leuchtend grüne Rinde steckt voller Chlorophyll für Fotosynthese, auch während der Trockenzeit. Die Trickkiste der Natur scheint unerschöpflich.

Das betrifft auch die Abwehr gegen Fressfeinde. In jungen Jahren ist die Rinde fast aller Kapokarten gespickt mit riesigen Stacheln. Damit halten sie sehr effektiv gefräßige Tiere fern, die auf dem Urwaldboden leben und gerne an jungen Rinden knabbern, vor allem Rehe und Hirsche. Hunger und Durst sind im Dschungel von Guanacaste bei allen Tieren in der Trockenzeit groß, und nicht nur Pflanzen schützen sich mit Stacheln vor Feinden, was Rolands Hund bitter zu spüren bekam.

Eines Morgens saß Mickey jaulend auf der Terrasse, mit einem Bart, der jedem Weihnachtsmann zur Ehre gereicht hätte. Dieser Bart war das Ergebnis eines forschen Angriffs auf ein Stachelschwein und überaus lehrreich für den auf den ersten Blick furchterregenden Mischling aus Dobermann und Dogge, der so drollig und lieb war wie im Comic. Bei meinen täglichen Strandspaziergängen begleitete und beschützte mich Mickey. Seine feine Nase führte mich zu manch interessantem Ort, der mir sonst verborgen geblieben wäre.

Leben für den Wald

Über Trockenwälder und einen Dschungelmord

Costa Rica liegt am 10. nördlichen Breitengrad und damit absolut tropisch, mit über das Jahr gesehen kaum spürbaren Temperaturschwankungen. Sehr deutlich fällt jedoch der Unterschied zwischen Regen- und Trockenzeit aus – allerdings nicht im ganzen Land, sondern nur in der westlichen Hälfte. Die Trockenzeit beginnt im Dezember und endet im April. Im Nordwesten, in der Provinz Guanacaste, ist sie am längsten und stärksten ausgeprägt. Wenn im Südwesten längst tropische Gewitter den Wald befeuchten, darbt die Nordwestregion noch immer. Dort beginnt der Wald gegen Ende der Regenzeit karg zu werden. Die Bäume verlieren die Blätter, dafür erblühen und duften einige in dieser Zeit einzigartig schön, ganz ohne grünes Blattkleid. Weiter südlich wird es immer feuchter, und entlang der Ostküste gibt es gar keine ausgeprägte Trockenzeit. Das Klima während der Trockenzeit empfinden viele Europäer angenehmer als das feuchtheiße Wetter im atlantischen Tieflandregenwald, und es gibt weniger Tropenkrankheiten. Daher haben sich auch einige spanische Kolonialherren einst in Guanacaste niedergelassen. In der Hauptstadt der gleichnamigen Provinz Nicoya steht die älteste Kirche des Landes, die Iglesia San Blas. Ein erstes Gotteshaus aus Holz wurde dort Anfang des 16. Jahrhunderts errichtet, die heutige Kirche stammt aus dem 17. Jahrhundert.

Zu Beginn des 20. Jahrhunderts wurden die Trockenwälder im großen Stil abgeholzt, nur zwei Prozent des ursprünglichen Urwalds waren erhalten, als Nils Olof Wessberg Anfang der 1950er-Jahre nach

Zwei Gesichter des Trockenwalds: *Von Dezember bis April zeigt sich dieser besondere mittelamerikanische Urwald ohne Blätterkleid, wie die Wälder bei uns im Winter, nur bei fast 40 °C im Schatten (linke Seite). In dieser Zeit sind die Bewohner des Walds besonders gut zu beobachten, wie dieser grüne Leguan (Iguana Iguana), oben links im Bild. Während der Regenzeit ist der dann saftig grüne Trockenwald für den Laien vom Regenwald nicht zu unterscheiden (oben rechts). Einzig: Es gibt kaum noch intakten Trockenwald.* ***Cabo Blanco*** *ist eine Ausnahme. Hier hat sich dieser besondere Wald dank Olof Wessberg wieder gut erholt. Zahlreiche Urwaldriesen prägen das Schutzgebiet (unten rechts).*

Costa Rica auswanderte und sich an der Südspitze der Halbinsel Nicoya niederließ. Er und seine Frau Karen waren die ersten Waldschützer in dieser Region. Sie hatten ihr Heimatland verlassen, weil sie in einem Land ohne Militär leben wollten. Die überzeugten Veganer konnten Einheimische und Regierung dafür gewinnen, die Region wieder zu bewalden und Restwälder zu behalten. Die Spitze zwischen Golf und Pazifik wurde durch die Initiative der Wessbergs 1963 als Cabo-Blanco-Nationalpark unter Schutz gestellt. Sie beherbergt heute die meisten Urwaldriesen der Trockenregion von Costa Rica.

Bei seinem Einsatz auf der Halbinsel Osa kam Wessberg vermutlich der Holz-, Drogen oder Goldmafia in die Quere und wurde ermordet. Der bald ermittelte Täter wurde wenige Wochen nach seiner Verurteilung im Gefängnis getötet. Karen Wessberg setzte das gemeinsame Lebenswerk fort – bei meiner ersten Costa-Rica-Reise war sie noch aktiv und ihr Engagement inspirierend.

Was für eine Schlange!

Auf einem unserer täglichen Wege zum Strand nahm Mickey plötzlich Witterung auf und lief kläffend davon. Wenige Sekunden später flog laut schimpfend eine Schar Geier in die Luft. Ich folgte dem Hund, und an der nächsten Biegung des Dschungelpfads sah ich, worauf sich die Geier gestürzt hatten: eine riesige Boa. Die Schlange konnte noch nicht lange tot sein, sie lag fast völlig intakt zusammengerollt unter einem Baum. Es war ein gigantisches Exemplar. Eine Schlange von dieser Größe habe ich seither nie wieder gesehen, obwohl ich diesen Weg noch Hunderte Male gegangen bin und auch sonst auf zahlreichen Dschungelpfaden im ganzen Land unterwegs war. Nachdem der Hund verschwunden war, kehrten die Geier einer nach dem anderen zurück, um ihr blutiges Werk zu vollenden. Sie sind die Müllabfuhr des Dschungels, die Kadaver zerlegen und den Kreislauf des Lebens aufrechterhalten. Kleintiere wie Käfer, Ameisen und Fliegen folgen, Pilze und Mikroben ebenfalls. Als Arbeiter im Dienst der Vergänglichkeit übernehmen sie in rasantem Tempo, was in den kühleren Regionen der Erde viel länger dauert.

Beim Weitergehen sinnierte ich noch, wie viel Zeit vergehen würde, bis nur noch das Gerippe der Riesenschlange übrig ist, als eine Horde Affen um mich herum in Bäumen und Gebüsch tobte. Plötzlich kam auch Mickey laut kläffend angeschossen und jagte die armen Affen, die gerade auf etwas niedrigeres Gebüsch gesprungen waren. Vor lauter Schreck muss eine Affenmutter ihr Kind verloren haben. In Sekundenschnelle hatte der Hund das Affenbaby im Maul. Wie eine Furie raste ich laut schreiend hinter Mickey her, die das Kleine fallen ließ und mit eingezogenem Schwanz verschwand. Zum Glück kam

Serpentes: *Die Vielfalt der Schlangen in Costa Rica ist beeindruckend. Die Gefahr, durch einen Schlangenbiss zu sterben, ist deutlich geringer als bei einem Verkehrsunfall. Die meisten Arten sind ungiftig, wie die Abgottschlange* (Boa constrictor)*, auch bekannt als Königsschlange, und man sieht sie nur selten.*

Dschungelarbeiter: *Ameisen spielen eine entscheidende Rolle als Gärtner im Dschungel. Sie helfen dabei, den Urwald sauber zu halten. Wanderameisen beseitigen totes Fleisch, während Blattschneideameisen im Dschungeldach gärtnern und unterirdisch Pilze kultivieren, die Blattmasse in Nahrung umwandeln.*

die Affenmutter gleich zurück und holte ihr Baby. Ich bildete mir ein, dass sie mir noch einen dankbaren Blick zuwarf, bevor sie im Dickicht verschwand. Verletzte und verwaiste Urwaldtiere sind keine Seltenheit. Die Ursachen sind vielfältig: Straßen und Autos, Stromleitungen und Wilderer, gelegentlich Hunde. Inzwischen liegen über das ganze Land verteilt Auffangstationen von engagierten Tierschützern. Heute gibt es allein in Nosara zwei Wildtierauffangstationen und am Strand sogar zwei Lifeguard-Einrichtungen, die jede erdenkliche Hilfe in der Not bieten.

Damals war ich, egal zu welcher Tageszeit, fast immer allein mit Mickey am Strand unterwegs und konnte in aller Ruhe Pelikane, Fregattvögel, Austernfischer, Pillendreher-Krabben, Einsiedlerkrebse, Leguane und viele andere Arten beobachten. Bei Ebbe kamen zahlreiche kleine Meeresbewohner hinzu, die sich in den Felspools tummelten und erst wieder bei Flut entflohen. Die Strandspaziergänge mit ihren vielfältigen Entdeckungen erfüllten mich mehr als jeder Luxusurlaub.

Unterschätzte Alleskönner

Am nächsten Morgen schaute ich auf dem Weg zum Strand bei der Schlange vorbei und traute meinen Augen kaum: Fast nur noch das blank polierte Gerippe war übrig geblieben. Die gründliche Reinigung war allerdings nicht allein das Werk der Geier gewesen – überall wuselten Ameisen, Tausende von Ameisen, und zwar große Ameisen: Militärameisen. Roland erzählte später, dass er einmal das Haus hatte räumen müssen, als eine breite Straße Militärameisen im Anmarsch war. Kein Krümel, kein Käfer und keine Kakerlake wären anschließend mehr im Haus zu finden gewesen. Ameisen sind

Heilende Pflanzen und giftige Gewächse

Aus der Schatzkammer der Dschungelapotheke

Tropische Wälder sind regelrechte Schatzkammern voller heilender Pflanzen. Die Indigenen gaben ihr wertvolles Wissen an die frühen Entdecker weiter. Die Neue Welt wurde zu einem Mekka für Mediziner und Pharmazeuten aus Europa, viele ihrer Schriften mit Beschreibungen und Rezepturen sind im Apothekermuseum in Heidelberg archiviert. Zahlreiche Pflanzen, die in der lateinamerikanischen Volksmedizin oder von Indigenen verwendet werden, wurden bislang aber kaum wissenschaftlich untersucht, und einige drohen auszusterben, bevor ihr Nutzen erforscht werden kann. Der Überlebenskampf der Natur geschieht im tropischen Trockenwald oft besonders trickreich, entsprechend vielfältig sind die Abwehrmechanismen im Pflanzenreich. Bei allen Giftstoffen, die Pflanzen entwickeln, um sich vor Fressfeinden zu schützen, gilt die Weisheit des Arztes und Naturphilosophen Theophrastus Bombast von Hohenheim (1493–1541), genannt Paracelsus: »Alle Dinge sind Gift, und nichts ist ohne Gift; allein die Dosis macht's, daß ein Ding kein Gift sei.« Zu diesen »Giften«, die genau genommen Wirkstoffe sind, gehört auch das bekannte Malariamittel Chinin, das auf den ebenfalls in Costa Rica beheimateten Chinarindenbaum *Cinchona* aus der Familie der Rötegewächse zurückgeht. Kaum bekannt ist

Tierische Kundschaft: *Kolibris und viele andere Dschungeltiere nutzen heilende pflanzliche Wirkstoffe und bedienen sich in der Dschungelapotheke (linke Seite). Die prächtige Kostwurz* (Cheilocostus speciosus), *die ursprünglich aus dem asiatischen Raum stammt, wächst bereits seit Jahrhunderten wild in Costa Rica, vor allem auf strandnahen Lichtungen (oben links). Der Annatto-Strauch* (Bixa orellana) *ist in Costa Rica heimisch und wird traditionell zur Insektenabwehr und zum Schutz vor Sonnenbrand genutzt (links unten und rechts).*

die medizinale Wirkung der Kostwurz *Hellenia speciosa*, die entlang der Pazifikküste wild wächst, vor allem an halbschattigen, küstennahen Plätzen. Die prachtvolle, ingwerverwandte Staude gilt in der costa-ricanischen Volksmedizin als eine Art Wunderheilpflanze. Neben ihrer Wurzel und den Blüten werden vor allem den Wirkstoffen im Stängel Heilkräfte bei Magen-Darm-Beschwerden nachgesagt.

Eine weitere, recht unbekannte und im Nordwesten häufig genutzte Pflanze ist der Achote- oder Annatto-Strauch *Bixa orellana*. Die knallroten Samen der Pflanze hatten bei den Ureinwohnern ein breites Anwendungsspektrum – vom Aphrodisiakum bis zum Sonnenschutzmittel. Heute wird Achote vor allem zum Färben von Lebensmitteln eingesetzt. Auch die Blüten der Pochotebäume (*Pachira quinata)* dienen den Einheimischen als Heilmittel sowie die als Parfümpflanze bekannte Frangipani, *Plumeria alba*, die überall entlang der pazifischen Küste gedeiht.

Die Liste könnte endlos fortgesetzt werden. Die Universität von Costa Rica ist bemüht, die heimischen Heilpflanzen zu registrieren, zu kultivieren und zu erforschen. An verschiedenen Standorten wurden botanische Gärten mit Medizinalpflanzen angelegt, die indigenen Bribri kultivieren noch heute ihre eigenen Gärten mit Heilpflanzen.

Gärtner im Dschungeldach: *Mehr als 40 verschiedene Blattschneideameisen-Arten der Gattungen* Atta und Acromyrmex *»beackern« die tropischen Wälder Süd- und Mittelamerikas (links).* **Kanonenkugelbaum** (Couroupita guianensis) *nennt sich treffend der in Costa Rica heimische Baum (oben). Er trägt Früchte, die an Kanonenkugeln erinnern und direkt am Stamm wachsen, ähnlich wie bei Kakaobäumen.*

Wunderwesen, insgesamt gibt es mehr als 13 000 verschiedene Arten auf unserem Planeten und ständig werden neue entdeckt. Die meisten leben in den Tropen, die allerkleinsten und die allergrößten sowieso. Wer in seiner Dschungelküche die Vorräte nicht hermetisch abriegelt, hat blitzschnell ein Ameisenproblem. Winzige, keinen Millimeter große Ameisen dringen durch jede Öffnung. Ganze Zuckerdosen fangen plötzlich an zu leben, wenn sie nicht luftdicht verschlossen sind.

Nachdem ich die Ameisen an dem Schlangengerippe beobachtet hatte, sah ich genauer auf den Dschungelboden. Wenig später entdeckte ich unzählige Blattstücke, die sich wie auf einer Miniaturautobahn vorwärts bewegten. Gegenverkehr gab es auch, allerdings ohne Blattstücke. Ich war auf eine Kolonie von Blattschneideameisen gestoßen. Auf der einen Seite strömten die Insekten mit im Verhältnis riesigen Lasten auf dem Rücken nach vorne, und auf der Gegenseite strebten die Ameisen ohne Ladung in die andere Richtung. Ich folgte den lastenfreien Tieren zu ihrer Quelle. Am Ast eines Baums konnte ich sehen, wie die Tiere große Stücke aus den Blättern schnitten, sie Huckepack nahmen und sich in Windeseile wieder auf der Straße einordneten. Danach verfolgte ich den Strom in die andere Richtung und landete vor einem kleinen Tunneleingang. Es war nicht das einzige Loch, in das eine Ameisenstraße mit Blättern verschwand und ohne wieder herauskam. Wie alle ihre Artgenossen leben Blattschneideameisen fast als Sozialstaat schwarmintelligent zusammen. Die Ameisen betreiben regelrecht Landwirtschaft. Die zahllosen Blattstücke, die sie unermüdlich heranschaffen, benötigen sie als Futter für ihre Farm. Im Erdreich züchten sie in unzähligen Kammern einen Pilz aus der Gattung der Egerlinge, die sogenannten Schirmlinge, von denen sie sich ernähren.

Ameisen-Landwirtschaft

In einem ausgeklügelten System mit zahlreichen Arbeitsschritten hegen und pflegen sie ihren Pilzgarten und haben dafür streng getrennte Arbeitsgruppen. Die kleinsten Arbeiterinnen übernehmen das Zerkauen der Blätter und die größten das

Heranschaffen des Blattmaterials, was mehreren Kilo pro Tag entspricht. Mehr als 50 Quadratmeter Fläche können die Nester einnehmen und einige Meter Tiefe mit über tausend Kammern erreichen. Aber nicht nur die Ameisen sind abhängig vom Pilz, auch der Pilz kann ohne die Ameisen nicht existieren. Verlässt eine Kolonie ihren Pilz, um an einer anderen Stelle eine neue anzulegen, stirbt der Pilz meist sehr schnell ab und wird von Bakterien durchdrungen. Wahrscheinlich sondern die Ameisen ständig ein antibiotisches Sekret ab, das den Pilz vor diesen Infektionen schützt.

Warum werden diese unglaublichen Eigenschaften der Natur nicht genutzt, um neue Antibiotika, die dringend gebraucht werden, zu isolieren? Sie liegen hier genauso brach für die Menschheit wie unzählige Wirkstoffe, die sich in den Dschungelpflanzen verbergen und noch nicht entdeckt oder zumindest nicht erforscht wurden. Auch das Meer birgt eine bestens bestückte Apotheke. Wissenschaftliche Fakten, welches pharmazeutische Potenzial in den Ozeanen schlummert, gibt es längst. Es geht allerdings schneller verloren, als sich das Klima wandelt, wenn wir die Ozeane weiter so traktieren wie bisher.

Stumme Strandhüter: *Der Mangrovensumpf hinter dem Schildkrötenstrand von Ostional gehört zum gleichnamigen Schutzgebiet und ist von großer Bedeutung für das Ökosystem.*

Trotz Tourismus geht es dem Pazifik in Nosara recht gut. Zwar bin ich nur noch selten allein am Strand mit den Tieren und der Natur, denn Nosara ist ein weltweit begehrtes Surfrevier geworden und einer der beliebtesten Strände in Costa Rica. Dennoch hat sich dort nicht viel verändert. Dichtes Dschungelgrün säumt den Strand, kaum ein Haus ist zu sehen, und auf dem Meer tummeln sich nur die Surfer, aber keine motorisierten Freizeitkrachmacher. Zu verdanken ist diese Tatsache der umsichtigen Politik, die Region in ein Schutzgebiet zu verwandeln. Von der Flutlinie 200 Meter landeinwärts herrscht striktes Bauverbot und im Meer eine Zwölf-Kilometer-Schutzzone. Das Gebiet erstreckt sich entlang von drei großen Stränden über etwa 25 Kilometer. Zwei der Strände liegen südlich von meinem Baumhaus und Lagarta, einer im Norden: Ostional. Dieser schier endlos lange Sandstrand ist der Grund, weshalb das ganze Gebiet unter Schutz gestellt wurde. Ostional ist der weltweit bedeutendste Strand für die massenhafte Ankunft der Pazifischen Bastardschildkröte (*Lepidochelys olivacea*).

Ostional – Wiege der Schildkröten

Von meinem Baumhaus aus kann ich direkt auf die Mangrovensümpfe und den Schildkrötenstrand schauen. Während der Regenzeit kommen diese faszinierenden Urtiere manchmal zu Hunderttausenden für ihre Eiablage an den Strand, immer bei Viertelmond, etwa eine Woche vor Neumond. Ende Oktober 1987 war es wieder so weit.

»Aufwachen, Ina, es geht gleich los«, weckte mich Monika mit einem dampfenden Kaffee in der Hand. Noch war es stockfinster, und im ersten Moment wusste ich nicht, wo ich mich befand. Selbst die Brüllaffen waren noch im Tiefschlaf. Langsam drang das charakteristische Zirpen der Zikaden, die bei ihrem nächtlichen Orchester offensichtlich keine Pause einlegten, an mein Ohr und mir dämmerte, warum mich Monika weckte: Schildkröten. Noch im Dunkeln wollten wir aufbrechen, um vor Sonnenaufgang am Strand zu sein und dem Spektakel beizuwohnen.

Vor allem während der Regenzeit zwischen Mai und November kommen jeden Monat Tausende Meeresschildkröten zur Eiablage an diesen dunklen,

Vielfalt dank Schutz: *Seitdem dieser Lebensraum unter strengem Schutz steht, hat die Biodiversität wieder zugenommen. Alligatoren, genauer gesagt Krokodil-Kaimane* (Caiman crocodilus), *die deutlich kleiner sind als das ebenfalls in Costa Rica beheimatete Amerikanische Krokodil, sind im Ostional Wildlife Refuge keine Seltenheit mehr. Vor allem Schwarzleguane und Eisvögel sind dort häufig anzutreffen.*

kilometerlangen Meeresstrand – aber nur, wenn der Mond fast völlig verschwunden ist. Tatsächlich war es stockfinster, als Monika und ich auf die Ladefläche des Pick-up kletterten. Zur besseren Lastenverteilung bei der anstehenden Flussüberquerung standen wir hinter der Fahrerkabine, und der Fahrtwind weckte meine Lebensgeister.

Direkt an der Mündung, unterhalb von Lagarta, war das Wasser zu tief und die Strömung zu stark, um den Fluss zu überqueren. Es gab nur eine Stelle, die wir mit dem Fahrzeug passieren konnten und auch das bedeutete in der Regenzeit ein Risiko. An der Furt sprangen wir vom Pick-up, krempelten unsere Hosen hoch, zogen die Schuhe aus und wateten Hand in Hand ins Wasser. Als uns nach zehn Metern das Wasser bis zum Knie reichte, winkte uns Roland zurück. Jetzt konnte er abschätzen, dass der Fluss passierbar war. Das änderte sich täglich, ja fast stündlich und auch, wenn es nicht in Nosara geregnet hatte, sondern nur in den Bergen, war es möglich, dass der Fluss innerhalb von kürzester Zeit meterhoch anschwoll.

Kurz bevor wir das Ufer erreicht hatten, meinte Monika, dass wir noch mal Glück gehabt hätten. Ich dachte, sie meinte die Schildkröten, aber sie präzisierte: »Nein, weil die Krokodile uns nicht gefressen haben.« Ohne zu antworten, sprintete ich los und enterte mit einem olympiareifen Sprung die Ladefläche. Ich wusste, dass diese Urtiere in Costa Rica leben und hatte zuvor noch gehofft, sie in freier Natur zu sehen. Aber jetzt beschlich mich doch ein mulmiges Gefühl, und ich suchte von der sicheren Ladefläche aus den im Mondlicht schimmernden Fluss nach Krokodilen ab, konnte aber zu meiner Erleichterung keine erkennen. Monika erzählte unerbittlich weiter: »Letztes Jahr hat ein Fischer nach einem Krokodilangriff ein Bein verloren. Er hat aber auch jeden Tag stundenlang in der Flussmündung gestanden. Das Krokodil hatte sich wohl ins Meer verirrt und der Fischer versperrte ihm den Rückweg. Seither schwimmen wir nicht mehr durch die Mündung, um an den Schildkrötenstrand zu kommen, sondern nehmen das Auto.«

Tierische Flotte: *Die Pazifische Bastardschildkröte* (Lepidochelys olivacea) *kommt in riesigen Schwärmen an den Strand von Ostional, in sogenannten* Arribadas. *Es handelt sich dabei um den weltweit bedeutendsten Strand für diese Schildkrötenart.*

Noch heute bewege ich mich mit gemischten Gefühlen im Kajak auf dem Río Nosara und dem abzweigenden Río Montana durch die Mangrovensümpfe. Es sind nämlich gerade die Krokodile, die mich bei einer Flusstour reizen. Was für ein Privileg, ihren archaischen Körper im natürlichen Umfeld zu bewundern und zu beobachten! Wenn ich mit meiner Freundin Gabriela unterwegs bin, die mit ihren Naturtouren schon Hunderte Touristen sicher durch die Mangroven navigiert hat, kommen mir meine Bedenken lächerlich vor. Tatsächlich gibt es derzeit mehr Krokodile und Alligatoren als bei meiner ersten Expedition. Damals fing die ökologische Wende des Landes gerade erst an, und Wilderer hatten die Reptilien stark dezimiert. Heute kann man sie in fast allen Flüssen wieder beobachten – aus vernünftigem Abstand natürlich.

Sensationslustige Touristen und auch einige Reiseleiter halten sich nicht an die strengen Gesetze und werfen den Tieren Fleischbrocken hin. Nicht selten kommt es dabei zu Unfällen und Übergriffen der Krokodile. In Costa Rica sind sowohl das Amerikanische Krokodil, *Crocodylus acutus*, als auch der Brillenkaiman, *Caiman yacare*, heimisch. Sie werden deutlich größer und sind leicht daran zu erkennen, dass ihre Zähne auch bei geschlossenem Maul sichtbar sind. Der Ökotourismus hat auch seine Schattenseiten, die Fütterung von Wildtieren gehört ganz sicher dazu und auch das Beleuchten und Fotografieren von nachtaktiven Tieren mit Blitzlicht und Taschenlampen. Das ist ganz besonders in Ostional zu spüren, dem Kreissaal der Bastardschildkröten, die in den 1980er-Jahren den Strand dort noch fast ungestört für ihre Eiablage nutzen konnten. Heute finden sich zahlreiche Touristen zu dem Naturschauspiel ein und bedrängen die Schildkröten mit Lichtern, obwohl das streng verboten ist

Invasion der Schildkröten

Damals waren wir die einzigen Besucher, die diese archaischen Giganten der Meere bei ihrer Eiablage beobachteten. Obwohl der Schildkrötenstrand vom Haus aus zum Greifen nah schien, brauchten wir

Monduhr: *In der Regenzeit, kurz vor Neumond, schleppen sich oft Hunderttausende dieser faszinierenden Giganten der Meere an den dunklen Strand, um dort ihre Eier abzulegen. Die Schildkröten kommen nur an drei bis vier aufeinanderfolgenden Tagen im Monat.*

über eine halbe Stunde bis Ostional. Die matschige Straße machte einen riesigen Umweg und führte durch zwei Flüsse. Als wir den Ort erreichten und auf einer schmalen Sandpiste zum Strand abbogen, war es noch immer stockdunkel. Niemand war zu sehen außer ein paar Einheimischen, die zu ihrer Arbeit auf den Feldern gingen. Wenige Minuten später wich die Finsternis einem dunkelgrauen Morgenschleier, und die ersten Brüllaffen kündigten die nahende Dämmerung an. Der Tag kommt hier so schnell, wie er geht. Auf dem fast schwarzen Strand konnte ich einige Meter weit sehen, von den Schildkröten war noch keine Spur. Zielsicher bog Roland nach links, Richtung Nosara ab. Wenig später zeigte sich der erste helle Lichtstreifen am Horizont und offenbarte das Wunder: Hunderte, wenn nicht Tausende kleine Hügel erhoben sich aus dem dunklen Sand. Einige verharrten an der Stelle, manche schleppten sich das ansteigende Ufer hinauf, andere wieder hinunter, wo sie bald von den anrollenden Wellen verschluckt wurden. Das war also die berühmte *Arribada* – die massenhafte Ankunft der Meeresschildkröten. Ein unfassbares Naturspektakel, das sich in dieser Dimension nur in der Regenzeit abspielt.

Während der Trockenzeit werden der Strand und damit die Eier zu heiß. Ohnehin macht den Schildkröten die Erderwärmung schwer zu schaffen. Das Geschlecht der Tiere richtet sich nach der Temperatur während der Eientwicklung: Bei Temperaturen über 30 °C schlüpfen nur Weibchen. Wenn der Klimawandel weiter so rasant voranschreitet, werden die Tiere bald aussterben. Das würde einen großen Verlust für das gesamte Ökosystem bedeuten, denn die weit wandernden Schildkröten spielen eine zentrale Rolle in den Meeren und speichern in ihren Panzern Unmengen an Kohlenstoff.

Es war bewegend, einem dieser zentnerschweren Tiere zuzusehen, wie es unter größten Anstrengungen mit den hinteren Flossen eine Kuhle in den Sand buddelte. Als das Loch eine Tiefe von etwa 30 Zentimetern erreicht hatte, verschnaufte die Schildkröte hörbar. So groß wie Tischtennisbälle ploppten die ersten Eier wenig später in die Senke, und Hunderte folgten. Inzwischen war die Sonne über den Horizont gestiegen, und ich fotografierte selbstverständlich ohne Blitzlicht. Die meisten Tiere reagieren allergisch auf das gleißende Fotolicht, doch Schildkröten können dadurch sogar ihre Orientierung komplett verlieren. Heute gibt es trotzdem keine *Arribada* mehr, bei der nicht rücksichtslose Beobachter ihren Blitz einschalten oder gar für ein Selfie auf den Panzer der geplagten Tiere steigen. Das können die Nationalparkwächter nicht immer verhindern, obwohl der Besuch des Strands während einer *Arribada* inzwischen nur noch mit einem ausgebildeten Guide erlaubt ist und nur in kleinen Gruppen.

Manchmal ist der Touristenansturm so groß, dass viele Schildkröten überhaupt erst gar nicht an Land gehen oder ins Meer zurückkehren, noch bevor sie die Eier abgelegt haben. Diese dramatische Entwicklung war bei meiner ersten Schildkrötenexkursion noch unvorstellbar. Wie im Rausch fotografierte ich die Tiere in allen Lagen, berührt von dem angestrengten Gesichtsausdruck, den erstickten Schreien und Tränen bei der Eiablage, in dem so viel Menschliches lag. Ich nahm die breiten »Traktorspuren« auf, die sie im Sand hinterließen und hätte fast nicht bemerkt, wie ein Einheimischer mit einem offensichtlich schweren, prall gefüllten Sack auf dem Rücken über den Strand lief. Entsetzt starrte ich auf den Eierdieb und erblickte einen weiteren. Diese Art der »Ernte« berührte eine Grauzone: Damals war sie ein geduldetes Recht der Einheimischen von Ostional, und es gab Debatten, sie komplett zu verbieten oder für die Einwohner mit Auflagen und Fristen zu erlauben. Noch am Strand fasste ich den Entschluss, für die Schildkröten zu kämpfen.

Diesen Kampf habe ich trotz größter Bemühungen schnell verloren, obwohl ich bald nach meiner Rückkehr einen Verein für Schildkröten- und Waldschutz in Costa Rica gründete und mich bei Politikern, Forschern und Journalisten für die Tiere einsetzte. Die Haltung, dass das Sammeln der Eier den Einheimischen ein Einkommen sichert und keinen echten Schaden anrichtet, setzte sich weiterhin durch. Heute sehen auch viele einstige Befürworter die Zustimmung eher skeptisch. Denn niemand kontrolliert, ob die Sperrfrist beachtet wird, und die Achtung der Touristen vor den Schildkröten und den Regularien zu ihrem Schutz nimmt deutlich ab, wenn sie sehen, wie die Einheimischen säckeweise Eier ernten. Auf der anderen Seite haben die *Arribadas* auch nach jahrzehntelangem Eiersammeln nicht abgenommen.

Niemals habe ich so ein Ei probiert, es käme mir vor wie ein Frevel an der Natur. Wer diesen Tieren bei der Eiablage zuhört und ihnen in die Augen schaut, wird verändert den Strand verlassen: demütig und voller Respekt vor der Natur.

Gefährliche Wiege: *Etwa fünf Wochen später schlüpfen die Schildkrötenbabys, und ihr Überlebenskampf beginnt bereits auf dem Weg ins Meer.*

Sandige Kinderstuben

Landung der Schildkröten

Costa Ricas Strände sind Kinderstuben für fünf der sieben Meeresschildkröten-Arten, die die Weltmeere durchstreifen. Die wohl berühmteste ist die Olivbastardschildkröte *Lepidochelys olivacea*, die während der Regenzeit zu Hunderttausenden an Land geht, um ihre Eier abzulegen. Der weltweit bedeutendste Strand für dieses Naturschauspiel ist Ostional. Immer vor Neumond paaren sich die Tiere vor der Bucht, und die Weibchen schwimmen anschließend an Land. Der Strand und das gesamte umliegende Gebiet stehen unter Schutz, die Schildkrötenbeobachtung ist nur mit zertifizierten Guides erlaubt, genau wie die Beobachtung der anderen Arten, die allerdings nicht in derart großen Flotten an Land kommen. Dazu gehören die Grüne Meeresschildkröte *Chelonia mydas*, die vom Aussterben

Schildkröten-Klima: *Der Klimawandel ist eine große Bedrohung für die Tiere. Schon seit 1987 bin ich in Costa Rica im Einsatz und habe mit den Rangern desorientierten Tieren ins Meer geholfen. Die massenhafte Eierbeute schmerzt mich, aber sie funktioniert seit Jahrzehnten. Auch der Anblick von Geiern, die sich auf schwache, alte oder kranke Schildkröten stürzen, ist schwer zu ertragen, aber Teil der Natur.*

bedrohte Echte *Eretmochelys imbricata* und die häufigere Unechte Karettschildkröte *Careta careta*, sowie die Lederschildkröte. Die *Dermochelys coriacea* ist die größte Schildkröte der Welt. Sie kann fast drei Meter groß und beinahe eine Tonne schwer werden. Der für diese Arten bedeutendste Strand ist Tortuguero an der nördlichen Karibikküste.

Die faszinierenden Reptilien verbringen ihr ganzes Leben im Meer, legen dabei Tausende von Kilometern zurück und kehren immer wieder an denselben Strand zur Eiablage zurück. Dafür orientieren sie sich am Magnetfeld der Erde und verfügen über ein zusätzliches Sinnesorgan, das noch nicht genau erforscht ist. Die Tiere spielen eine wichtige Rolle im Ökosystem der Meere, speichern große Mengen an CO^2 in ihren Panzern und düngen das Phytoplankton mit ihren Ausscheidungen. Obwohl sie fast reine Meeresbewohner sind, verfügen sie nicht über kiemenähnlichen Organe, sondern brauchen Luft zum Atmen.

Die jahrhundertelange Jagd hatte die Zahl der Tiere stark dezimiert. Dank der Ächtung ihrer Tötung und Vermarktung konnten sich die Bestände der Meeresschildkröten zuletzt wieder erholen. In Costa Rica stehen sie seit 50 Jahren unter Schutz. Generell ist hier die Jagd auf alle Wildtiere streng verboten und die Fischerei nur mit Auflagen erlaubt. Schildkröten, Haie, Delfine und viele andere geschützte Tiere, die versehentlich als Beifang ins Netz gehen, müssen sofort ins Meer entlassen werden.

Der Klimawandel stellt aktuell eine der größten Bedrohungen für Meeresschildkröten dar: Die Temperatur im Nest entscheidet über das Geschlecht. Bei Temperaturen über 30°C entwickeln sich nur Weibchen – bald könnten nur noch weibliche Tiere schlüpfen und die Arten aussterben.

Vogelparadies: Mehr als 250 Vogelarten wurden bisher im Nationalpark Palo Verde gezählt. Wasserrallen und verschiedene Reiherarten können das ganze Jahr über beobachtet werden. Zwischen Dezember und März, wenn das Wasser in anderen Regionen von Guanacaste knapp wird und die Balz- und Brutzeit zahlreicher Vogelarten beginnt, ist die beste Zeit, um die Vögel in diesem Sumpfgebiet zu beobachten.

Mondholz

Erschöpft, verschwitzt, müde, aber höchst zufrieden erreichten wir den Pick-up, als auf dem Strand wieder vollkommene Ruhe eingekehrt war. Ich sehnte mich nur noch nach einer Dusche und meinem Bett im Dschungelbungalow. Eigentlich hatten wir noch auf Rolands Plantage fahren wollen, aber bei einem Blick auf die Sonne und auf seine Uhr meinte er: »Heute wird es zu spät mit der Finca, aber morgen müssen wir unbedingt hin, der Mond steht gerade günstig. Wenn die Schildkröten kommen, wollen auch die Stecklinge in die Erde.« Das klingt esoterisch, doch der Einfluss des Mondes erschien mir durchaus plausibel. Die Gravitationskraft des Monds zerrt regelrecht an der Materie der Erde, und je nach Abstand zwischen Mond und Erde verändert sich die Anziehung, wodurch die Gezeiten entstehen. Viele Pflanzen richten ihr Wachstum nach der Anziehungskraft aus und können dadurch beispielsweise an einem Hang gerade nach oben wachsen oder ihre Wurzeln senkrecht in die Erde strecken. Warum soll der Mond also keinen Einfluss auf das Pflanzenwachstum nehmen? Vielleicht ist die Wirkung einfach noch nicht richtig erforscht, weil die Wirtschaft gar kein Interesse an solchen Ergebnissen hat, ging mir durch den Kopf.

Jurassic-Park-Feeling: *In dem 1100 Hektar großen, privaten Schutzgebiet der Rancho Humo Lodge, das direkt an den Park angrenzt, lassen sich Vögel besonders gut beobachten und vom Jeep aus auch sicher. Im Sumpf wimmelt es von Krokodilen – ein Gruß aus der Dinozeit.*

Genaueres dazu konnte mir Roland auch nicht sagen, als wir am nächsten Tag seine Finca erreichten, um Stecklinge auszupflanzen. Zumindest hatte er keine wissenschaftlichen Erklärungen: »Das machen alle Einheimischen so, und ihre Vorfahren haben es auch schon so gemacht. Hier weiß jeder, dass in der richtigen Mondphase gepflanzt werden muss.« Im Studium hatten wir alle möglichen Einflüsse auf das Pflanzenwachstum studiert: Licht, Schwerkraft, Hormone, CO^2-Konzentration, Wasser, circadiane Rhythmen – aber zum möglichen Einfluss des Monds hatte es keine Experimente gegeben. In der Wildnis zählten ohnehin andere Faktoren. Die Stecklinge mussten in der Baumschule zunächst vor Schädlingen geschützt werden, und zwar ohne Chemie, mit Schutznetzen und Pflanzenextrakten. Die stärksten Überlebenden wurden schließlich in die Plantage gesetzt, genauer auf die ehemaligen Rinderweiden, getreu unserem Motto »Holz statt Hamburger«.

Der immergrüne Ast: *Der Nationalpark Palo Verde (»grüner Ast«) im Mündungsdelta des Río Tempisque ist das ultimative Paradies für Ornithologen und Vogelliebhaber. Der vom Aussterben bedrohte Jabiru-Storch* (Jabiru mycteria) *baut im Nationalpark seine Nester und wurde zum Symbol der Region.*

Dafür hatte der Bus Vorfahrt und durfte zuerst auf die nicht gerade vertrauenserweckende Fähre fahren. Wir konnten aussteigen und uns die besten Plätze an der Reling sichern. Es war noch früher Morgen und kein Wölkchen trübte die Sicht auf die Vogelinseln im Flussdelta und den nahen Nationalpark Palo Verde, einer der weltweiten Biodiversitätshotspots und Heimat von an die 300 Vogelarten. Etwa die Hälfte des fast 200 Quadratkilometer großen Nationalparks besteht aus Feuchtgebieten. Einen Teil konnte ich von der Fähre aus erblicken, inklusive auffliegender Fregattvögel und verschiedener Reiherarten. Gerne hätte ich einen richtigen Zwischenstopp eingelegt, aber der damals noch junge Nationalpark war ziemlich schwer zugänglich und es gab keine Übernachtungsmöglichkeiten in der Nähe.

Jahre später konnte ich mir diesen Wunsch erfüllen und in einer zur Lodge umgebauten Ranch übernachten. Die costa-ricanischen Besitzer hatten beschlossen, die Rancho Humo mit dem umliegenden mehr als 1000 Hektar großen Farmland zu einer ökologischen Lodge umzubauen. Farmland wurde nur für den Eigenbedarf erhalten und die restliche Fläche, die an den Nationalpark angrenzt, zum Schutzgebiet umgebaut. Der Besuch war ein Abenteuer der ganz besonderen Art. Ganz anders als die übrigen Schutzgebiete spielt der Wald hier nur eine untergeordnete Rolle. Das Sumpfgebiet ist ein Mekka für Vögel, vor allem während der Trockenzeit, in der sich noch ein paar Dutzend Zugvögel dazugesellen. Die freien Flächen eröffnen einen großartigen Blick auf die unzähligen Vögel, die sich in und um die Wasserstellen tummeln. Allein der beeindruckende *Jabiru Jabiru micteria* ist eine Reise dorthin wert. Dieser riesige Storchenvogel ist nach den beiden Kondor-Arten der größte fliegende Vogel der amerikanischen Kontinente und das Symbol der Region.

Meine Faszination war so groß, dass ich den Tropenschutzverein Tropica Verde gründete und mein erstes Geld in die Aufforstung der Rinderweiden steckte, und zwar genau mit der Vorstellung, mir aus ein paar dieser Bäume später ein Nest im Dschungel zu bauen. Damals ein Traum, wurde daraus 30 Jahre

später Realität und mein Baumhaus ein Symbol für gelebte Nachhaltigkeit, Demut und Respekt vor der Natur und zugleich eine Beobachtungsplattform für das Leben in den Bäumen. Damals war ich bereits auf der Suche nach dem Wipfelglück der Wissenschaft. Baumkronenforschung galt in dieser Zeit als ein ganz neues Forschungsfeld. Und nirgends ist die Welt in den Wipfeln der Wälder vielfältiger als in den tropischen Regenwäldern. Zahlreiche Pflanzen haben sich auf der Suche nach dem Licht in den Kronen der Urwaldriesen niedergelassen.

Costa Rica ist ein ganz besonderer Hotspot für die Artenvielfalt, auch im Dschungeldach. So war es kein Zufall, dass die ersten Wissenschaftler, die diesen unbekannten Lebensraum erforschen wollten, nach Costa Rica kamen. Fachzeitschriften hatten bereits darüber berichtet, vor allem über die Arbeit des Baumkronenforschers Donald Perry. Der Amerikaner hatte ein ausgeklügeltes Seilsystem erfunden, um den Baumkronenforschern die Arbeit zu erleichtern. Ihn und seine Arbeit wollte ich porträtieren. Irgendwo im Dschungel von Costa Rica sollte Perry in den Bäumen sitzen. Es wurde Zeit, dass ich mich auf die Suche begab.

REICHE MESETA CENTRAL

Vom geheimnisvollen Nebelwald zu fliegenden Juwelen

Nach einer schier endlosen Busfahrt, eingepfercht zwischen Hühnern, Hunden und vielen Menschen, landete ich durchgerüttelt und müde wieder in der Hauptstadt San José. Immerhin gab es bereits damals eine direkte Busverbindung zu dem fast 400 Kilometer entfernten Küstendorf, obwohl die Strecke durch zahlreiche Flüsse führte, und die Fähre auch nicht besonders geeignet für einen Bus war. Ich hatte ein strategisch günstig gelegenes Hotel gewählt, das noch in mein Budget passte und alles bot, was man für die Planung einer Entdeckungsreise durchs Land brauchte. Das war in erster Linie eine Agentur, die Ausflüge organisierte, inklusive Landkarten und Informationsbroschüren. Das recht moderne Hotel legte viel Wert auf Tradition. Abends spielte eine Marimba-Band und überall stand Dekoration herum, auch auf dem Frühstückstisch.

Culture Clash auf Costa-Ricanisch

Als Serviettenhalter diente ein bunt bemalter Ochsenkarren aus Holz in Miniaturformat mit hölzernen Mini-Ochsen, befüllt mit angedeuteten Kaffeebohnen und einem Schlitz für Papiertücher. Auf meine Frage, was der Karren mit Kaffee zu tun habe, antwortete die Bedienung in fließendem Englisch, dass die Ochsen im Land so ziemlich alles transportierten, auch den Kaffee. Ich blickte hinaus auf die Straße, als könnte ich dort einen beladenen Ochsenkarren sehen.

Warum erwartet man von exotischen Ländern immer, dass die Zeit stehen bleibt? Vor dem Fenster standen hupende Autos, die sich durch den Morgenstau quälten, dazwischen Lastwagen und Busse, deren Dieselqualm die Luft verpestete. Heute wie damals.

Auf dem Stadtplan suchte ich den Weg zur Stadtmitte mit dem Nationaltheater. Der quadratisch-praktische Plan ohne Straßennamen führte mich auf schnurgeradem Weg zu dem historischen Gebäude und meine Gedanken in Richtung Heimat. Wären nicht der Klangteppich von Marimba-Spielern, Flötisten und Marktschreiern gewesen und die überdimensional große Palme vor dem Gebäude, ich hätte wahrscheinlich gedacht, vor der damals gerade erst wiedererrichteten Frankfurter Alten Oper zu stehen: neoklassizistische Architektur in fast dem gleichen Stil, zur gleichen Zeit errichtet.

Ewiger Frühling: *Das Zentralmassiv in der Provinz San José liegt auf etwa 1200 Metern Höhe und nur wenige Kilometer von der gleichnamigen Hauptstadt entfernt. Dort kann man unberührten Dschungel mit einer beeindruckenden Artenvielfalt entdecken.*

Treibende Kräfte

Bedeutende Metropolen und andere Taktgeber

San José ist die Hauptstadt des Staats und der gleichnamigen Provinz, Regierungssitz und Zentrum von Costa Rica. Die Stadt liegt im Zentralmassiv, dem sogenannten Valle Central, auf einer Höhe von knapp 1200 Metern, wodurch das ganze Jahr angenehme frühlingshafte Temperaturen herrschen. Ohne San José geht in Costa Rica gar nichts, alle Fäden laufen in der einzigen Großstadt des Landes zusammen.

Dabei war San José nicht die ursprüngliche Wahl für das Machtzentrum. Bis kurz nach der Unabhängigkeitserklärung 1821 hatte Cartago Hauptstadt-Rang. Der 1824 gewählte Präsident Juan Mora Fernández (1784–1854) entschied sich schließlich für den Wechsel des Regierungssitzes. Zuvor war San José nur ein unbedeutendes Dorf mit einer Kirche, die keine hundert Jahre alt war, während in Cartago bereits im 16. und 17. Jahrhundert große Kathedralen errichtet wurden. Die berühmteste Kirche der Stadt und des ganzen Landes ist die Basilika Nuestra Señora de los Ángeles, die man nach einer angeblichen Marienerscheinung am Fundort einer kleinen Marienstatue baute. Der Statue werden wunderheilende Kräfte zugesprochen, und jedes Jahr am 2. August pilgern Tau-

Braunes Gold: *Kaffee ist das »braune Gold« von Costa Rica und hat das Land im 19. Jahrhundert zu Wohlstand geführt. Ein wichtiges Symbol ist der bemalte Ochsenkarren. Vor den Toren der Stadt beginnen die ersten Kaffeeplantagen. Die Kaffeebohnen, eigentlich Kerne der Kaffeekirschen, reifen im Dezember heran. Der Kaffee wird noch von Hand geerntet, aber nicht mehr mit dem Karren, sondern mit Lastwagen abtransportiert.*

sende Menschen aus allen Ecken des Landes nach Cartago, um der Prozession beizuwohnen. Touristen sollten an diesem Tag keine Fahrten planen, die Menschen pilgern auf den Hauptstraßen, teilweise auf den Knien rutschend. Die heutige Kathedrale geht jedoch auf einen Neubau im byzantinisch-kolonialen Stil zurück, eine einzigartige architektonische Melange vom Anfang des 20. Jahrhunderts.

Der spätere Reichtum von San José und die prunkvollen Gebäude der Stadt verdanken sich dem »braunen Gold«. Am Aufschwung im 19. Jahrhundert hatten deutsche Landwirte großen Anteil, die auf den Plantagen Pionierarbeit leisteten. Das Klima in der Hochebene und der vulkanische Boden des Landes eignen sich hervorragend für den Kaffeeanbau und bringen eine exzellente Qualität hervor. Die Kaffeepflanzen *Coffea arabica* und *Coffea canephora* sind nicht in Lateinamerika beheimatet, sondern kommen aus dem arabischen Raum. Sie wurden von den damaligen Auswanderern mitgebracht und erstmals in der Region kultiviert. Noch heute tragen viele Einwohner deutsche Namen, die auf diese Zeit zurückgehen. Im 19. Jahrhundert war Kaffee-Anbau und -Export der mit Abstand bedeutendste Wirtschaftsfaktor des Landes. Das Nationaltheater wurde mit dem Geld der Kaffeebarone nach Einführung einer extra für den Theaterbau erhobenen Sondersteuer errichtet.

Barocke Pracht und verkehrte Welt

Ludwig van Beethoven (1770–1827) als mannshohe Statue neben dem spanischen Poeten Pedro Calderón de la Barca (1600–1681) – das ist kein Zufall. Die Figuren flankieren den Eingang zum Theater, das mit dem Geld der Kaffeebauern errichtet wurde, die überwiegend deutsche Wurzeln hatten. Ganz freiwillig gaben sie das Geld nicht, denn der Präsident hatte eine Kaffeesteuer erlassen, die im Wesentlichen den Bau finanzierte. Die Liebe zu Beethoven hatten die Deutschen wohl mitgebracht, die Liebe zu la Barca geht vermutlich auf die spanische Herkunft von José Joaquín Rodríguez Zeledón (1838–1917) zurück, dem damaligen Präsidenten von Costa Rica.

Die Türen zum Nationaltheater standen weit offen und gaben den Blick auf das Interieur und den glänzenden Marmorfußboden frei. Jemand drückte mir ein buntes Billet in die Hand, das ich mit 200 Colones bezahlte. Die eindringliche Warnung beachtend, Straßenhändler zu meiden, hatte ich die Währung noch im Hotel gewechselt. Beim genaueren Betrachten des vermeintlichen Tickets stellte ich nun aber fest, dass ich gerade meinen 200 Colones-Schein gegen einen 5-Colones-Schein getauscht hatte – toller Handel! Sauer betrachtete ich den Geldschein und bemerkte nicht die Frau, die sich von hinten genähert hatte. »Tolles Bild«, meinte sie in perfektem Englisch. Ich sollte mir unbedingt das Original ansehen. »*Macha*«, strahlte mich die bildschöne Costa-Ricanerin an und strich mir über die blonden Haare – was sollte das heißen? Mit einer eleganten Drehung auf ihren hochhackigen Pumps wies sie mir den Weg zum Ticketschalter für die echten Eintrittskarten und erinnerte mich, dass ich unbedingt zur Deckenbemalung aufschauen sollte.

Bewaffnet mit einer englischen Informationsbroschüre stieg ich die pompöse Treppe empor. Überall Fresken, Gemälde, vergoldete Statuen, Lampen, Zierleisten und Spiegelrahmen. Dann fiel mein Blick auf das Deckengemälde der Eingangshalle: Es war exakt das gleiche Bild wie auf meinem 5-Colones-Schein. Das Werk zeigt die Kaffee- und Bananenernte sowie die Verschiffung nach Europa. Eine künstlerisch wertvolle, aber keinesfalls authentische Darstellung: Die Bananen wachsen auf dem Bild verkehrt herum an der Staude, und Kaffee gedeiht nicht an der Küste, wie dargestellt, sondern in den Bergen – aber vielleicht ist gerade die freie Interpretation das Besondere an diesem Werk.

Sein Schöpfer, der es mit der Wahrheit nicht so genau nahm, war der Italiener Aleardo Villa, und die Broschüre verriet auch, dass er noch ein paar mehr Fehler im Bild versteckt hatte. Langsam gefiel mir mein teuer erworbenes Scheinchen. Es soll die schönste Banknote der Welt sein, habe ich später gelesen. Jedenfalls habe ich ihn als Glücksbringer behalten und nie wieder hergegeben.

Es ist ein Schein, der mehr über die costa-ricanische Geschichte erzählt, als Worte es können, und vielleicht sind es gerade die Fehler, die das Bild ab-

Nachhaltige Päckchen: *Im Zentralmarkt von San José (linke Seite, oben) stapeln sich ab November gedämpfte und gefaltete Bananenblätter wie sorgsam zusammengelegte Decken. Sie sind eine essentielle Zutat eines Nationalgerichts, das zur Weihnachtszeit serviert wird: Tamales. Wie Geschenkpapier wird das Bananenblatt um einen Polentabrei mit Gemüse und Fleisch gefaltet und anschließend verschnürt.* ***Klein aber fein:*** *Die Kirche von Orosi (linke Seite, unten) im gleichnamigen Tal ist eine der berühmtesten und ältesten des Landes. Sie wurde im 18. Jahrhundert von Franziskanermönchen erbaut. Das Orosi-Tal liegt etwa 40 Kilometer östlich von San José und ist bekannt für sein fruchtbares Land.*

runden. Kaffee und Bananen hatten dem Land einst zu Wohlstand verholfen, im Kaffee-Sektor waren es die Deutschen und bei den Bananen die Nordamerikaner, die den Markt beherrschten. Costa Rica ist nach wie vor einer der größten Bananen-Exporteure und inzwischen weltweit größter Lieferant von frischer Ananas. Beim Kaffee spielt das Land keine bedeutende Rolle mehr, mischt aber, zumindest was die Quantität betrifft, durchaus noch mit; bei biologischen Produkten ohnehin. Ob es daran lag, dass die deutschen Kaffeebarone einst den Bau finanziert hatten, und nicht der amerikanische Bananenbaron Minor Keith, der Vater von Chiquita und der United Fruit Company, dass die Bananen an der Staude auf dem Bild verkehrt herum platziert sind? Oder hatte sich der Maler nur nie zuvor eine Staude im Ganzen angeschaut?

Eigentlich hätte er sie sehen müssen, die Stauden. Als Aleardo Villa sich künstlerisch an der Decke im Nationaltheater verewigte, war die Eisenbahntrasse durch die Bananenplantagen längst fertig. Es war

der Zug, der dem Kaffee den Weg vom Hochland zum Atlantikhafen hatte ebnen sollen, der aber vor allem zum Geburtshelfer der United Fruit Company wurde, der Keimzelle des Bananenanbaus in der Neuen Welt. Verkehrte Welt und womöglich deshalb die verkehrten Bananen auf dem Bild des italienischen Künstlers? Vielleicht war es auch das phallische Symbol der Macht, das den Künstler inspirierte, die Banane nach oben strebend darzustellen. Eine Macht, die zur Zeit der Fertigstellung des Nationaltheaters gerade erst Fahrt aufgenommen hatte und später die Welt erobern sollte. Unternehmer Keith hatte die Bahn praktisch allein »auf Bananen« gebaut, Hektar um Hektar entlang der Gleise standen ihm für den Anbau zur Verfügung – das Zugeständnis der costa-ricanischen Regierung. Beim Bau der Trasse kamen genau wie bei den Arbeiten zum Panamakanal, der zur gleichen Zeit in Angriff genommen worden war, Tausende von Menschen an Malaria, Gelbfieber und anderen Seuchen ums Leben, darunter auch drei Brüder von Keith.

Später starben auch die Bananen an einer Seuche: *Black Sigatoka*, eine für Bananen tödliche Pilzerkrankung, die in ganz Lateinamerika mit Unmengen von Gift bekämpft wurde, an dem wiederum viele Menschen starben oder erkrankten. Schwindelerregende Zahlen ließen einem damals schon die Lust auf die Frucht vergehen: 45 Kilogramm Pestizide landen auf einem Hektar Bananenplantage. Gifte für rund 35 Millionen US-Dollar werden jährlich für die Bekämpfung der Bananenschädlinge importiert.

Aber genau deswegen war ich ja hier. Mit Hilfe des Chitinase-Gens, das ich in Pflanzen schleusen wollte, sollten diese sich selbst gegen Schädlinge wehren können. Mit dieser edlen Mission im Kopf verließ ich das Nationaltheater. Beim Hinausgehen fiel mein Blick noch auf den Hinweis zur Eröffnungsveranstaltung: 21. Oktober 1897, Goethes »Faust«. War ich wirklich in Costa Rica oder hatte ich das alles nur geträumt?

Marimba – der Rhythmus der Stadt

Der durchaus realistische Lärm vor dem Theater holte mich in die costa-ricanische Realität zurück. An der Südseite des Theaters entlang führte die größte Straße der Innenstadt, lautstarkes Hupen begleitete den Takt der knatternden Dieselmotoren und untermalte die Klänge der Marimba-Band.

Die Temperatur hatte inzwischen 25°C im Schatten erreicht, San José ist bekannt für seine angenehmen Frühlingstemperaturen, die sich auf der 1200 Meter hohen costa-ricanischen Hochebene das ganze Jahr über halten – durchschnittlich. Heute war kein Durchschnittstag, und ich fühlte mich auch nicht durchschnittlich, ich war eine *Macha*, wobei ich noch immer keine Ahnung hatte, was das zu bedeuten hatte.

Der Platz vor dem Theater und dem Grandhotel von Costa Rica hatte sich gefüllt, aber ich war die einzige blonde Frau weit und breit und erntete zahlreiche neugierige Blicke. Die einzigen anderen hellhäutigen Menschen war eine Gruppe älterer Männer, die unter den Arkaden des gegenüberliegenden Grandhotels saßen und zum Inventar des historischen Ambientes zu gehören schienen. Es stellte sich später heraus, dass die meisten von ihnen zum Deutschen Club gehörten. Eine damals schon ziemlich angestaubte Vereinigung, allerdings eher ohne Nazi-Vergangenheit. Nach Pearl Harbour war Costa Rica das erste lateinamerikanische Land, das 1941 in den Zweiten Weltkrieg eintrat und umgehend deutschen, japanischen und italienischen Bürgern im Land das Vermögen entzog, sie enteignete, internierte und überwachte. Nicht nur mit dieser Maßnahme brachte der damalige Präsident Rafael Ángel Calderón Guardia Calderon (1900–1970) große Teile der Bevölkerung gegen sich auf. Als Calderon 1948 erneut bei den Wahlen antrat, kam es zum blutigen Bürgerkrieg, der dazu führte, dass Costa Rica sein Militär noch im selben Jahr abschaffte und beschloss, das Geld lieber in Bildung zu investieren. Hätten es alle Länder der Erde so gemacht, wäre die Welt heute eine friedlichere.

Die Deutschen sind seither wieder willkommen, die meisten kehrten aus dem Exil zurück, andere wanderten aus. In der Nähe der alten Herren, die unter den Arkaden Kaffee tranken, hatten sich die etwa gleichaltrigen musizierenden Costa-Ricaner platziert, offensichtlich in der Hoffnung auf eine Spende für ihre Musik. Der Deutsche Club ist etwa so alt wie das Nationaltheater selbst, offiziell hat er zwar 2010 sein hundertjähriges Jubiläum gefeiert,

Grüße aus Europa: *Das neoklassizistische Nationaltheater von Costa Rica wurde Ende des 19. Jahrhunderts nach dem Vorbild der Pariser Oper und des Wiesbadener Staatstheaters erbaut. Der deutsche Einfluss war damals sehr groß, und zur Einweihung wurde Goethes »Faust« aufgeführt.*

aber die deutschen Kaffeebarone berichteten schon vor 1910 vom Club Aleman.

Ich ging zur Plaza de La Cultura, auf der an Markttagen kaum ein Durchkommen ist. Die Reiseagentur im Hotel hatte mir den Tipp gegeben, mich auf der Suche nach dem Dschungeldachforscher an eine Agentur namens Horizontes zu wenden. Ihr Büro sollte im dritten Stock eines Bürohauses an der Avenida 2 zwischen der Calle 5 und 7 liegen. Das Straßensystem ist logisch, wenn man es einmal verstanden hat: Die Avenidas verlaufen von West nach Ost, die Calles in Nord-Süd-Richtung, und die Nummerierung folgt in geraden und ungeraden Ziffern, jeweils in entgegengesetzter Richtung von der Avenida und Calle 0 ausgehend. Das Nationaltheater befindet sich genau im Zentrum. Ich fragte mich durch, beachtete, dass in Costa Rica nach der amerikanischen Zählung das Parterre bereits als Stock Nummer eins gilt und stand schließlich vor einem Ladenbüro, in dem eine Vielzahl von Dschungelfotos hing: Wasserfälle, palmengesäumte Buchten, Tukane, Aras, Affen und Urwaldriesen. Zwei ziemlich beschäftigte Damen saßen hinter überfüllten Schreibtischen und telefonierten. Eine von beiden, die das Namensschild als Terry Pratt auswies, winkte mich zu sich. Kaum hatte sie aufgelegt, begrüßte mich Terry wie eine alte Freundin auf Englisch und erkundigte sich nach meinem Namen, bevor ich überhaupt sagen konnte, weshalb ich hier war. Fast hätte ich vergessen, den Zettel herauszukramen, auf dem stand, nach wem ich fragen sollte. »Ah, Sergio«, meinte Terry und ergänzte, ich hätte Glück, dass der Chef gerade da ist, das sei nämlich eher selten der Fall. Sie begleitete mich zu einer weiteren Bürotür mit einem dezenten Messingschild und der Aufschrift »Sergio Miranda«. Sergio sah aus wie der jüngere Bruder von Richard Gere – ich weiß nicht, was ich erwartet hatte, aber ich kam mir plötzlich ziemlich fehl am Platz vor, als ich erneut meine Suche nach dem Wipfelforscher vortrug. Nach kurzem Nachdenken kam Sergio offensichtlich eine Idee: »Ich bin mir nicht sicher aber ich glaube, er gehört

Im Wald über dem Wald: *Wipfelpfade führen zur Monteverde Cloudforest Lodge, wo sich Tradition und Moderne verbinden. Das Traditionshaus wurde sorgfältig restauriert, und das umgebende private Schutzgebiet mit uralten Urwaldriesen erinnert an das Monteverde von vor Jahrzehnten.*

zu der Gruppe von Biologen, die gerade bei uns in der Lodge sind.« Sergio schob mir eine Broschüre mit der Aufschrift »Marenco« zu: Eine einsame Urwald-Lodge auf einer Wiese mitten im Regenwald mit Blick auf den Pazifik. Palmgedeckte Hütten zwischen Obstbäumen und Palmen am Ende der Welt. Sergio deutete auf einer Costa-Rica-Karte auf eine Halbinsel ganz im Süden, fast an der Grenze zu Panama, und legte eine Luftaufnahme daneben. Keine Straße dorthin, kein Ort, rein gar nichts, außer einem Nationalpark, der Lodge und ein paar vereinzelten Häusern. Ein riesiger, intakter Dschungel mit einer Lagune im Herzen des Regenwalds Corcovado.

Auf die Frage, wie man dort hingelangen könne, runzelte Richard Gere, alias Sergio Miranda, die Stirn: »Schwer! Wir haben gerade eine kleine Landebahn auf einer Wiese abgesteckt und bringen die meisten Gäste im Flugzeug hin. Oder mit dem Auto nach Sierpe und weiter per Boot.« Er wies auf einen Punkt am Fluss. Von dort gehe es mit dem Boot über den Pazifik noch etwa zweieinhalb Stunden an der Küste entlang zur Lodge.

»Wir haben beim Bau alles auf Booten transportiert«, fuhr Sergio fort, »und sind gerade erst fertig geworden. Kein großer Komfort, aber der schönste Platz auf der Welt.« Seine Eltern hätten dort eine Obstfarm betrieben, aber das meiste sei Regenwald, 800 Hektar unberührte Fläche, direkt am Nationalpark Corcovado und am Pazifik. Sie wollten den Wald dort schützen, die Lodge für die Forschung zur Verfügung stellen und durch Tourismus finanzieren. »Ich kann dir nicht versprechen, dass du Donald Perry findest, aber wenn du magst, kannst du in zwei Wochen mitkommen. Ich muss dort nach dem Rechten sehen und fliege für ein paar Tage hin«, schlug Sergio vor. Ich war so überrascht, dass ich es gerade noch schaffte, zu sagen: »Ja, das wäre großartig«.

Die Hängebrücke im Naturschutzgebiet Monteverde führt mich nicht über einen Fluss, sondern in die Baumkronen und gewährt direkten Einblick in das Leben im Dschungeldach.

Camouflage: *Die Tierwelt im Nebelwald von Monteverde ist unglaublich vielfältig, aber schwer zu entdecken. Der Rotaugenlaubfrosch* (Agalychnis callidryas) *ist der bekannteste Vertreter seiner Familie. Er kommt zwar häufig vor, aber wenn er ruht, die Augen geschlossen hat und zusammengefaltet an einem Blatt haftet, ist er kaum zu sehen. Auch Vipern sind kaum zu entdecken, wenn sie auf Beute lauern. Regungslos hocken sie auf Ästen und Blättern und können blitzschnell zuschlagen.*

Wälder in Wolken

Mehr wollte Sergio bei unserer Expedition zur Halbinsel Osa erzählen. Ich dachte nur: Was für eine fantastische Gelegenheit, diesen einzigartigen Dschungel zu besuchen. Bis dahin war aber noch etwas Zeit. Zuvor aber sollte ich Monteverde und den mystischen Nebelwald-Dschungel aufsuchen – Punkte, die ohnehin ganz oben auf meiner Exkursionsliste standen.

Monteverde – der »grüne Berg« war damals schon als größtes privates Naturschutzgebiet des Landes berühmt und es fuhr sogar ein Bus in die abgelegene Region, keine 200 Kilometer westlich von San José aber eine fünfstündige Busfahrt entfernt, hinauf auf über 1300 Höhenmeter.

Wälder in den Wolken sind geheimnisvolle Lebensräume, voller bizarrer, fantastischer Wesen. In den Tropen sind sie aufgrund der ganzjährigen Vegetationsperiode besonders artenreich. Ab einer Höhe von 1500 bis ca. 3000 Metern hängen in den tropischen Wäldern die Wolken. Nebelschleier umhüllen Bäume und Sträucher und sorgen für permanente Feuchtigkeit von Rinden und Ästen, sie laden Moose, Farne, Flechten, Orchideen und Bromelien ein, sich dort anzusiedeln. Es ist fast alles grün in diesen Wäldern mit riesigen, archaischen Farnen und viel kleineren Bäumen als im Tieflandregenwald.

Der Nebelwald von Monteverde wird sowohl vom pazifischen Klima als auch von den atlantischen Wolken und Winden beeinflusst, hier liegt die Wasserscheide zwischen Atlantik und Pazifik. Dadurch gibt es in diesem Dschungel auch eine kurze Trockenperiode, die sich auf Brut-, Balz- und Blütezeiten auswirkt und damit ein wahres Juwel anlockt: den Quetzal. Der von der indigenen Bevölkerung verehrte Vogel ist eng mit dem Gott Quetzalcoatl verbunden, einer der wichtigsten Gottheiten mittelamerikanischer Urvölker. Die Azteken betrachten Quetzalcoatl als Schöpfergott, Herr des Windes, des Himmels und der Erde. Schon in den 1980er-Jahren galt der Quetzal mit seinem außergewöhnlichen Gefieder als bedroht. Aber nicht nur wegen des Göttervogels stand damals eine große Fläche des Walds unter Naturschutz, etwa zehn Prozent aller Arten in Monteverde sind endemisch. Das bedeutet, dass etwa jede zehnte Tier-, Pilz- oder Pflanzenart nur in diesem Lebensraum vorkommt. Eine große Attraktion stand damals bereits kurz vor dem Aussterben: die Goldkröte von Monteverde.

Bekannt ist Monteverde auch wegen der Menschen, die sich dort niederließen: Anfang der 1950er-Jahre suchte eine kleine Gruppe von Quäkern aus den USA eine neue Heimat und siedelte in der abgelegenen Bergregion zwischen der Hauptstadt und der Nordwestküste. Die Religionsgemeinde hatte nach einem friedlichen Platz ohne Militär Ausschau gehalten und mit Costa Rica das richtige Land gefunden. Die christlich-spirituelle Kommune suchte in ihrer neuen Heimat Farmgelände, um sich selbst zu versorgen und Milchprodukte herzustellen. Dafür ist es im Tiefland zu heiß, tropische Bergregionen aber eignen sich durchaus für die Milchwirtschaft.

Zwischen den Weltmeeren: *Das eigentliche Reservat führt zur Wasserscheide, wo sich die Wasserwege zum Atlantik und Pazifik trennen. Durch den Monteverde Park, das Cloudforest Reserve, führen Brücken durch das Kronendach des Nebelwalds. Die Luft dort ist so feucht, dass überall auf den Bäumen Pilze und Moose sprießen.*

Quetzals und andere Zauberwesen

Entdeckungen im Nebelwald von Monteverde

Der Quetzal, *Pharomachrus mocinno*, das Symbol der mittelamerikanischen Nebelwälder, wurde von den präkolumbianischen Völkern mit den Göttern assoziiert. Federn der smaragdgrünen und am Bauch scharlachroten Vögel dienten Priestern als Schmuck und für Rituale. Der Aztekengott Quetzalcoatl geht ebenfalls auf den Vogel aus der Familie der Trogone zurück. Während zahlreiche andere Arten der Trogonidae in allen tropischen Wäldern zu Hause sind, lebt der Quetzal ausschließlich in den wolkenverhangenen Urwäldern von Lateinamerika und ist vor allem durch die Abholzung bedroht. Dank der strengen Schutzmaßnahmen in Costa Rica und vor allem in Monteverde über die sukzessive Ausdehnung des Reservats, haben sich die Quetzal-Bestände dort wieder etwas erholt.

Gute Aussichten, diese farbenprächtigen Vögel mit einer Schwanzlänge von bis zu einem Meter zu beobachten, haben Besucher vor allem während der Paarungs- und Brutzeit im März. Quetzals sind als Höhlenbrüter auf alte, morsche Bäume angewiesen. Bei der Brut wechseln sich die Eltern ab, und manchmal hängen die langen Schwanzfedern der Männchen aus der Bruthöhle heraus. Die der Weibchen sind deutlich kürzer.

Die »Göttervögel des Nebelwalds« ernähren sich hauptsächlich vegetarisch und bevorzugen wilde Avocados. Die Früchte schlucken sie dafür im Gan-

Gefiederte Schlange: *Quetzals* (Pharomachrus mocinno), *die Göttervögel im Nebelwald, sind die große Attraktion von Monteverde und zum Symbol dieses besonderen Bergregenwalds geworden. Von den indigenen werden sie als Gott Quetzalcoatl (»gefiederte Schlange«), verehrt. Nur während der Balz- und Brutzeit im Februar/März hat man echte Chancen, den Quetzal zu entdecken. Quetzals nisten in Baumhöhlen, Männchen und Weibchen wechseln sich beim Brüten ab.*

zen herunter und tragen mit der Ausscheidung der Kerne zur Verbreitung der Bäume bei. Vor allem während der Brutzeit ergänzen die Vögel ihre Nahrung durch tierische Kost, Insekten, Schnecken, Frösche oder kleine Reptilien.

Vom Klimawandel sind diese mystischen Wesen besonders stark betroffen, da ihr Lebensraum eng begrenzt ist. In Monteverde ist die Klimaerwärmung schon deutlich zu spüren, nicht unbedingt körperlich, aber an den Anzeichen im Wald: Wie eine Schneegrenze hat sich die Nebelgrenze nach oben verschoben und den Lebensraum des Quetzals verkleinert.

Ob das Aussterben der Goldkröten (*Incilius periglenes)* mit dem Klimawandel zu tun hat, ist nicht gesichert, wird aber von Wissenschaftlern vermutet. Die leuchtend orangenen Amphibien haben nur in dem auch als Elfenwald bekannten Nebelwaldgebiet von Monteverde gelebt. Mehr als 400 Vogel- und über 1000 Pflanzenarten sind in diesem besonderen Lebensraum zu Hause, darunter allein etwa 500 verschiedene Orchideen. Etwa zehn Prozent der Fauna und Flora von Monteverde ist endemisch, kommt also nur dort vor. Bei einer geführten Nachtwanderung kann man die meisten Tiere sehen.

***Ausgestorben:** Die Goldkröten* (Incilius periglenes) *von Monteverde wurden erst in den 1960er-Jahren entdeckt und gelten bereits seit 1990 als endgültig ausgestorben.*
***Seltene Aufnahme** von Balz und Paarung der goldorangenen Froschlurche und eine der letzten Sichtungen der Tiere, die damals wahrscheinlich schon Opfer des Klimawandels wurden (unten). Zuletzt wurde 1989 ein einzelnes Exemplar gesichtet.*

Das Geheimnis der Goldkröten

Umgeben von dem einzigartigen Urwald grasen auf den Almen der Quäker die Milchkühe, deren Käse als der beste im ganzen Land gilt. Die romantische Bewirtschaftung hat jedoch gravierende Nachteile für das Ökosystem: Die Nachfrage nach den Milchprodukten war schon nach wenigen Jahren so groß, dass immer mehr Wald für die Viehwirtschaft abgeholzt werden sollte und dieser Lebensraum wahrscheinlich völlig zerstört worden wäre, hätten Biologen in den 1960er-Jahren nicht eine wichtige Entdeckung gemacht: Mitten im Dschungel fanden sie auf einer nur wenige Quadratkilometer großen Fläche in etwa 2000 Metern Höhe goldorange leuchtende Kröten, die es sonst nirgends auf der Erde gab.

Die außergewöhnlichen Lurche *(Bufo periglenes)* begeisterten Wissenschaftler und Naturschützer aus aller Welt. Sie erkannten sogleich den Wert dieses Lebensraums und sammelten Spenden, um das Gebiet zu kaufen und unter Schutz zu stellen. Die Kröten hatten den dortigen Nebelwald gerettet, aber für sie selbst kam jede Hilfe zu spät. Ich war wahrscheinlich eine der letzten Wissenschaftlerinnen, die diese Tiere zu Gesicht bekamen.

Die außergewöhnlichen Lurche waren der Hauptgrund gewesen, weshalb ich auf meiner ersten Costa-Rica-Reise nach Monteverde wollte. In Fachzeitschriften hatte ich spektakuläre Fotos gesehen und einige Artikel gelesen. Doch es waren keine guten Nachrichten gewesen: Naturschützer und Wissenschaftler schlugen Alarm. Die nur zwei Jahrzehnte zuvor entdeckte Krötenart war vom Aussterben bedroht, die Zahl der Kröten drastisch zurückgegangen. Generell bestanden nur innerhalb einer kurzen Zeit des Jahres gute Chancen, die Tiere zu sehen. Dann nämlich, wenn sich im Februar und März die orangegelben Männchen und die größeren dunklen Weibchen an einem Tümpel im Dschungel zur Paarung zusammenfanden. Ansonsten war es fast unmöglich, die Tiere im Wald zu aufzuspüren.

Während der Paarungszeit 1986 waren erstmals deutlich weniger Goldkröten gezählt worden, und der Trend setzte sich fort. Es war die Zeit, als engagierte Umweltschützer und Wissenschaftler erstmals vor der Klimaerwärmung warnten, was damals so gut wie kein Staat ernst nahm. Costa Rica bildete eine Ausnahme, die Regierung erließ zahlreiche Gesetze zum Schutz der Wälder und lobte Förderungen für die Aufforstung von Weideflächen aus. Trotzdem war 1986 das erste Jahr, in dem die Wolkengrenze oberhalb des Monteverde-Schutzgebiets lag und der Wald damit nicht mehr ständig in Nebel gehüllt war. Ob dieser Rückgang der Luftfeuchtigkeit und die erhöhte Temperatur in drei aufeinanderfolgenden, sehr trockenen Jahren für die Dezimierung der Kröten verantwortlich war oder eine Pilzinfektion der Tiere, ist bis heute nicht erforscht. Aber für Biologen, Natur- und Klimaschützer war es eine Art Pilgerpflicht, diesen damals einsamen Berg aufzusuchen.

Die Fotos der Naturfotografen Michael und Patricia Fogden, die direkt neben dem Schutzgebiet lebten, waren so eindrucksvoll, dass ich mir auf den

Weg zu ihnen mit meiner gebraucht gekauften Profiausrüstung sehr unprofessionell vorkam. Der Linienbus ächzte die steilen Serpentinen der Schotterpiste derart langsam hinauf, dass ich zwischenzeitlich das Gefühl hatte, zu Fuß schneller voranzukommen. Mittlerweile fährt mehrmals täglich ein öffentlicher Bus von San José nach Monteverde, der aber immer noch fünf Stunden braucht – die meiste Zeit benötigt er, um die schlechte Straße den Berg hinauf zu bewältigen, die von der Panamericana nach Osten abzweigt. Immer wieder bleiben Busse während der Regenzeit stecken – viel häufiger aber Touristen mit Mietwagen. Während der Trockenzeit ist die Straße mit einem Allradfahrzeug inzwischen aber recht gut befahrbar.

Bei meiner Ankunft im Nieselregen und gefühlten Temperaturen von 10 °C war ich froh über das knisternde Kaminfeuer in der Eingangshalle der Lodge. Ein riesiges Panoramafenster lud zur Waldbeobachtung im Trockenen ein und eine reichhaltige Fachbibliothek zur Auffrischung wissenschaftlicher Fakten über den Nebelwald von Monteverde. Die meisten Fotos in den Büchern stammten von den Fogdens, einzigartige Tier- und Pflanzenaufnahmen. Die Kolibris schienen ihnen direkt vor die Linse zu flattern, um kokett vor der Kamera zu posieren. Die Bilder transportierten eine wichtige Botschaft: die Bedrohung dieser Kronjuwelen des Urwalds durch die Zerstörung ihres Lebensraums. Um die Welt ging damals ein Bild der Fogdens, auf dem eine leuchtend gelbe Viper, genauer eine Greifschwanz-Lanzenotter *(Bothriechis schlegelii)* zu sehen ist, die sich um eine Papageienblume *(Heliconia imbricata)* schlängelt und mit weit aufgerissenem Maul nach einem smaragdgrün schillernden Kolibri *(Amazilia tzacatl)* schnappt.

Oft wird bei solch einzigartigen Fotos ein wenig nachgeholfen: Schlangen werden heruntergekühlt und drapiert und Blüten mit Zuckerwasser präpariert, um Vögel anzulocken. Ich hatte nicht vor, die Fogdens nach ihrem Berufsgeheimnis zu fragen, wollte aber wissen, was ich in Deutschland zur Unterstützung ihrer Initiativen tun könnte. Ihre Adresse war nicht schwer herauszufinden gewesen, jeder im Ort kannte sie. Als ich an die Holztür des gut versteckten Hauses klopfte, hatte ich keine Ahnung, was die erfolgreichen Fotografen von dem Spontanbesuch einer jungen Biologin und unerfahrenen Journalistin halten würden und rechnete auch mit Abweisung. Stattdessen begrüßte mich Patricia Fogden, als wären wir gute alte Freunde. Mit wenigen Worten stellte ich mich vor, und schon nahm mich Patricia in den Arm und ging voran ins Wohnzimmer, wo ihr Mann Michael saß und Fotos sortierte. Ich berichtete von meinen geplanten Forschungen an der Universität in Frankfurt und Turrialba, den Baumpflanzungen mit Roland und meinen journalistischen Arbeiten und Plänen.

Der ewige Wald der Kinder

»Du musst unbedingt über den Kinderregenwald berichten«, sagte Patricia und beide schilderten mir das Projekt. Der Kinderregenwald war die erste Initiative, die von Schulkindern ausging, um Regenwald zu schützen und isolierte Urwaldstücke durch Baumpflanzungen miteinander zu verbinden – eine zunächst schwedische Initiative in den 1980er-Jahren für den bedrohten Nebelwald von Monteverde. Der deutsch-schwedische Begründer des ersten Nationalparks in Costa Rica, Nils Olof Wessberg, hatte in seiner Heimat tiefen Eindruck hinterlassen, aber auch in Deutschland. Vor allem bei Kindern, die um die Zukunft der Erde, der Menschen und damit um ihre eigene Zukunft fürchteten – Jahrzehnte vor Greta Thunberg, »Fridays for Future« und der Kampagne »Plant for the Planet«. Eine der Initiatorinnen hatte weltweit Vorträge gehalten. Auch ich stellte das Projekt nach meiner Rückkehr an vielen deutschen Schulen vor. Wir konnten auf der ganzen Welt Schulen für das Thema Nebelwald interessieren und Spenden für den Schutz dieses weltweit einzigartigen Walds sammeln. Heute ist es das größte private Schutzgebiet von Costa Rica.

Ohne die falsche Formel, »ein Dollar für einen Baum«, mit der mittlerweile einige Organisationen werben, sammelten die Kinder damals unermüdlich und motivierten weitere Schulen. Ein Baum ist viel mehr wert als ein Dollar, er lässt sich dafür weder pflanzen, pflegen, noch schützen, und man kann schon gar nicht die notwendige Pflanzfläche mit diesem Minibetrag finanzieren. Die kurze Formel hat vielmehr etwas von einem grünen Ablasshandel. Die

Naturschauspiel: *Berühmt ist Costa Rica auch für seine zahlreichen Wasserfälle, die teilweise wie aus dem Nichts aus dem Dschungel strömen und in die Tiefe stürzen. Manche Wasserfälle verstummen während der Trockenzeit.*

Kinder hatten sich dagegen keine werbewirksamen Phrasen ausgedacht, sondern malten Regenwaldbilder, schrieben Briefe und sammelten selbst Geld, um Monteverde zu schützen und die Botschaft des Walds für die Zukunft der Menschheit zu verbreiten.

Als ich bei Michael und Patricia Fogden auf dem Sofa saß und in meinem Tee rührte, erzählten mir die beiden von der Idee, für diese engagierten Kinder einen eigenen Verein zu gründen und den geschützten Wald nach ihnen zu benennen: »Der ewige Wald der Kinder«. Der Plan stand kurz vor der Umsetzung, und jede Art von Öffentlichkeitsarbeit war willkommen. In Zeiten, als Social Media noch nicht einmal als Wortkonstrukt existierte, war jeder noch so kleine Artikel wichtig, und ich mit einer neuen Mission betraut: das Projekt in die Welt zu tragen, eine Ehre und Bürde zugleich. Zur Erfüllung der Mission wollten mir Michael und Patricia die Initiatoren vorstellen und mich mit den konkreten Plänen und Maßnahmen vertraut machen, aber vor allem versprachen sie, mich in die Geheimnisse des zauberhaften Nebelwalds einzuweihen.

Am nächsten Morgen stand ich pünktlich um 6 Uhr morgens vor dem Haus der Fogdens und konnte es kaum erwarten, den Wald der sagenumwobenen Goldkröten zu betreten. Am Tag zuvor hatte ich mir im Büro der Monteverde-Schutzgemeinschaft Asociación Conservacionista de Monteverde (AMC) einen Überblick über die Größe des Schutzgebiets, die geplanten Maßnahmen und eingebundenen Akteure verschafft. Ein sehr professionelles, nachhaltiges Konzept, das die Menschen der Region einband – vor allem die ganz jungen.

Der »Ewige Wald der Kinder« erstreckt sich inzwischen über die Kontinentalscheide, reicht über sechs der zwölf Klimazonen von Costa Rica, ist knapp 23 000 Hektar groß und eines der artenreichsten Schutzgebiete der Welt. Schulklassen aus mittlerweile 44 Ländern unterstützen das Projekt, dem alle Spenden direkt zugute kommen. Aber auch Touristen tragen mit ihren Eintrittsgeldern zum Erhalt und zur Erweiterung des Walds bei.

Als wir den märchenhaften Wald betraten, hüllte ein sanfter Nebelschleier die Vegetation ein und ließ sie noch zauberhafter erscheinen. Riesige Baumfarne vermittelten mir das Gefühl, mich auf einer Reise ins Jurazeitalter zu begeben. Wenn hinter einem moosgepolsterten Baumstumpf eine Elfe hervorgeschaut hätte, hätte ich mich wahrscheinlich nicht einmal gewundert. Die vielen kleinen und größeren Tiere des Dschungels sahen ohnehin oft wie Fabelwesen aus.

Die Fogdens schienen jeden Farn, jeden Pilz, jeden Baum, jede Orchidee und jedes andere blühende Urwaldwunder persönlich zu kennen. Dank Michaels Adleraugen sah ich so viele verschiedene Vögel wie bei keiner anderen Exkursion zuvor. Die vielfältigen ornithologischen Entdeckungen waren allerdings auch kein Wunder, da das Monteverde-Reservat fünf Prozent aller weltweit bekannten Vogelarten beherbergt und durch das niedrigere Kronendach im Nebelwald die Vögel leichter zu entdecken sind.

Göttervogel im Nebelwald

Michael schien die gefiederte Artenvielfalt noch nicht zu befriedigen, und auch ich hoffte auf ein ganz besonderes Juwel. Wir waren dem schmalen Dschungelpfad inzwischen fast zwei Stunden gefolgt und tief in den Urwald vorgedrungen, als Michael plötzlich stehen blieb und sein Fernglas ansetzte. Mit zufriedenem Lächeln reichte er es mir: »Sie sind noch zu Hause, und Mama oder Papa werden auch gleich wieder zurückkommen.«

Verwundert nahm ich das Fernglas in die Hand und suchte nach der Baumhöhle in einem morschen Baum, auf den Michael gezeigt hatte. Nach einer Weile hatte ich endlich das Loch in dem abgestorbenen Stamm gefunden. Meine Geduld wurde nicht allzu lange strapaziert. Vor meiner Linse flatterte der schönste Vogel, den ich je gesehen hatte: der Quetzal *(Pharomachrus mocinno)* aus der Familie der Trogone, einer der farbenprächtigsten Vögel der tropischen Welt, den Maya und anderen indigenen Kulturen heilig. Sein smaragdgrünes Gefieder schillerte in der Sonne, die den Nebel durchdrungen hatte, und seine schier endlos langen Schwanzfedern schwangen anmutig in der Luft, als er das Nest ansteuerte, um seine Jungen mit ein paar Insekten zu füttern. Nur wenige Sekunden dauerte das Schauspiel, bevor sich der elegante Vogel mit dem kleinen gelben Schnabel und den großen Augen wieder in die Lüfte schwang und seine leuchtend rote Brust zeigte.

Einer Sage der Maya zufolge war die Brust des Quetzals, bis die spanischen Eroberer kamen, so smaragdgrün wie das übrige Gefieder. Die Legende besagt, dass nach der Ermordung des letzten Maya-Königs ein Quetzal vor Trauer in seinem Blut badete und die Brust aller Tiere seither scharlachrot gefärbt sei. Das Töten eines Quetzals war bei den Ureinwohnern verboten und stand unter Todesstrafe. Die langen Schwanzfedern dienten den königlichen Anführern als Kopfschmuck, durften den lebendigen Tieren entrissen werden. Die Eroberer gingen noch weniger zimperlich mit den anmutigen Vögeln um, und erst seit wenigen Jahrzehnten werden sie geschützt. Aber nicht durch die Jagd nach dem Federkleid, vor allem durch die zunehmende Zerstörung seines Lebensraums ist der Quetzal, der nur in den Nebelwäldern von Mittelamerika beheimatet ist, stark bedroht. Der Göttervogel des Nebelwalds ist weit mehr als ein Vogel. Als Geist und Gott des Waldes symbolisiert er den Zustand unserer Erde.

Einen Quetzal in freier Natur zu beobachten, empfand ich als große Ehre, und es war das einzige Mal, dass ich ihn dort zu sehen bekam. Inzwischen ist Monteverde so touristisch geworden, dass sich der scheue Göttervogel in den zugänglichen Bereichen kaum noch blicken lässt. Dafür gibt es mittlerweile einige private Nebelwaldschutzgebiete und einen eigenen Quetzal-Nationalpark, etwas weiter südlich in den Kordilleren. Dort ist der Quetzal während der Balz- und Brutzeit gut zu sehen. Ich war so fasziniert, dass ich gar nicht genug davon bekommen konnte, zu beobachten, wie die Quetzal-Eltern unermüdlich abwechselnd das Nest anflogen, um ihren Nachwuchs zu füttern. Normalerweise ernähren sich Quetzale von Früchten, vor allem den wilden Verwandten der Avocado. Sie ernten das Obst gekonnt im Flug. Aber für den stets hungrigen Nachwuchs stellen sie, wie viele andere Vögel auch, die Nahrungssuche um und sammeln eiweißreiche Insekten.

Schließlich musste ich mich schweren Herzens von den emsigen Göttervögeln verabschieden und war mir sicher, das Highlight der Monteverde-Tour hinter mir zu haben. Dass wir geraume Zeit später vor dem Tümpel der sich paarenden Goldkröten stehen würden, hatte ich nicht zu träumen gewagt. Dass ich eine der Letzten sein würde, die diese außergewöhnlichen Geschöpfe der Natur zu sehen bekam, natürlich ebensowenig.

1987 war das letzte Jahr, in dem sich noch eine größere Anzahl der Kröten paarten, doch wegen der außergewöhnlichen Trockenheit in jenem Jahr kamen die meisten Kaulquappen nicht zur Metamorphose und entwickelten sich nicht zur Kröte. Zwei Jahre später wurde nur noch von einem einzelnen Paar berichtet und danach keine einzige Kröte mehr gesichtet. Die Tiere gelten seither als ausgestorben. Für mich waren sie die verzauberten Prinzen eines vom Untergang bedrohten Königreichs, das dringend gerettet werden musste, und ich tat alles, um die Idee des Kinderregenwalds von Monteverde zu verbreiten. Mit genau diesem Versprechen verabschiedete ich mich auch von Michael und Patricia, wobei ich zu gerne etwas über die Geheimnisse ihrer fantastischen Fotos in Erfahrung gebracht hätte. Darüber hüllten sie jedoch den Mantel des Schweigens und verrieten mir nur, dass der Kolibri dem aufgerissenen Vipernmaul unbeschadet entkommen war.

Klimawandel im Nebelwald

Nach vielen Jahren kehrte ich vor Kurzem in diesen einzigartigen Zauberwald zurück, diesmal nicht auf einer Schlammpiste, sondern auf einer asphaltierten Straße. Früher war die Region während der feuchten Jahreszeit fast ständig in Nebel gehüllt, und der Regen fiel in gleichmäßigen feinen Tröpfchen. Durch die Klimaerwärmung steigen die Wolken nun häufig höher, bleiben nicht mehr in den Bergen hängen und entleeren sich mit der Geschwindigkeit eines klassischen Tropenschauers. Am späten Nachmittag machten wir uns auf den Weg zum Schutzgebiet. Monteverde ist kein Ort, war es nie gewesen. Die Quäker hatten den immergrünen Berg so benannt, und die Biologen, die das Schutzgebiet gründeten, die Bezeichnung übernommen: Reserva Biológica Bosque Nuboso Monteverde.

Der eigentliche Ort heißt Santa Elena und ist auch heute noch ein Dorf mit ein paar tausend Einwohnern – ohne Touristen, die diese Zahl während der Saison um ein Vielfaches übersteigen. Außerhalb der Hauptreisezeit versprüht Santa Elena den gleichen Charme wie damals: ländlich, alternativ und voller Liebe für die Natur. Kleinkunst an jeder Ecke und stets mit Motiven aus dem Nebelwald. Cafés bieten hausgemachte Produkte aus Zutaten von Monteverde: vom Kaffee bis zur Milch, vom Käse bis zum Brot. Die Hotels sind größer und luxuriöser geworden, aber weitgehend eingebettet in die Natur. Nach wie vor gibt es kleine Pensionen, aber wie überall viel mehr Autos. Dennoch ist Monteverde einer der wenigen Orte geblieben, die sich auch heute noch gut zu Fuß erkunden lassen.

Schnabelkunde: *Kolibrischnäbel sind perfekt an ihre Nektarquelle angepasst. Natürlich verschmähen die zierlichen Vögel auch leicht zugängliche Quellen wie diese Blüte nicht. An speziellen Futterstellen wird den Tieren Zuckersirup angeboten, der gerne angenommen wird. Für die Gesundheit der Kolibris ist das nicht förderlich, besser geeignet sind nektarreiche Blütenpflanzen.*

Ein Motmot zur Begrüßung

Parallel zur Straße führt der Pfad über mehrere Kilometer von Santa Elena zum Schutzgebiet. Zwischendrin gewähren immer wieder Aussichtspunkte spektakuläre Blicke. Weiden verweben sich in der bergigen Landschaft mit Nebelwäldern, auf den Wiesen stechen die solitären, stets bemoosten Nebelwaldbäume hervor, blühende Büsche an den Rändern. In der offenen Fläche lässt sich die unglaublich große ornithologische Vielfalt der Region wesentlich leichter entdecken als im dichten Nebelwald, was etliche Kolibris vor meiner Nase bestätigten. Beim Anflug brummen die zierlichen Vögel wie überdimensionierte Käfer, es ist der Sound ihres Flügelschlags. Im sogenannten Schwirrflug erhöhen diese Luftakrobaten die Frequenz ihres Flügelschlags so weit, dass sie wie ein Hubschrauber auf der Stelle schweben und pfeilschnell davonfliegen können.

***Passgenau:** Die Schnäbel der verschiedenen Kolibriarten sind sehr unterschiedlich. Der nur etwa zehn Zentimeter große Veilchenohrkolibri* (Colibri cyanotus) *hat einen kurzen, geraden Schnabel und ist auf den Blütennektar von Bromelien spezialisiert. Bromelien sind Aufsitzerpflanzen im Dschungeldach, sogenannte Epiphyten. Das schillernde und smaragdgrüne Gefieder der Kolibris hat zu ihrem Ruf als »fliegende Edelsteine« geführt.*

Mehr als 50 der insgesamt knapp 370 Kolibri-Arten sind in Costa Rica heimisch. Diese fliegenden Juwelen mit ihrem meist metallisch blau-grün leuchtenden Gefieder fühlen sich in Monteverde besonders wohl: Auf dem Weg zum Reservat, in zahlreichen Lodges, und es gibt auch einen eigenen Kolibri-Garten sowie eine Kolibri-Galerie. Neben dem ulkigen Gebrumme der Kolibris klingt ein weiteres prägnantes Geräusch durch: eine Mischung aus Kuckucksruf und Taubengegurr, so die ungefähre Beschreibung für den charakteristischen Ruf des Motmots (*Momotidae*).

Der Vogel mit dem profanen deutschen Namen Sägeracke fällt nicht nur akustisch auf, sondern auch optisch durch seinen pendelartigen, langen und oft zweigeteilten Schwanz, gekrönt mit einem »Federtropfen«. Genau wie Kolibris leben Motmots ausschließlich in den sogenannten Neotropen, den tropischen Regionen der Neuen Welt. Die meisten Arten sind im feuchtheißen Tieflandregenwald beheimatet, aber den Blaukehl-Motmot *(Aspatha gularis)* hat es in die Berge verschlagen, und ein solches Exemplar saß nun nicht weit entfernt von mir und spähte nach Beute. In Anbetracht der vorangeschrittenen Zeit beeilte ich mich, das Schutzgebiet zu erreichen. Viel Zeit blieb mir nicht mehr, bevor die Sonne unterging und das Reservat seine Pforten schloss.

Geister der Nacht

Ich kam zu spät – oder doch gerade recht? Die Ranger, freundlich wie alle Costa-Ricaner, waren noch da. Wie zum Trost luden sie mich zur Nachtführung ein, die bald beginnen sollte. Der Sonnenuntergang war bombastisch gewesen, und es sah nicht danach aus, als würde es in den nächsten Stunden regnen. Pünktlich um 18 Uhr wurde ich am Eingang in eine von fünf Gruppen eingeteilt und bekam eine Taschenlampe in die Hand gedrückt. Nach einer kurzen Einführung über die Geschichte von Monteverde ging es los, zunächst noch leise und andächtig auf das Orchester der Natur lauschend. Was nicht lang anhielt, tanzende Schatten, feine Spinnweben und dünne Äste irritieren die Gäste aus dem Großstadtdschungel und regen zu Gesprächen an. Als es in der Gruppe lauter wurde, leuchtete einer der Guides mit der Taschenlampe ins Gebüsch. Alle Teilnehmer sahen konzentriert auf den Zweig, der sich mit einem Mal zu bewegen begann. Bei dem braunen, etwa 30 Zentimeter langen Stecken handelte es sich nämlich keineswegs um einen Ast, sondern um einen sogenannten »Walking Stick«, eine Gespenstschrecke (*Phasmatodea)* oder auch Stabschrecke genannt. Gespenstschrecken sind fast auf der ganzen Welt zu Hause, in den Tropen leben ganz besonders große und gut getarnte

Nachtgestalten: *Schlangen wie die giftige, gelbe Greifschwanz-Lanzenotter* (Bothriechis schlegelii)*, riesige behaarte Taranteln oder auch das Honigbärchen haben eines gemeinsam: Sie werden, wie viele andere Dschungeltiere auch, erst aktiv, wenn es dunkel wird. Bei einer geführten Nachtwanderung wird man von diesen Tieren genauso fasziniert sein wie etwa von den »Wandelnden Stöcken«, auch Gespensterschrecken* (Phobaeticus serratipes) *genannt (linke Seite, unten rechts).*
Süße Falle: *Gefährlich werden Vipern manchem Kolibri, der an derselben Blüte nascht, in der die Schlange lauert (rechts).*

Arten. Stabschrecken, *Phobaeticus serratipes*, die längsten Insekten der Welt, können über einen halben Meter groß werden.

Die nächste Überraschung wartete nur wenige Meter entfernt: ein kleiner Trogon, ein Verwandter des Quetzals. Insgesamt leben mehr als 50 Trogon-Arten in den tropischen Wäldern der Welt, aber der Quetzal ist zweifellos der spektakulärste. Die meisten Vögel schlafen auf einem Bein stehend auf einem Ast, wie Hühner auf der Stange. Zahlreiche nachtaktive Tiere wie Glasfrösche, Gottesanbeterinnen, mächtige Motten, Schlangen und Weberknechte zeigten sich in den Kegeln der Taschenlampen, doch den Schockeffekt des Abends hatte der Guide für den Abschluss reserviert. Wir erreichten einen kleinen, steilen Abhang, in den verschiedene Erdhöhlen führten. In eine leuchtete der Ranger und steckte einen dünnen Ast hinein. Mit einem Satz sprang eine gigantische behaarte Spinne heraus, größer als alle, die ich zuvor gesehen hatte, und im selben Augenblick war sie auch schon wieder in ihrer Höhle verschwunden. Tarantula, *Theraphosidae*, lauert des Nachts auf Beute und zieht sie in Blitzgeschwindigkeit in ihren Bau. Hier hatten wir es mit einem Exemplar der Spezies *Megaphobema mesomelas* zu tun, die in lateinamerikanischen Bergregenwäldern zu Hause ist. Es handelte sich eindeutig um ein Weibchen – bei Spinnen ist die Betonung sehr angebracht, da die Männchen wenig zu melden haben, vor allem, nachdem sie brav ihre Spermienpakete abgegeben haben. Einige Arten verspeisen ihre Partner gar nach dem erfolgreichen Akt.

Wohnen in den Wolken

Die Cloud Forest Lodge gibt es schon seit Jahrzehnten, jetzt allerdings in völlig neuem Gewand mit konsequent nachhaltigem Konzept, inklusive privatem Schutzgebiet und regionaler Bioküche. Von der Terrasse bietet sich ein atemberaubender Blick über Täler, Felder, Wälder und die Wiese mit Fruchtbäumen. An diesem Morgen tanzten zahlreiche Schmetterlinge um die Lodge, Kolibris tauchten ihre Schnäbelchen in Blüten. Manchmal lässt sich erst auf den zweiten Blick erkennen, woher die Blütenpracht kommt, etwa bei einer Passionsblume *(Passiflora)* nahe am Waldrand. Aus der Ferne schienen ihre weißen Blüten direkt aus einem Busch zu wachsen. Wie ein zartes Netz hatte die Kletterpflanze ihn überzogen. Die Pflanzen streben nach dem Licht und klettern dort empor, wo sie am einfachsten und schnellsten an die Energiequelle gelangen.

Der Dschungel ist keineswegs undurchdringlich, der Eingang in den Urwald aber durchaus. Dort, wo genügend Licht hinfällt, wetteifern die schnellwachsenden Pflanzen um den Standort, wachsen über- und durcheinander. Tief im Innern des Dschungels herrscht eine Art Dämmerung, kaum ein Lichtstrahl dringt auf den Boden, und der Bewuchs ist dürftig. In Monteverde gibt es viele Waldränder, und die Passionsblumen scheinen das Klima auf dem »grünen Berg« zu lieben: immer feucht, selbst in der Trockenzeit nicht zu heiß und niemals richtig kalt. Über 600 Arten dieser faszinierenden Kletterpflanze ranken in den Wäldern der Neuen Welt – und in Kulturen inzwischen auf allen Kontinenten. Ihre Anpassungsfähigkeit ist erstaunlich, und ihre Strategien, sich gegen Fressfeinde zu wehren, wirken fein ausgetüftelt. Fast alle Arten halten sich eine ganze Armee von Ameisen zur Verteidigung gegen hungriges Getier. Hauptfeinde der Passionsblumen

***Bezaubernd:** Der blaue Morpho* (Morpho peleides)*, ist nicht zu übersehen, zumindest wenn er die Flügel aufgeklappt hat. Geschlossen imitiert der Falter Eulenaugen, um Fressfeinde abzuschrecken.* ***Trickreich:** Der Königs-Schwalbenschwanz* (Papilio thoas) *ist nicht wählerisch. Die Raupen ernähren sich von verschiedenen Pflanzen und stülpen bei Gefahr eine Nackengabel aus, die einen Duftstoff absondert, der Feinde abwehren soll (unten).*

sind Schmetterlinge aus der Gattung der Heliconius-Falter *(Heliconius spec)*. Wie bei allen Schmetterlingen sind nicht die erwachsenen Falter das gefräßige Problem, sondern die juvenilen Raupen. Sie werden sozusagen ins Schlaraffenland hineingeboren. Die weiblichen Falter legen und kleben die Eier auf Passionsblumenblätter, und wenn die Raupen schlüpfen, brauchen sie nur zuzubeißen. Die Waffe der Passionsblumen? Sie bildet sogenannte extraflorale Nektarien, winzige Nektartöpfchen an Stil und Blättern, mit denen sie ihre Ameisenarmee ernähren. Die Ameisen müssen nichts weiter tun, als ihren Futterplatz gegen die Konkurrenz zu verteidigen – und dazu gehören auch Schmetterlinge, die ebenfalls Nektar lieben. Da diese Strategie zwar sehr effizient ist, aber keinen hundertprozentigen Schutz bietet, hat die Pflanze noch weitere Schutzmechanismen entwickelt. Und so bildet die Passionsblume auch falsche Eier auf den Blättern aus, Ausstülpungen, die in der Form identisch sind mit den Schmetterlingseiern. Die Falter legen keine Eier auf bereits »besetzte« Blätter, damit der nimmersatte Nachwuchs ja nicht am Hungertuch nagt. Da diese zusätzliche Methode offensichtlich immer noch nicht ausreicht, verändern die Pflanzen außerdem ihre Blattform. Das macht es außerhalb der Blütezeit äußerst schwierig, sie zu identifizieren – auch für Schmetterlinge.

Müllersche Mimikry

Da Schmetterlinge ebenfalls Objekte der Begierde sind und Leckerbissen für zahlreiche Vögel und Reptilien abgeben, haben auch die Falter eine Strategie entwickelt, um nicht zur leichten Beute zu werden. Die beliebtesten Tricks im Tierreich, um dem Feind zu entkommen, sind Gift oder Tarnung. Die Heliconius-Falter setzen auf Gift und signalisieren ihre Ungenießbarkeit mit den klassischen Warnfarben gelb und rot. Da die Giftproduktion jedoch ziemlich energieintensiv ist, imitieren einige ungiftige Arten wie die Falter einfach das Warnmuster. Das Phänomen der Nachahmung von Warnfarben giftiger Tiere wird im Fachjargon Müllersche Mimikry genannt, benannt nach dem deutschen Biologen Johann Friedrich Theodor Müller (1822–1897), der im 19. Jahrhundert in Brasilien forschte.

Bei den Heliconius-Faltern ist dieses Phänomen besonders ausgeprägt, es gibt mehr als ein Dutzend Falterarten, die sehr ähnlich gemustert sind. Erst kürzlich wurde ein Gen identifiziert, das für die rasche Anpassungsfähigkeit der Heliconius-Falter verantwortlich ist. Fritz Müller war nicht der erste Biologe, der fasziniert von Passionsblumen und ihren vielfältigen Strategien war. Die deutsche Naturforscherin und Künstlerin Maria Sibylla Merian zeigte bereits fast 200 Jahre vor Müller in detaillierten Skizzen die Wandelbarkeit der Kletterpflanze. 1699 war Merian zusammen mit ihrer Tochter nach Surinam gereist, um dort ihre Beobachtungen, die sie zuvor an Maulbeerbäumen und Seidenraupen gemacht hatte, in der Wildnis fortzusetzen. Bei ihren Zeichnungen beschränkte sie sich auf Pflanzen und Insekten, da ihr Fokus auf der Metamorphose der Insekten lag – der Veränderung der Tiere im Laufe ihres Lebens, vom Ei zur Larve, von der Larve zur Puppe und schließlich zum erwachsenen, paarungsfähigen Insekt. Jahrhundertelang war dieses Phänomen den Forschern entgangen, die Larven wurden als Würmer betrachtet, die aus Schlamm, Erde oder von Pflanzen geboren würden.

Die Interaktion der Passionsblumen geht jedoch über Insekten hinaus. Die wesentlichste Strategie zur Erhaltung der Art ist schließlich die geschlechtliche Vermehrung, was im Dschungel ein harter Kampf um die Bestäuber bedeutet. Dabei haben die verschiedenen *Passiflora*-Arten je nach Standort sehr unterschiedliche Spezialisierungen entwickelt. Die Art *vitifolia* konzentriert sich beispielsweise auf Kolibris der Gattung *Phaethornis* als Bestäuber. Diese anpassungsfähige Art gedeiht sowohl im feuchten Tieflandregenwald als auch in den Bergen bis 1100 Meter Höhe. Charakteristisch sind nicht nur die namensgebenden, weinrebenförmigen Blätter, sondern vor allem der grellrote Blütenkranz. Im düsteren Dschungel leuchten die Ranken wie Girlanden mit bunten Lampions – ideal für Kolibris, die ihre Nektarquellen optisch suchen. Die Blüten der weinblättrigen Passionsblume sind genauso geformt, dass der lange, gebogene Schnabel der Schattenkolibris, *Phaethornis spec.*, in den Kelch passt. Die ebenfalls sehr lange Zunge der Vögel reicht bis zum

Schwere Kost: *Passionsblumenfalter* (Heliconiidae) *haben sich für die Eiablage und ihre Nachkommen ganz auf die Blätter von Passionsblumen spezialisiert, um ihre Raupen besser zu schützen. Durch die Giftstoffe in den Blättern werden die Raupen auch für potenzielle Fressfeinde ungenießbar. Zum Sonnenbaden lassen sich die Falter gerne auf größeren Blättern nieder.*

Mikrokosmos Passionsblume: *Alle über 600 Passionsblumenarten kommen aus der Neuen Welt und leben mit zahlreichen Insekten in Symbiose oder wehren sich dagegen. Alle* Passiflora-Arten *sind Schlingpflanzen und werden in der Natur von den Raupen der Passionsblumenfaltern befallen (oben).* ***Charakteristisch:*** *Die Blütenform, die die ersten Missionare an den Dornenkranz von Christus erinnerte (unten links).* ***Wehrhaft:*** *Ameisen sind die Verteidigungsarmee der Passionsblumen, die die Insekten dafür »füttern« (unten rechts).*

Nektar hinab. Dafür müssen die Kolibris aber tief in den Kelch eindringen, und dabei stößt das zarte Köpfchen der Tiere an den Pollen. Bei der nächsten Blüte streifen sie den Pollen am Stempel ab und befruchten die Pflanze. Um eine Selbstbefruchtung zu verhindern, die schädlich für die Entwicklung wäre, haben Passionsblumen wie die meisten einhäusigen Pflanzen effiziente Mechanismen entwickelt, die noch nicht ganz erforscht sind. In jedem Fall überlassen sie es den Kolibris, eine andere Pflanze mit ihrem Pollen zu »beglücken«.

Damit wäre die erfolgreiche Bestäubung und Entwicklung der Früchte gesichert, aber noch nicht die Verbreitung der Samen. Auch dafür setzen Passionsblumen wie viele andere Pflanzen auf die Dienstleistung der Tiere. Die Samen müssen entsprechend attraktiv verpackt sein, damit sie gefressen und an anderer Stelle wieder ausgeschieden werden. Die meisten für Säugetiere interessanten Früchte sind auch für Menschen attraktiv, so auch bei einigen Passionsblumenarten. Als beliebteste und bekannteste Passionsfrucht gilt die Maracuja, in Costa Rica ist es die sogenannte *Granadilla*, eine Passionsfrucht der Sorte *ligularis*. Bei so einem Passionsfrucht-Shake saß ich und überdachte die Veränderungen im Zauberwald. Vieles war anders, nicht mehr so wild und einsam wie bei meinem ersten Besuch, aber sonst hätte das Gebiet weder vergrößert noch gut geschützt werden können. Besucher und private Spender finanzieren schließlich diesen Wald. Die Wege sind inzwischen deutlich breiter und besser beschriftet, eine Hängebrücke führt über eine Schlucht und über die Baumkronen, gewährt so neue Perspektiven. Schilder weisen auf die Kontinentalscheide hin, diese imaginäre Grenze verläuft längs durch Nord- und Mittelamerika und trennt die Wassersysteme. Flüsse, die westlich der kontinentalen Wasserscheide entspringen, münden in den Pazifik und solche, die östlich der Scheide verlaufen, fließen dem Atlantik zu. Entlang dieser Trennlinie entstehen außerordentliche Wetterphänomene – wie in Monteverde der Nebelwald.

Ganz so neblig wie einst ist er leider nicht mehr und sendet ein deutliches Signal der Klimaerwärmung. Statt wabernder Schleier tropft und regnet es jetzt vor allem. Was das für die Farne, Moose, Flechten, Bromelien und Orchideen bedeutet, die die Bäume und Sträucher des Nebelwalds regelrecht bekleiden, weiß man noch nicht. Die Veränderung aber ist erschreckend deutlich.

Köstlich: *Die Früchte einiger Passionsblumenarten sind essbar, besonders bekannt und beliebt ist die Maracuja. Einige Zuchtformen werden groß wie Melonen.*

DIE VULKANE VON COSTA RICA

Von Feuer und Fruchtbarkeit

Aussichtsreich: *Der größte und höchste Vulkan von Costa Rica ist der Irazú im gleichnamigen Nationalpark. Er ist fast 3500 Meter hoch und befindet sich östlich der Hauptstadt, etwa anderthalb Fahrtstunden entfernt (linke Seite). Bei gutem Wetter und klarer Sicht kann man vom Gipfel aus beide Ozeane sehen. Der »kleine Bruder«, der Vulkan Turrialba, liegt nur wenige Kilometer entfernt und ist ein Geheimtipp für Reisende abseits der Hauptattraktionen (oben).*

Klimaveränderungen verursacht nicht nur der Mensch, sondern auch die Natur selbst. Wälder absorbieren beispielsweise Tonnen von CO^2 und kühlen durch Schatten und Verdunstungskälte. Einen ganz besonderen und oft sehr heftigen Einfluss auf das Klima üben Vulkane aus. Legendär 1816, das als »Jahr ohne Sommer« in die Geschichte einging, verursacht durch den Ausbruch des indonesischen Vulkans Tambora. Die genauen Zusammenhänge zwischen Vulkanausbruch und Klimaveränderung haben Wissenschaftler erst viel später festgestellt, und längst sind noch nicht alle Details erforscht. Fakt ist jedoch, dass Vulkanausbrüche zu einer deutlichen Abkühlung der gesamten Atmosphäre führen können.

Vulkanasche wirkt wie Dünger, das Gestein ist voller Mineralien und damit der fruchtbarste Boden, den unsere Erde zu bieten hat. Costa Rica hat davon ziemlich viel, unter dem Land brodelt der pazifische Feuerring, und irgendein Vulkan ist immer aktiv. Zuletzt war es der Turrialba, im Osten des Landes zwischen Hauptstadt und Karibikküste, der im Jahr 2015 ein spektakuläres Inferno veranstaltete und eine gigantische Rauchwolke ausstieß. Es folgten zahlreiche weitere Ausbrüche. Kilometerweit spuckte der Vulkan Asche in die Luft, der Flughafen, Schulen, Kindergärten und Universitäten mussten schließen. Darunter auch das landwirtschaftliche Forschungszentrum CATIE (Centro Agronómico Tropical de Investigación y Enseñanca) – der Ort, wo ich im November 1987 mit den Feld- und Laborversuchen an der tropischen Nutzpflanze *Dioscorea bulbifera* begonnen habe.

Forschungsstation CATIE 1987

Es war damals das renommierteste Institut für tropische Landwirtschaft in ganz Lateinamerika, errichtet am Fuß des zweithöchsten Vulkans auf fruchtbarer vulkanischer Erde. Bei Planung und Bau des Instituts Ende des Zweiten Weltkriegs galt der Turrialba als erloschen. Es lag fast hundert Jahre zurück, dass er sich das letzte Mal gerührt hatte. Turrialba befindet sich etwa 65 Kilometer südöstlich von

Feuerberg: *In den vergangenen Jahren war der Turrialba-Vulkan deutlich aktiver als sein »großer Bruder«. Romantisch wird es bei Sonnenaufgang (oben). Die archäologische Stätte Guayabo am Fuß des Vulkans Turrialba ist die bedeutendste präkolumbianische Fund- und Ausgrabungsstätte des Landes (rechte Seite).*

San José an der einst einzigen Strecke zwischen Hauptstadt und Karibik. Sowohl die Straße an die Ostküste als auch die Bahn führten über das Städtchen, das dadurch ein wichtiger Umschlagplatz für landwirtschaftliche Produkte und eben auch Forschungszentrum geworden war. Die Fahrten zu der keine 200 Kilometer entfernten Hafenstadt Limón dauerte dennoch fünf bis sieben Stunden. Das änderte sich schlagartig, als weiter im Norden die neue Autobahn nach großen Protesten mitten durch den Nationalpark Braulio Carrillo gebaut wurde. Der Park, benannt nach dem Präsidenten, der Mitte des 19. Jahrhunderts zweimal als Staatschef amtierte, war keine zehn Jahre zuvor zum Schutzgebiet der höchsten Kategorie erklärt worden, mit dem Status eines Nationalparks. Der dichte Dschungel erstreckte sich über 45 000 Hektar Primärwald von der Hochebene bis zum Tieflandregenwald – bis er durchschnitten und in zwei Hälften geteilt wurde. Der wirtschaftliche Druck erwies sich als stärker als die Naturschützer, die verwinkelte Landstraße durch die Berglandschaft war für den zunehmenden Verkehr nicht mehr tragbar und das marode Schienensystem für den Lastenverkehr nicht länger akzeptabel gewesen. Die Autobahn, ohne Mittelleitplanke und teilweise nur einspurig in jede Richtung, verkürzte die Reisedauer von der Hauptstadt an die Karibikküste um die Hälfte, von bis zu sieben Stunden Fahrtzeit auf etwa drei Stunden. Als 1991 ein Erdbeben die Bahnstrecke zerstörte und diese nie wieder aufgebaut wurde, war Turrialba als blühender Handelsplatz endgültig Geschichte.

Fast hätte ich das Fahrrad genommen – damals jedoch undenkbar. Inzwischen gibt es sogar geführte Radtouren von San José nach Turrialba, inklusive Rundgang auf dem Gelände des Forschungsinstituts. Damals also der Bus. Die Fahrt zog sich endlos, der Bus quälte sich die Serpentinen hoch und runter und hielt an jeder Milchkanne. Hinzu kam, dass ich nicht wusste, was mich erwartete – ausgemacht war nur, dass ich mich am 1. November 1987 im Campus einfinden sollte, genauer im Büro von Prof. Dr. Victor Villalobos. Mit Sack und Pack stand ich auf der Straße, denn die Endhaltestelle war nicht mehr als eine Einbuchtung in der Ortsmitte. Von den 50 000 Einwohnern arbeiteten mehr als die Hälfte am Institut. Der Professor begrüßte mich wie eine alte Kollegin und führte mich zu meinem großzügig bemessenen Arbeitsplatz zwischen anderen Forscherinnen und Forschern. Allgemeines Ziel war es, die jeweilige Nutzpflanze resistenter gegen Schädlinge zu machen. Die meisten arbeiteten mit Kaffee oder Bananen, und ich sollte nun die Lücke der Yamsforscher füllen.

Wie viel besser gedieh hier meine *Dioscorea bulbifera* – unter der tropischen Sonne bei stetig feuchtheißem Klima – als unter Glas im winterkalten Deutschland. Nicht ohne Stolz präsentierte Villalobos den Garten Eden des Forschungsinstituts: »Wir sind das bedeutendste landwirtschaftliche Forschungsinstitut von ganz Lateinamerika, und es gibt kaum eine tropische Nutzpflanze, die wir nicht versuchsweise anbauen. Durch die Vulkanasche ist der Boden hier besonders fruchtbar und das immer feuchte, aber durch die Höhenlage nicht zu heiße Klima ist für die meisten Pflanzen ideal. Das wussten schon die Ureinwohner, die Ausgrabungsstätten liegen ganz in der Nähe.«

Professor Villalobos erzählte von dem nur wenige Kilometer von Turrialba entfernten Nationalmonument Guayabo. Für ihn als Mexikaner war die Ausgrabungsstätte alles andere als außergewöhnlich – verglichen mit den Monumenten seines Heimatlands war Guayabo ein unbedeutendes Dorf, die mexikanischen Pyramiden dagegen Paläste versunkener Metropolen. Dabei wurde bisher nur ein kleiner Bruchteil freigelegt, für umfassende archäologische Forschungen fehlt dem Land das Geld.

Guayabo bezeichnet aber auch eine Frucht, die eine vage Ähnlichkeit mit einer unreifen Orange hat. Sie wächst an Laubbäumen, die ein wenig wie Zitrusgewächse aussehen. Die Borke erinnert eher an Platanen, die Blätter an Lorbeer. Sie verströmen einen fruchtigen Duft nach Erdbeere und Birne, und genauso schmeckt die Frucht. Guayabas sind bei uns mittlerweile als Guaven bekannt, ein »Super Food« voller Mineralien, Vitamine und Antioxidantien. Doch auch Rinde und Blätter haben es in sich. Sie helfen gegen Durchfall, Zahnschmerzen, Leberschäden und wirken antibiotisch und antiallergen.

Auch anderen Dschungelbewohnern ist ihre Nützlichkeit nicht anzusehen. Kakerlaken etwa, die, wie der Name *Megaloblatta blaberoides* verrät, in Mittelamerika Längen von zehn Zentimetern erreichen. Sie erfüllen einen wichtigen Zweck: Sie sind so etwas wie die Vorarbeiter der Biotonne, die die Urwaldriesen nutzen. Kakerlaken kauen den Mikroben vor, was diese dann in Nährstoffe umsetzen. Kleintiere, Pilze und Bakterien bereiten totes Holz und Laub für den schnellen Umsatz vor. Ohne die Hilfe dieser emsigen Arbeiter würden den Wurzeln der Urwaldriesen nicht genügend Nährstoffe zur Verfügung stehen.

Pacuare – Lebensader im Dschungel

Einer meiner neuen Kollegen, Roberto, der zu Bananen forschte, liebte so wie ich die Forschung in der Natur. Er war in der Region zu Hause und kannte den Pacuare-Fluss wie seine Westentasche. Es ist einer der weltweit spektakulärsten Flüsse und eine wichtige Lebensader für Dschungel und Mensch. Über 150 Kilometer fließt der streckenweise reißende Strom von der Quelle im Talamanca-Gebirge über das Tal von Turrialba bis in den Atlantischen Ozean. Inzwischen gehört der Pacuare zu den beliebtesten Revieren für Wildwassertouren. Damals war der Fluss noch unberührt und aufgrund seiner Stromschnellen nicht schiffbar. Roberto lud einige Kollegen und mich zu einer wahrhaft abenteuerlichen Tour ein, an die ich mich erinnere wie gestern, auch an unseren Zwischenstopp im Dschungel, wo Roberto davon träumte, irgendwann einmal eine Station zu errichten. Er hatte die Vision von einer Übernachtungsmöglichkeit für Dschungelliebhaber, abseits der Zivilisation, ohne Straßen und Stromanschluss, nur per Kajak oder Raft erreichbar. Ich stellte mir derweil ein Baumhaus in den Wipfeln vor, zwischen Affe, Faultier und Ozelot, umgeben von Bromelien, Orchideen und anderen Pflanzen in den Baumkronen.

Jahrzehnte später kann ich kaum fassen, wie Roberto und seine Frau Luz den Traum haben wahr werden lassen. Die Pacuare-Lodge hat sich aus einer einfachen Station längst zu einem der nachhaltigsten und gleichzeitig luxuriösesten Projekte im ganzen Land entwickelt – mit Baumhaus. Die Anreise erfolgt nach wie vor mit dem Boot über den reißenden

Wasserwege: *Rafting auf dem Río Pacuare (linke Seite). Die gleichnamige Lodge an dem Fluss ist (fast) nur auf diesem abenteuerlichen Weg erreichbar. Luz Caceres (oben), Gründerin der Dschungelstation, zeigt mir eine Plattform, die zu einem der luxuriösen und perfekt in den Dschungel integrierten Gästehäuser führt. Ein fantastischer Ausblick von der Plattform auf den Fluss (unten links) und den Dschungel (unten rechts).*

Pacuare-Strom, alternativ gibt es einen Allradzubringer über eine Urwaldstraße. Den Fluss überwindet eine Seilbahn. Die letzten Meter geht es zu Fuß weiter. Die Gästehäuser sind perfekt in die Landschaft eingepasst und haben alle einen Bezug zum Wasser oder zum Dschungel. Das Design ist inspiriert von den Indigenen der Region, die in das Projekt eingebunden sind, und ihre Kunst, Kultur und Küche präsentieren. Der Strom wird selbst erzeugt mit Solar- und Wasserkraft, das Wasser aus dem Brunnen gefiltert und aufbereitet. Sämtliche Zutaten aus der Küche stammen aus der Region, genau wie alle Mitarbeiter, die vor Ort ausgebildet wurden.

Inzwischen haben Luz und Roberto mehrere Stationen aufgebaut, alle nach dem gleichen Konzept: Luxuriös, aber ohne überflüssige elektronische Elemente – die Panorama-Terrassenfenster ersetzen jede elektronische Unterhaltung. Das Mobiliar wird aus nachhaltig angebautem Holz in der eigenen Werkstatt hergestellt. Zu den Stationen gehören jeweils private Schutzgebiete, die die staatlichen ergänzen und wandernden Tieren als Urwaldbrücken dienen. *Böëna* haben Luz und Roberto ihre Stationen genannt, ein indigener Begriff, der in etwa so viel heißt wie »reines Leben«.

Abenteuerlich: *Die Plattform führt über eine Wipfelbrücke zum Gästehaus (linke Seite). Bei gutem Wetter wird das Dinner bei romantischem Kerzenlicht und Lagerfeuer draußen am Fluss serviert. Bei Vollmond besonders beeindruckend (oben).*

Diatomeen – Juwelen im Mikrokosmos

Am Anfang war die Forschung. Der »magische« Ort, wo heute die Pacuare-Lodge steht, ist ein Mekka für Biologen, ein Hotspot der Artenvielfalt zwischen Bergregenwäldern und Tieflandregenwald, unberührt und unangetastet. Bei unseren Exkursionen in den 1980er-Jahren hatten wir alle unterschiedliche Forschungsmissionen im Kopf – auch Forschungsaufträge von Kollegen aus Deutschland. Ein Professor meiner Heimatuniversität, der sich vor allem mit Diatomeen, Kieselalgen, befasste, hatte mich um unterschiedlichste Wasserproben gebeten. Ein anderer um Fotos von Jagdspinnen, wieder ein anderer um Bilder von seltenen Bromelien.

Das Vorkommen von Kieselalgen an den ungewöhnlichsten Orten gehört dazu. Es handelt sich dabei um winzige einzellige Algen, die mit ihren Hüllen aus Siliziumdioxid unter dem Mikroskop aussehen wie Kristalle. Aber nicht ihre bizarren Formen machen sie zum begehrten Studienobjekt, sondern vor allem ihre Funktion. Sie spielen zum einen eine zentrale Rolle beim Kampf gegen den Klimawandel, indem sie Unmengen Kohlendioxid in Sauerstoff verwandeln, zum anderen sind sie bedeutende »Zeigerpflanzen«. Sie sind die wichtigsten Produzenten pflanzlicher Biomasse im Meer und der bedeutendste Sauerstoffproduzent in den Ozeanen. Aufgrund der Versauerung der Meere haben sich die Diatomeen-Mengen bereits verringert.

Ihr spezifisches Vorkommen verrät sehr viel über den Zustand ihrer Umgebung. Manche »erzählen« sogar, wie lange eine Leiche im Wasser lag. Etwa 6000 Arten wurden bisher beschrieben, aber insgesamt wird ein Vorkommen von etwa 100 000 verschiedenen Arten vermutet. Mit meinen Proben sind ein paar neue hinzukommen. Der Bereich »Tropische Süßwasser-Diatomeen« war damals noch ziemliches Neuland. Ich nahm nicht nur Proben von Flüssen und Seen, sondern auch von immer feuchten Stellen in den Regenwäldern, wie beispielsweise dem Inneren von Bromelien, wo sich Regenwasser sammelt und winzige Teiche bildet. Besonders

Wildkatzen Costa Ricas

Von Jaguar bis Ozelot

Der Jaguar, *Panthera Onca*, ist die größte Wildkatze von Costa Rica und die drittgrößte Raubkatze der Welt. Die gefleckte Großkatze lebt in den Regenwäldern von Latein- und Südamerika und ist am stärksten durch die Abholzung des Dschungels bedroht. Die Universität von Costa Rica hat ein nationales Überwachungsprogramm für den Jaguar aufgelegt, an dem sich viele Stationen und Lodges beteiligen, indem sie Wildkameras in ihren Schutzgebieten installieren und diese regelmäßig überwachen. Die Rückkehr des Jaguars gilt als ein Beleg für erfolgreichen Naturschutz. Seine Musterung dient wie ein Fingerabdruck der Identifizierung. Jedes Tier hat eine etwas andere Musterung, sodass auf den Fotos oder Videos die Tiere gut auseinandergehalten werden können.

Die Río Pacuare Lodge am Fuß des Turrialba-Vulkans engagiert sich durch diese Art Monitoring für die Wildkatzen in ihrem privaten Schutzgebiet. Dort tappen auch immer mal wieder »Schwarze Panther« in eine ihrer Fotofallen. Das ist keine eigene Wildkatzenart, es handelt sich dabei um Tiere mit einem Gendefekt, dem sogenannten Melanismus. Beim Jaguar kommt diese Mutation relativ häufig vor, genau wie bei Leoparden. Den präkolumbianischen Völkern war und ist der Jaguar heilig, und er gilt als wichtigster Tiergott.

***Wildkatzen-Vielfalt:** Der Jaguar* (Panthera onca), *linke Seite, ist die größte Wildkatze von Costa Rica und braucht ein großes intaktes Waldterritorium. Den etwas kleineren Puma* (Puma concolor), *oben, auch Berglöwe genannt, kann man mit einem guten Guide in manchen Schutzgebieten beobachten, ebenso wie den deutlich kleineren Ozelot* (Leopardus pardalis), *unten.*

Während der Jaguar vor allem nachts auf Beutezug durch die Wälder streift, zieht der Puma eher tagsüber umher. Beide Raubkatzen können daher im selben Gebiet zu Hause sein, wobei der Puma das Revier seines deutlich größeren Verwandten meist respektiert und ihm ausweicht. Der Puma, *Puma concolor*, ist die zweitgrößte Wildkatze in Costa Rica, einfarbig hellbraun und ein genauso guter Kletterer wie der Jaguar. Diese »Berglöwen« können sich deutlich besser an ihre Umwelt anpassen als der Jaguar und haben ein größeres Verbreitungsgebiet. Die Tiere zu beobachten ist dennoch fast unmöglich, es sei denn, man besucht das Puma Rescue Center. Die Auffangstation für Wildkatzen liegt zwischen den Vulkanen Arenal und Rincón de La Vieja direkt an der Panamericana.

Häufiger als Puma und Jaguar kommt der zierliche Ozelot, *Leopardus pardalis*, vor. Die gefleckte Wildkatze ist in etwa doppelt so groß wie eine Hauskatze und sieht der kleineren Langschwanzkatze, auch Margay genannt, sehr ähnlich. Vom Ozelot unterscheidet sich das Margay vor allem durch den langen Schwanz. Außerdem sind in Costa Rica noch das schwarze Jaguarundi, die Wieselkatze, und das Oncilla, *Leopardus tigrinus*, zu Hause und damit insgesamt sechs Wildkatzenarten.

Feuerspucker: *Der am nächsten zur Hauptstadt gelegene Vulkan ist der Poas, einfach zu erreichen und bei Besuchern besonders beliebt. Der dauerhaft aktive Vulkan spuckt gelegentlich bis zu den Wanderwegen, daher müssen alle Besucher einen Helm tragen. Gemeinsam mit dem umgebenden zauberhaften Nebelwald sind 15 000 Hektar als Nationalpark geschützt. Der Poas lockt zudem mit einem der größten Vulkankrater der Welt.*

spannend sollten die Kieselalgen bei den Vulkanen sein und davon gibt es in Costa Rica mehr als genug.

Poás – Tanz am Vulkan

Damals durfte man Vulkane noch jederzeit spontan besuchen, auch die Feuerberge mit Nationalparkstatus; nur das Wetter musste mitspielen. Heute ist der Run auf die Kegelberge so groß, dass der Eintritt digital mit konkreter Besuchszeit gebucht werden muss. Der erste aktive Vulkan, den ich bestieg, war der Poás. Der zweitgrößte aktive Vulkankrater der Erde mit der türkisblauen Lagune am Grund gehört seit jeher zu den beliebtesten Attraktionen des Landes und liegt sozusagen vor der Haustür der Hauptstadt. Die Lagune ist aber nicht der einzige See am Poás, insgesamt gehören drei Kraterseen zum Vulkan – und Milliarden Diatomeen. Bei meinem ersten Besuch war der Poás gerade wieder aus dem Tiefschlaf erwacht und brodelte verdächtig. Wie eine Halskrause schmiegt sich ein zauberhafter Wald mit bizarrer Vegetation um den Feuerberg, durch den zahlreiche Wanderwege führen. Damals waren noch mehr Wege zugänglich als heute. Gnomenwald wird der niedrige Dschungel am Poás auch genannt. Saurer Niederschlag nahe der Lagune haben zu einem Zwergwuchs der Vegetation geführt. Zwischen Bonsaibäumen, Sträuchern und Farnen kommt man sich vor wie Gulliver in Liliput.

Inzwischen führt eine Asphaltstraße fast bis auf den Krater, es ist der einzige barrierefreie Vulkan der Welt. Autos müssen etwa 300 Meter unterhalb des Kraters parken und werden in Gruppen abgefertigt, anders ist der Ansturm nicht zu bewältigen. Während des Einführungsvortrags werden gelbe Bauhelme verteilt. Die Spuckattacken des Vulkans sind unberechenbar, dabei können auch Felsbrocken fliegen.

Der perfekte Kegel

Nicht weniger faszinierend und vollkommen anders sind die Vulkane Irazú und Arenal. *Irazú* bedeutet in der Sprache der Indigenen so viel wie »Donner«, und der mächtige Feuerberg demonstriert das auch häufig. Er ist der höchste aktive Vulkan des Landes, und bei guten Wetterverhältnissen eröffnet der Gipfel den Blick auf den Kratersee und beide Ozeane. Eine besonders beliebte Kulisse gibt der Vulkan Arenal ab, der schon aus weiter Entfernung an seiner perfekten Kegelform zu erkennen ist. Einige Hotels und Lodges liegen am Fuß des Arenal und haben die spektakuläre Sicht auf die leuchtendrote Lava, die aus der Spitze des Kegels sprüht, inklusive. Zudem sprudeln am Ort mit dem passenden Namen La Fortuna (das Glück) heiße Quellen. Und glücklich kann sich in der Tat schätzen, wer im heißen Thermalbad unter dem Sternenhimmel den lavaspeienden Vulkan beobachten kann.

Der Arenal: *Schon in den 1960er-Jahren war die Gegend um den Vulkan Arenal ein beliebtes Wander- und Ausflugsziel, vor allem bei den Einheimischen. Außerhalb des inzwischen sehr touristischen Orts La Fortuna wird es schnell sehr ländlich (unten).*

Perfekter Kegel: *Der Vulkan Arenal ist von verschiedenen Seiten aus kilometerweiter Entfernung zu erkennen. Besucher können das authentische, ländliche Flair der Region auf der Station La Tigra erleben.*

In der Region gibt es einiges zu entdecken, etwa die Station La Tigra, eines der zahlreichen Schutzgebiete mit Aufforstung, nachhaltiger Landwirtschaft, privatem Dschungelreservat und Glamping, Zelten auf Podesten im Dschungeldach. La Tigra, gegründet von Rainer Stoll, ist nur ein Beispiel für von Deutschen ins Leben gerufene Schutzzonen, die wichtige Bausteine im Klima- und Biodiversitätsschutz des Landes bilden. Ich selbst habe nach meiner ersten Forschungsexpedition in Costa Rica den Verein Tropica Verde auf die Beine gestellt, um strategisch wichtige Urwaldflächen zu schützen, Pufferzonen aufzuforsten und Brücken zwischen Reservaten zu bilden. Der Verein besteht bis heute. Es gibt auch österreichische Initiativen. Der »Regenwald der Österreicher« im Südwesten des Landes existierte in den 1980er-Jahren noch nicht, aber Nationalparks, die die besonderen Wälder der mittleren und südlichen Pazifikküste schützen, schon. Besonders der kleinste Nationalpark des Landes stach in den damaligen Beschreibungen als Paradies mit den schönsten Stränden der Welt hervor: der Nationalpark Manuel Antonio.

Schlammschlacht: *Der Vulkan Rincon de la Vieja im Nordwesten ist berühmt für seine heilenden heißen Schlammquellen. Fast alle Touren am Vulkan führen zu diesem natürlichen »Jungbrunnen« (linke Seite).* **Wärmesensor:** *Der sechste Sinn der Schlangen ist ein Wärmesensor. Mit dem sogenannten Grubenorgan spürt auch die größte Schlange von Costa Rica, die* Boa constrictor, *ihre Beute auf (oben) – oder einen warmen Wasserfall, wie in den Wäldern um den Rincon (unten links). Wandern am Fuß des Vulkans ist in den Regenwäldern um den Arenal bei La Fortuna besonders beliebt (unten rechts).*

GARTEN EDEN AM ZENTRALPAZIFIK

Vom Frühstück mit Faultier zum Geheimnis der runden Steine

Zu der Zeit, als sich unsere kleine Forschergruppe vom CATIE auf den Weg dorthin machte, war Manuel Antonio noch absolut einsam, es gab nur den Nationalpark und eine einfache Unterkunft mit schlichten *Cabinas*. Der nächste Ort war ein paar Kilometer weiter nördlich Quepos, neben Puntarenas die einzige costa-ricanische Hafenstadt am Pazifik. Die Autobahn nach Süden war noch nicht einmal geplant; alles sehr übersichtlich.

Die Legende von Churchill

Puntarenas, die langgezogene Sandbank, die wie eine Nadel in den Pazifik sticht, war Costa Ricas westliches Tor zur Welt und noch bis zum Zweiten Weltkrieg ein mondänes Strandbad. Geblieben ist der Fährhafen zur Südspitze der Nicoya-Halbinsel, der Fischerei-Hafen, ein Anleger für Kreuzfahrtschiffe und Ausflugsboote – und *Churchill*. Nicht, dass der frühere britische Premierminister jemals einen Fuß auf costa-ricanischen Boden gesetzt hätte, aber eine kuriose Geschichte wird ihn wohl für immer mit dem Land in Verbindung bringen. *Churchill* ist eine Spezialität aus Puntarenas, die jedes Kind kennt und liebt – es handelt sich um ein klebrig-süßes Eis, das vor allem nach Chemie schmeckt. Dafür werden von einem Eisblock Schichten in einen Becher gekratzt, mit Sirup übergossen und mit süßer Kondensmilch abgerundet. Das Ganze kann noch mit Milchpulver, Tamarindensirup und Früchten »verfeinert« werden. Erfunden hat die eigenwillige Kreation ein Eishändler in den 1940er-Jahren, den alle Quinico nannten, der aber eigentlich Joaquín Agüilar Ezquivel hieß – und aussah wie der britische Premier. Irgendwann, als sein Eis längst kein Geheimtipp mehr im Land war, hieß auch der Eisbecher *Churchill*.

Seemannsgarn: *Puntarenas, die langgezogene, fast nadelförmige Halbinsel am Golf von Nicoya ist ein Hafen für Fischer, Fähren und Piratengeschichten (linke Seite, oben). Einst ein blühender Ort, war es der erste gut erreichbare Hafen des Landes. Viktorianische Häuser am Ufer des Flusses erinnern noch an diese Blütezeit (oben). Heute werden vor allem die privaten Docks streng überwacht, denn Drogenhandel und illegaler Fischfang sind zu einem Problem geworden (linke Seite, unten).*

Fluss der Krokodile

Auch an einem der zahlreichen Stände vor der Brücke zum Río Tarcoles wird *Churchill* verkauft. Unser Bus hielt damals vor der Brücke, und alle strömten zu ihrer Mitte. Als ich dort angelangt nach unten blickte, wusste ich warum: Ein riesiges Spitzkrokodil *(Crocodylus acutus)* reckte uns seinen Kopf mit weit aufgerissenem Maul entgegen. Es dauerte nicht lange, bis ein Sandwich über die Brüstung flog. Das mächtige Tier sprang, schnappte und schmatzte, die Menge grölte. Es war nur ein einzelnes Tier, aber ein bestimmt sechs Meter langes Exemplar. Das strenge Verbot der Wildtierjagd galt noch nicht lange, und die Tiere kamen nur zögerlich zurück. Aber bald hatte sich der gute Futterplatz in Krokodilkreisen herumgesprochen, und die Tiere tummelten sich im Dutzend. Nach einer Weile verboten die Behörden, sie zu füttern und kontrollierten das Verbot streng, genau wie Bootstouren mit Krokodilfütterungen. Die Fütterungen machen die Tiere aggressiver, sie fordern bei jedem Menschen in Reichweite ihr Futter ein – tödliche Kollateralschäden waren die Folge.

Der Río Tarcoles war schon in präkolumbianischer Zeit bekannt für diese Tiere, und es ist kein Zufall, dass *carara* in der Sprache der Huetar-Indianer »Krokodil« bedeutet. Der Fluss führt auch am nahen Carara-Nationalpark vorbei. Die Gefahr der Krokodilsbrücke ist heute jedoch eine andere: Als einzige Verbindung nach Süden zur Küstenstraße führt kein Weg an ihr vorbei, und Verkehrsunfälle sind beinahe an der Tagesordnung. Gefolgt von Autoeinbrüchen. Obwohl inzwischen Sicherheitspersonal vor der Brücke über Menschen und Fahrzeuge wacht, sollte man sein Auto nie aus dem Blick lassen, schon gar nicht mit Gepäck.

Damals endete gleich hinter der Brücke die Asphaltstraße, und der Weg nach Süden führte über eine holprige Sandpiste. In Manuel Antonio hatten wir uns in dem einzigen, bescheidenen Hotel, direkt am Nationalparkeingang, einquartiert. Die Unterkunft lag einsam zwischen Strand und Dschungel, ein paar Hängematten rundeten das paradiesische Bild ab.

Verkehrte Welt: *Kapuzineraffen* (Cebinae) *sind die häufigsten Primaten im Küstenwald von Manuel Antonio und auch die frechsten. Daher wurde im Nationalpark ein Käfig für Menschen gebaut, in dem Besucher essen und trinken können, ohne dass die Affen ihnen die Stärkung stibitzen.*

Grüße aus der Urzeit: *Der Río Tarcoles ist berühmt für die hohe Dichte an riesigen Spitzkrokodilen* (Crocodylus acutus), *die von der Brücke über den Fluss hervorragend beobachtet werden können.* ***Gefahr im Paradies:*** *Gefahren lauern im Schutzgebiet Manuel Antonio an unerwarteter Stelle. Sogenannte Todesäpfelchen* (Hippomane mancinella) *enthalten einen ätzenden Milchsaft, der schon bei Berührung gefährlich werden kann. Besondere Vorsicht ist vor den harmlos anmutenden, apfelähnlichen Früchten geboten.*

Das Todesäpfelchen

Noch immer gehört der 1972 gegründete Manuel-Antonio-Nationalpark zum Highlight fast jeder Costa-Rica-Reise, obwohl er der kleinste Nationalpark des Landes und recht gut besucht ist. Der Küstenwald geht unmittelbar in den Dschungel über, Trocken- trifft auf Regenwald. An Costa Ricas Pazifikküste wird es immer feuchter, je weiter man nach Süden kommt. Auf der Halbinsel Osa, wo ich den Baumkronenforscher Donald Perry vermutete, fällt der meiste Regen im ganzen Land, obwohl es dort auch eine kurze trockene Phase gibt. Je weiter nördlich, desto trockener, die Trockenzeit dauert länger und ist intensiver ausgeprägt, ohne zwischenzeitliche Schauer. Entsprechend verändert sich die Vegetation. Während ganz im Süden Regenwald mit überwiegend immergrünen Urwaldriesen vorherrscht, dominiert im Norden der Trockenwald mit laubabwerfenden Bäumen, die zu Beginn der Trockenzeit in den schillerndsten Farben blühen. Manuel Antonio liegt genau dazwischen – der Wald in der Region ist eine Chimäre aus beiden Waldtypen.

Im Nationalpark stehen die Chancen gut, drei der vier Affenarten des Landes zu beobachten: Brüllaffen *(Alouatta palliata)* Weißschulter-Kapuzineraffen *(Cebus capucinus)* und die niedlichen, kleinen und seltenen Rotrücken-Totenkopfäffchen *(Saimiri oerstedii)*. Vor allem, wenn ein Ranger wie José mitkommt: Er wusste, wo die meisten Bruthöhlen oder die aktuellen Lieblingsbäume diverser Arten waren und machte uns auf zahlreiche Tiere aufmerksam. Zunächst ging es am Strand entlang und dann in einem Bogen durch den Dschungel zurück. Es war Ebbe, und das tiefblaue Wasser schob sanfte Wellen auf den breiten, weißen, menschenleeren Sandstrand. Direkt am Strand entdeckte ich einen Baum, der in Wuchs und Früchten an einen Apfelbaum erinnerte. Ein paar heruntergefallene Exemplare lagen

verstreut im Sand. Der Apfelbaum im Paradies, dachte ich und bückte mich, um den tropischen Apfel aufzuheben und ihn einer genaueren Inspektion zu unterziehen. Der Schlag auf meinen Arm traf mich entsprechend unvorbereitet. Bevor ich meiner Empörung Luft machen konnte, zog mich José unsanft zur Seite, aus dem Schatten des Baums und aus Reichweite der Äpfel. Als ich gerade Luft holte, um meinem Ärger Ausdruck zu verleihen, schnaufte José nur: »Gefährlich, tödlich!«

Ich hatte die Frucht vom wahrscheinlich tödlichsten Baum der Erde aufheben wollen: dem Todesäpfelchen *(Hippomane mancinella)*. Der süßliche Duft der apfelähnlichen Früchte macht den harmlosen Eindruck perfekt. Doch nicht nur die Früchte enthalten tödliches Gift, allein die Berührung mit Ästen, Stamm und Blättern ist im wahrsten Sinne des Wortes brandgefährlich. Meist warnen Schilder vor der Pflanze. Der zu den Wolfsmilchgewächsen gehörende Baum produziert einen höchst toxischen Milchsaft, der bei der Berührung Brandblasen verursacht. Manchmal tropft der Saft auch aus dem Kronendach herunter. *Hippomane* bedeutet »verrücktes Pferd« und *mancinella* »Äpfelchen«, und diese Äpfelchen haben die Pferde der spanischen Eroberer tatsächlich verrückt gemacht. Die Ureinwohner dagegen wussten, wie sie mit dem Baum umzugehen hatten und nutzten den Pflanzensaft als Pfeilgift, aber auch als Heilmittel. In sehr niedriger Dosierung half das Todesäpfelchen gegen Tetanus, Elephantitis, Geschlechtskrankheiten und Ödeme, und die getrockneten Früchte gegen Durchfall. Je nach Region variiert die Anwendung. Der Baum ist in ganz Mittelamerika und auch auf den karibischen Inseln verbreitet und überall gefürchtet, wurde aber auch fast überall genutzt. Genaue Analysen stehen noch aus, obwohl weltweit dringend neue Antibiotika und Wirkstoffe gesucht werden. Die Pharmaindustrie hat noch nie einen Wirkstoff frei erfunden, alle medizinisch wirksamen Substanzen wurden aus Naturstoffen abgeleitet – die Dschungelapotheke ist randvoll.

Garten Eden: *Der Nationalpark Manuel Antonio und die zugehörigen Strände haben schon früh mit einer gefühlten Nähe zum Paradies geworben, und im abgelegenen Ressort Arenas del Mar fühlt man sich auch heute noch so.*

Meerschweinchen auf Stelzen

Am Ende der Bucht wies ein Schild am Waldrand auf einen Pfad, der ins Dschungelinnere führte. Kurz davor stand ein Strandmandelbaum *(Terminalia catappa)*, auf dem es sich ein Dutzend Roter Aras gemütlich gemacht hatte. Laut schimpfend flogen sie dicht über unsere Köpfe hinweg und verschwanden in einem Bogen über dem Wald.

Auf dem Dschungelpfad verhielten wir uns still und wurden schon bald belohnt. Es raschelte im Unterholz, und José deutete auf eine dicht belaubte Stelle zwischen den Bäumen und flüsterte »Agutis, Albino, sehr selten«. In Costa Rica ist das mittelamerikanische Aguti *(Dasyprocta punctata)* beheimatet, und die Albino-Exemplare sind – wie bei allen anderen Tierarten – eine extreme Rarität, aber viel leichter zu entdecken als seine gut getarnten Artgenossen. Es dauerte eine Weile, bis wir auch die anderen Tiere mit rötlich-braunem Fell sahen, die über den Waldboden huschten und nach Früchten suchten. Sie stammten vom Guapinolbaum *(Hymenaea courbaril)*, auch bekannt als Johannisbrotbaum. Obwohl die braunen Schoten nicht besonders gut riechen, werden sie seit Jahrhunderten vielfältig in der Küche genutzt. Überhaupt kann fast alles von diesem für den mittelamerikanischen Trockenwald typischen Urwaldriesen verwendet werden, von der Rinde über das Holz bis zu den Blättern und Früchten – zum Bauen, als Nahrungsmittel und für diverse medizinische Anwendungen. Der indianische Name der Agutis lautet *Tepisquintle*. In der Nosara-Region und wahrscheinlich auf der gesamten Halbinsel Nicoya wurden sie ausgerottet, das Fleisch galt als Delikatesse. Im nördlich gelegenen Santa-Rosa-Nationalpark sind sie wieder heimisch, und die Hoffnung besteht, dass sich die Tiere in der ganzen Provinz Nicoya erneut ausbreiten. Die Guapinolfrucht schmeckt pudrig-süß und erinnert an einen Pfirsich.

Artenvielfalt: *In diesem Schutzgebiet fühlt sich Manuel Antonio noch einsam und ursprünglich an. Vor allem morgens und abends gibt es hier viele Tiere zu entdecken, wie diesen kleinen Nager, das Aguti* (Dasyprocta spec.).

Auf einmal deutete José in die Krone eines mittelgroßen Ameisenbaums *(Cecropia spec.)*. Es dauerte Minuten, bis zu erkennen war, was er meinte: ein wunderschönes Exemplar eines Zweifinger-Faultiers *(Choloepus didactylus)*, das starr im Geäst hing, vollkommen verschmolzen mit seiner Umgebung. Als wir nach einer Weile gingen, hing das Faultier immer noch genau an der gleichen Stelle in genau der gleichen Stellung und tat es noch, als wir auf dem Rückweg wieder dort vorbeikamen.

Da der Dschungelpfad parallel zur Küste verlief und zahlreiche kleine, unberührte Buchten das Markenzeichen dieses Nationalparks sind, verließen wir immer wieder den Wald, um zur Küste hinabzusteigen – stets in der Hoffnung, die seltenen Totenkopfäffchen *(Saimiri oerstedii)* oder zumindest Kapuzineraffen *(Cebus imitator)* zu sehen. Erst ganz zum Ende unserer Exkursion sahen wir sie – beide Arten. Zunächst eine große Horde von Totenkopfäffchen, die munter über unsere Köpfe hinwegsprangen, und dann am Strand Kapuzineraffen, die in den Wipfeln der Kokospalmen turnten und mit unglaublichem Geschick die Früchte öffneten und mit den Pfoten regelrecht auslöffelten.

Damals waren Aus- und Eingang an der gleichen Stelle (heute undenkbar angesichts des Besucherandrangs), und kurz bevor wir den Park verließen, kamen wir erneut am Todesäpfelchen vorbei. Im Geäst hing ein riesiger Schwarzleguan *(Ctenosaura similis)*, das einzige Tier, das die Früchte verträgt und auch durch den Saft keinen Schaden nimmt. Es empfiehlt sich dringend, die Tiere nicht anzulocken. Sie wirken nur träge, können aber eine enorme Schnelligkeit entwickeln und fest zubeißen, wie ein Kameramann meines Naturfilms Jahre später leidvoll erfahren musste.

»Jurassic Park« war damals noch nicht einmal als Buch erschienen, ich hatte bei der Begegnung mit

Familienausflug: *Kapuzineraffen sind meist mit ihrer Großfamilie unterwegs und bedienen sich gerne an fett- und eiweißreichen Palmenfrüchten.*

Abhängen: *Im Arenas del Mar Resort konnte ich ganz entspannt Faultiere beobachten, sowohl vom Pool aus als auch von der Schaukel am Strand. Ein Faultier hing direkt über mir im Baum und knabberte gemächlich Blätter vom Strandmandelbaum.* **Mittendrin:** *Der Pool, eingebettet in die Umgebung mit Blick auf den Nationalpark, ist ein wahrer Genuss. Die kühle Entspannung zur heißen Mittagszeit ist himmlisch, und auch die Tiere machen zu dieser Zeit ihr Nickerchen (rechte Seite).*

dem Schwarzleguan trotzdem an einen mutierten Dinosaurier denken müssen. Der Roman beginnt damit, dass sich in Manuel Antonio ein paar Leguane in einem Busch am Strand herumtreiben. Offenbar hatte Michael Crichton, der Autor von »Jurassic Park«, die Tiere an dieser Stelle beobachtet und einen ganz ähnlichen Unfall beobachtet, so erfuhren wir später im Hotel. Die Insel, auf der die Geschichte hauptsächlich spielt, gehört auch zu Costa Rica und liegt 500 Seemeilen vor der Küste. Crichtons »Isla Nubia« war die als Schatzinsel berühmte Kokosinsel und stand ganz oben auf meiner Wunschliste der Nationalparks, die ich besuchen wollte.

Affentheater im Paradies

Beim Besuch des Nationalparks Manuel Antonio stellt sich heute die Frage, wer hier wen beobachtet: Die Menschen die Tiere oder umgekehrt? Leute, die sich seltsam benehmen, gibt es mehr als genug im Schutzgebiet – und Menschen in Käfigen ebenfalls. Da die schlauen Kapuzineraffen jeden Rucksack mühelos öffnen können, um an Proviant zu gelangen, sind Nahrungsmittel im Park verboten. Im Zentrum des Parks liegt eine Cafeteria, die wie eine Voliere aufgebaut ist und der einzige Ort, wo es etwas zu essen und zu trinken gibt. So glotzen die Affen von außen auf die Menschen im Inneren des Käfigs. Wahrscheinlich weniger aus Neugierde, denn in der Hoffnung, ins Schlaraffenland hineinzuschlüpfen, wenn ein Mensch die Tür öffnet.

Einen für die Tierwelt amüsanten Anblick bieten vermutlich auch die Besuchertrauben, die sich um die riesigen Fernrohre bilden, mit denen die Guides Fauna und Flora ins Visier nehmen. Vielleicht entgehen ihnen so aber Szenen wie die folgende, die sich ganz ohne technische Hilfsmittel beobachten ließ. Eine Gruppe Kapuzineraffen war zum Strand gezogen und hatte ein paar Kokospalmen erobert. Dabei hatten die Affen ein Opossum übersehen, das eine Palme für sich als Schlafstätte auserkoren hatte und äußerst ungehalten auf die Kapuzineraffen-Invasion reagierte. Ganz offensichtlich nahm der Affenanführer das Duell an, während sich der Rest der Truppe in die umliegenden Palmen verzog und den Zweikampf beobachtete. Ein solches Spektakel hatte ich noch nie gesehen. Das Opossum steht genauso wenig auf dem Speiseplan der Kapuzineraffen, wie die Affen beim Opossum, es war eindeutig ein Revierkampf, der in rasendem Tempo die Palme hinauf- und hinunterging. Es war zunächst nicht zu erkennen, wer die Oberhand gewann: Mal jagte das Opossum den Affen, mal umgekehrt. Während der Affe das Opossum am Schwanz packte, schnappte das Nagetier nach den empfindlichsten Stellen des Affen. Außer einer Gruppe Nasenbären sah auch ein Leguan den Zankhähnen zu. Nach einer Weile schien das deutlich kleinere Opossum als Sieger aus dem Kampf hervorzugehen. Und tatsächlich floh kurz darauf der angeschlagene Affe auf eine andere Palme, wo er schon vom Rest der Truppe erwartet wurde. Das Opossum verschwand in seiner Baumhöhle.

Frühstück mit Faultier

Mittlerweile sprießen in Manuel Antonio die Hotels, Pensionen, Restaurants und Bars wie Pilze aus dem Boden. Direkt hinter dem Strand, an der Nationalparkgrenze, verläuft die längst asphaltierte Straße,

gesäumt von unterschiedlichen touristischen Gebäuden, weitere Häuserreihen folgen, aber nicht so dicht, das Gelände wird schnell steil und hügelig und die Bebauung locker. Hoch über der Bucht hängt eine Boeing 747 in den Wipfeln. Sie hatte keine Bruchlandung, sondern ein verrückter Investor hat die Maschine hergebracht, auf einen Pfahl montiert und zu einem Apartment für Touristen umgebaut. Einige Meter weiter fungiert eine andere Maschine als Bar und Restaurant.

Der einsame Strand am Rand des Nationalparks hat sich im Laufe der Jahre zu einem Ort mit ein paar interessanten und skurrilen Gebäuden ausgewachsen – positiv betrachtet. Das Schutzgebiet gehört zu den Highlights in Costa Rica, und an manchen Tagen strömen so viele Menschen in den Park, dass gar nicht alle hinein dürfen. Entsprechend hat sich die Infrastruktur entwickelt. Wie bei anderen Parks müssen Tickets und Besuchslots lange im Voraus elektronisch gebucht werden – zumindest während der Hochsaison zwischen Dezember und April.

Die Autoanreise zum Nationalpark ist nicht empfehlenswert. Es gibt keinen offiziellen Parkplatz, und zahlreiche Privatanbieter versuchen, ordentlich Profit aus der Parkplatzsuche der Touristen zu schlagen. Mit scheinbar offiziellen Westen und Trillerpfeifen ausgestattet bringen sie die Fahrzeuge zum Halten und dirigieren sie schon meilenweit vom Eingang entfernt zu ihrem Privatplatz wo sie abkassieren. Besser lässt man das Auto am Hotel stehen und schlendert, wie von der wunderbaren Lodge Arenas del Mar aus, zu Fuß über den Strand zum Parkeingang. Das Ressort weckt Erinnerungen an die *Cabinas* am einst einsamen Manuel Antonio, nur dass die Unterkunft heute entschieden luxuriöser ist. Alle Suiten haben einen atemberaubenden Blick über die Bucht und auf das Schutzgebiet, umrahmt von der Wildnis, in der sich alle Tiere genauso wohlfühlen wie im nahen Nationalpark. Und so begrüßten mich am nächsten Morgen nicht nur zwei Aras, und ein Kapuzineraffe huschte über den Balkon, zu meiner allergrößten Freude schaukelte ein Faultier in einem Strandmandelbaum in der hoteleigenen Bucht. Frühstück mit Faultier und dem Paradies so nah. Fernab des Trubels ist Manuel Antonio nach wie vor ein Garten Eden.

Strandmandelbaum: *Er wird auch Katappenbaum* (Terminalia catappa) *genannt und stammt ursprünglich aus Asien, gilt aber in Costa Rica schon seit Jahrzehnten als heimisch. Er wächst entlang der mittleren und südlichen Pazifikküste und lockt Aras und Faultiere an, aber auch Agutis und viele andere Tiere, die sich die heruntergefallenen Früchte schnappen. Der Strandmandelbaum spendet am tropischen Strand auch wunderbaren Schatten (rechts).*

Vom Whale Tail zum Walschutz

Das perfekte Wildlife-Abenteuer am Strand von Manuel Antonio runden die Wale ab, die sich meist im September in der geschützten Bucht tummeln. Etwas weiter südlich von Manuel Antonio kann man die Giganten der Meere noch besser beobachten, zumindest werden in dem etwa eine Autostunde entfernten Uvita einige Waltouren angeboten. Jedes Jahr im September findet ein großes Fest zum Schutz der Wale statt. In der Region um den Strandort, die zu den jüngeren Schutzgebieten des Landes gehört, dreht sich alles um die Meeressäuger. Das liegt auch an einer Kuriosität am Strand: Uvita ist berühmt für den sogenannten *Whale Tail*. Eine große Sandbank, die über einen breiten Strandstreifen mit der Spitze der Bucht verbunden ist, sieht aus der Luft wie eine gigantische Walflosse aus.

Die dadurch geformte Bucht bietet einen sicheren Auslauf für Boote und ist tatsächlich ein beliebter »Hafen« für Wale. In der Saison dauert es oft nur wenige Minuten, bis sich der erste Buckelwal zu den Ausflugsbooten gesellt und eine Flosse aus dem Wasser reckt. Nicht immer haben die Wale ihr Spiel im Griff, erst vor Kurzem hat sich ein Buckelwal, der neben einer Fähre seine Kunststücke vorführen wollte, ganz offensichtlich verkalkuliert und kollidierte leicht mit dem Boot. Fensterscheiben zerbarsten, drei Menschen wurden verletzt und bei dem Wal war die Schramme noch während der ganzen Walsaison zu sehen. Aber auch außerhalb der Saison ist der Ansturm auf den Whale Tail groß. Die außergewöhnliche Formation ist jedoch nur bei Ebbe begehbar.

Und noch eine andere Attraktion wartet im Süden des Landes, nördlich der Halbinsel Osa: das Stonehenge von Costa Rica, die Kultstätten der indigenen Brunca mit tonnenschweren, perfekt gerundeten Steinkugeln.

Walflosse: *Der Walnationalpark Marino Ballena bei Uvita sieht bei Ebbe tatsächlich wie eine Walflosse aus und ist als Whale Tail berühmt. Die beste Aussicht bietet das Hotel Kura.*

Marino Ballena

Vom Whale Tail zum Whale Watching

Walbeobachtung wird in Costa Rica immer beliebter, und das Dorf Uvita an der mittleren Pazifikküste hat sich im Laufe der vergangenen beiden Jahrzehnte zu einem richtigen »Waldorf« entwickelt. Walschutz gehört inzwischen zum Schulprogramm, die Saison wird mit einem großen Walfest im September beendet. Aus aufgesammeltem Plastikmüll wurde hier eine riesige Walskulptur gebaut, um auf die Bedrohung der Tiere aufmerksam zu machen. Von Mitte Juli bis Oktober ist die beste Zeit für Walbeobachtungen, Gruppen von Buckelwalen *(Megaptera novaeangliae)* ziehen dann nicht nur vorbei, sondern kommen auch zu Paarung und Geburt ihres Nachwuchses in dieses Küstengebiet. Die Meeressäuger legen dafür Tausende von Kilometern zurück.

Die Küstenregion vor Uvita wurde 1989 unter dem Namen Marino Ballena zum Nationalpark erklärt. *Ballena* heißt übersetzt nichts anderes als »Wal«. Zu dem Schutzgebiet, das an Land nur 170 Hektar umfasst, dafür aber mehr als 5000 Hektar Meeresfläche, gehören ein paar kleine vorgelagerte Inseln, auf denen nur Vögel leben, Pelikane, Fregattvögel und einige andere Arten. Die Eilande schützen die Küste, und machen das Gebiet zu einer idealen Brutstätte für die sanften Meeresriesen, die sich ausschließlich von Krill, winzigen Krebsen, ernähren, manchmal auch kleinen Fischen. Ebenso geschützt und damit eine ideale Kinderstube für Walbabys ist der Golfo Dulce zwischen der südlichen Halbinsel Os und dem Festland. Während der Saison lassen sich dort ebenfalls immer gut Wale beobachten.

Etwas kurios mag erscheinen, dass Uvita aus der Luft betrachtet selbst aussieht wie ein Wal, genauer wie eine große Schwanzflosse. Es handelt sich dabei um eine Sandbankformation, die bei Ebbe auch begehbar ist. Einen tollen Ausblick auf dieses Naturphänomen bietet das Kura-Boutiquehotel. Zwischen Dezember und April ziehen verschiedene Walarten an der Küste vorbei und können teilweise auch vom Strand oder sogar den Lodges und Hotels auf den Hügeln hinter der Küste beobachtet werden, dort allerdings nur mit Fernglas oder Teleskop. Insgesamt tummeln sich 25 verschiedene Wal- und Delfinarten vor den Küsten von Costa Rica. Delfine gehören zu den Zahnwalen und zeigen sich an beiden Küsten, auf der Karibik- wie auf der Pazifikseite. Seltenere »Gäste« sind Pottwal, Finnwal, der besonders gefährdete Seiwal und der größte aller Giganten, der Blauwal. Auch Orkas, die schwarz-weiß-gefärbten Raubtiere der Meere, lassen sich häufiger blicken und jagen manchmal sogar Buckelwale.

Echte Fluke: *Im August und September sind die Chancen am größten, hier eine echte Walflosse wedeln zu sehen.*

Exkurs: Die Steinsphären von Osa

Niemand weiß, woher die Steine kamen, denn den Granitstein, aus dem die Steinsphären bestehen, gibt es an der ganzen Küste nicht. Unbekannt ist auch, wie die Ureinwohner die Form so perfekt gestalten konnten und wozu die Steine dienten. Die archäologische Sensation wurde eher zufällig entdeckt, bei Urwaldrodungen für eine Bananenplantage nördlich der Halbinsel Osa. Manche dieser Kugeln haben einen fast mannshohen Durchmesser, andere eher die Größe eines Fußballs. Die Vermutungen über ihren Zweck reichen von Landebahnen für Außerirdische und irdische Machtsymbole bis zu einem Abbild der Gestirne. Brauchbare Forschungsergebnisse liegen bis heute nicht vor, stattdessen wurde viel zerstört. Ein paar Arbeiter der United Fruit Company vermuteten Gold im Inneren der Steinkugeln und sprengten einige mit Dynamit, die meisten anderen wurden mit Baggern aus dem Weg geräumt und beschädigt. Von der ursprünglichen Anzahl und ihrer eigentlich Anordnung ist wenig geblieben, was die ohnehin spärliche Forschung deutlich erschwert. Zumindest wurden die runden Steine 2014 zum Weltkulturerbe der UNESCO ernannt. An der Hauptfundstelle stehen sie seither in einem archäologischen Park unter Schutz, benannt nach der Plantage, auf der sie entdeckt wurden: Finca 6. Die Ausgrabungsstätte liegt keine halbe Autostunde von Uvita entfernt.

Der Strand von Uvita war eine Zeitlang der Ausgangspunkt für die Überfahrten auf die Halbinsel Osa, zumindest nach Marenco und Drakes Bay. Eine andere Möglichkeit bot die Bootstour über den Sierpe, unweit der Finca 6. Allerdings war die Flussmündung in den Pazifik nicht immer befahrbar und die Ausfahrt aufs Meer an manchen Tagen sehr gefährlich. Expeditionen zur Halbinsel Osa waren und sind ein Abenteuer, damals noch mehr als heute.

Mystisch: *Die perfekt runden Steinsphären aus präkolumbianischer Zeit bleiben ein Rätsel. Niemand weiß genau, woher sie kommen und wozu sie dienten. Einheimische behaupten, dass Berührungen Energie spenden.*

Wild und unberührt: *Der Strand vor Uvita im Nationalpark Marino Ballena ist dank seines strengen Schutzstatus ein wahres Naturparadies. Die Schädlichkeit von Plastik für die Meere und ihre Bewohner lernen Kinder bereits in der Schule. Im Waldorf Uvita haben sie ein Mahnmal aus Plastikflaschen in Form eines Wals errichtet (unten links). Sogar in Einsiedlerkrebsen wurde bereits Mikroplastik gefunden (unten rechts).*

Reptilien Costa Ricas

Urzeitliche Erben im Dschungel

Die Reptilienwelt in Costa Rica ist unglaublich vielfältig, von der »Jesus-Echse« bis zur Korallenschlange. Reptilien kommen als wechselwarme Tiere generell in den Tropen deutlich artenreicher vor als in gemäßigten Breiten. Diese Kriechtiere können ihre Körpertemperatur nicht selbst regulieren und erstarren in der Kälte. Tropische Gefilde bieten den Schuppentieren, wozu auch Schlangen gehören, entsprechend bessere Lebensbedingungen – erst recht Costa Rica mit seinen zahlreichen Mikroklimata. An den Stränden der Pazifikseite trifft man besonders häufig Schwarzleguane *(Ctenosaura similis)*. Wie der Name verrät, sehen die archaisch anmutenden Reptilien tatsächlich wie kleine Dinosaurier aus.

Aber auch einige andere Arten beflügeln die Fantasie, beispielsweise die sogenannten Jesus-Christus-Echsen oder auch Helmbasilisken *(Basiliscus basiliscus)*. Die etwa 80 Zentimeter langen Tiere fallen durch ihren Kamm auf Rücken und Kopf auf, der tatsächlich an einen Helm erinnert. Den religiösen Beinamen verdanken sie ihrer Fähigkeit, über das Wasser zu laufen. Mit Hilfe kleiner Lufttaschen an den Füßen und der Oberflächenspannung vollbringen sie das Wunder. In den Regenwäldern und vor allem im »Amazonas von Costa Rica«, dem

Kanal- und Flusssystem in der nördlichen Karibik, ist der Grüne Leguan zu Hause, der sich während Balz und Paarungszeit knallorange färbt. Die Tiere leben in den Bäumen, gehen dort auf die Jagd nach Vögeln und Insekten und räubern Nester. Auch viele Schlangenarten leben in den Bäumen von Costa Rica. Die meisten sind nicht gefährlich, solange sie sich nicht bedroht fühlen. Daher ist nachts eine Taschenlampe wichtig, damit man nicht versehentlich einer Schlange zu nahe kommt. Die Boa *(Boa constrictor)* auch Königsschlange genannt, ist die größte in Costa Rica vorkommende Schlangenart und für Menschen ungefährlich. Boas würgen ihre Opfer, bevor sie sie verspeisen und fressen alles, was sie bewältigen können, verschätzen sich dabei aber manchmal. Gelegentlich wird ein totes Tier gefunden, das sich an seiner Beute verschluckt hat. Ebenfalls zu den Reptilien gehören Krokodile, vor denen man sich durchaus in Acht nehmen sollte. In Costa Rica leben zwei verschiedene Arten, das Amerikanische Krokodil oder auch Spitzkrokodil *(Crocodylus acutus)* genannt, mit einer Körperlänge von bis zu sieben Metern. Außerdem ist hier der deutliche kleinere Krokodilkaiman *(Caiman crocodilus)* beheimatet, den man häufig bei Bootstouren beobachten kann.

Grüne Leguane in Orange: *Der grüne Leguan* (Iguana iguana) *verfärbt sich während der Balzzeit orange, zumindest die deutlich größeren und imposanteren Männchen. Um an Dinosaurier oder Drachen zu denken, braucht es nicht viel Fantasie (linke Seite und unten rechts). Genauso beim Helmbasilisk* (Basiliscus basiliscus)*, der unschwer an der helmähnlichen Ausstülpung am Kopf zu erkennen ist (unten links). Der gemeine Schwarzleguan* (Ctenosaurus similis) *lungert häufig an den pazifischen Stränden herum, besonders in der Trockenregion (ganz unten links).*

Baumhühnchen: Die Grünen Leguane werden auch »Baumhühnchen von Costa Rica« genannt und wurden früher intensiv bejagt.

UNBERÜHRTER SÜDEN

Dschungelparadies zwischen Wald und Walen

Meine einzige Spur zum Baumkronenforscher Donald Perry bildete im Dezember 1987 die Einladung zur Biologischen Station Marenco auf der Halbinsel Osa. Das Schutzgebiet der Station grenzt direkt an den Nationalpark Corcovado, der einen großen Teil des Dschungels auf der Halbinsel unter Schutz stellt. Der Park ist bis heute ein Mekka für Biologen: viel feuchter als der Manuel-Antonio-Nationalpark und voller Urwaldriesen, gigantische Tropenbäume mit hohen Wipfeln, ideal für Baumkronenforscher. Meine Hoffnung war groß, den Wissenschaftler und sein »Spinnennetz« in den Kronen dieses einzigartigen Urwalds zu finden; das Gebiet, für das sich der Naturschützer Nils Olof Wessberg engagiert hatte, damit es als zweites Waldgebiet von Costa Rica unter den strengen Schutz eines Nationalparks gestellt würde. Wessbergs Engagement führte 1975 zu seiner brutalen Ermordung, war aber nicht vergebens. Der damalige Präsident von Costa Rica setzte sich nach dem Gewaltverbrechen persönlich für die Umsetzung von Wessbergs Vision ein und unterstützte auch die Gründung weiterer Nationalparks. Der Täter wurde schnell gefasst, aber wenig später im Gefängnis ermordet. Die Tat konnte nie aufgeklärt werden, doch Wessbergs Vermächtnis lebt weiter. Sergio Miranda hatte mir von dem Fall erzählt und dass es eigentlich einem Europäer zu verdanken sei, dass ein Großteil der Halbinsel unter Naturschutz steht.

Anfang Dezember 1987 wartete ich am Flugplatz Pavas, wo nur kleine Privatmaschinen starten, auf Sergio und blickte besorgt auf die windigen Cessnas. Als der Agenturleiter um die Ecke bog, zerstreuten sich meine Zweifel: Sergio balancierte einen riesigen Stapel Eierkartons, die nur halbwegs gut zusammengeschnürt waren auf seinen Armen. »Wir erwarten am Wochenende eine kleine Touristengruppe, und unsere paar Hühner legen nicht genug Eier«, erklärte er. Ein Mitarbeiter schleppte noch einen weiteren Berg Lebensmittel an. Ich bekam eine Ahnung davon, wie schwierig es war, eine so abgelegene Lodge zu betreiben und zu versorgen. Bevor wir einstiegen, schickte der Pilot jeden von uns auf die Waage, mit und ohne Gepäck. Die

Honigbärchen: *Auch als Wickelbär* (Potos flavus) *bekannt, ist dieser entzückende Bewohner der Baumwipfel ein spezialisierter Vegetarier und spielt eine wichtige Rolle bei der Verbreitung vieler Urwaldbäume (linke Seite). Während meiner Zeit auf den Wipfelpfaden der* Böëna Lapas Rio Lodge *auf der südlichen Halbinsel Osa konnte ich mit etwas Geduld die meisten Dschungelbewohner entdecken – auch den Tukan (oben).*

Natürlich ungezähmt: *Die Halbinsel Osa mit dem Nationalpark Corcovado ist weltberühmt und ein Mekka für Biologen und Naturfotografen. Es gibt dort so gut wie keine Straßen, und die Strände sind wild und unberührt.*

Fototasche war meine schwerste Ausstattung, aber kein Vergleich zum Equipment des dritten Passagiers, Greg, einem Soundkünstler aus Los Angeles. Der Pilot schien etwas besorgt, rechnete ein wenig herum und nickte schließlich. Seinen genauen Anweisungen folgend, nahmen wir die Sitzplätze ein; auch das Gepäck wurde sorgfältig verteilt. Dann rollte die Cessna langsam zum Anfang der kleinen Startbahn, und der Pilot startete voll durch. Unerwartet sanft hob die Maschine ab, und keine Viertelstunde später hatten wir den Ozean erreicht. Schon bald war es vorbei mit dem Blick auf die Küste. Über den eben noch strahlend blauen Himmel hatte sich ein dickes Wolkenband geschoben, auf das wir geradewegs zusteuerten. Das Flugzeug wurde zwischen den Gewitterwolken durchgeschüttelt, und scheinbar planlos flogen wir durch den grauweißen Schleier. Dabei können es keine zehn Minuten gewesen sein, denn der gesamte Flug dauerte nur eine gute Dreiviertelstunde.

Erst kurz vor der Landung riss der Wolkenvorhang und gab den Blick auf eine herrliche Szenerie frei. Die Sonne schien mit ihrer ganzen tropischen Kraft durch eine Wolkenlücke und brachte den azurblauen Pazifik und ein großes Flussdelta zum Glitzern. Der Dschungel, der das gewundene Delta umrahmte und den Pazifik säumte, schillerte smaragdgrün, unterbrochen von leuchtend bunten Punkten. Einige Bäume standen in voller Blüte und verliehen dem grünen Urwalddach ein kunstvolles Muster. Ich hatte noch nie etwas so Schönes gesehen. In einem weiten Bogen überflog der Pilot die Halbinsel Osa. Ich hatte nachgelesen, dass *Osa* »Bärin« bedeutet. Und tatsächlich sah die Halbinsel von oben aus wie ein Bärenkopf. Vielleicht lebten auch besonders viele Bären in diesem unberührten Dschungel? Wobei es in Costa Rica nur Kleinbären gibt, und keine gefährlichen und großen Arten.

Wenig später landeten wir auf einem Stück Wiese mitten im Dschungel, einzig eine Signalfahne wies auf die Piste hin. Meine Erleichterung, sicher und wohlbehalten aus der Maschine zu steigen, war groß. Für Pilot und Copilot blieb keine lange Erholungszeit: Die Cessna hob nach kurzem Halt mit drei neuen Gästen Richtung San José ab. Auch wir waren noch nicht am Ziel: Bis zur Lodge lag eine Strecke von fünf Kilometern vor uns, und der schmale Dschungelpfad war eine einzige Schlammpiste. Zum Glück stand ein Boot für den Weitertransport bereit.

Captain Flint und andere Aras

Das Boot lag am Strand, und daneben stand ein älterer Mann mit zwei Lastpferden und einem Roten Ara auf der Schulter. Als der Papagei ein spanisches Schimpfwort vor sich hin krächzte, kam eine prompte, aber unverständliche Antwort aus der Krone des Seemandelbaums *(Terminalia catappa)*. Etwa ein Dutzend Scharlacharas *(Ara macao)* krächzte munter drauflos. Endlich konnte ich diese anmutigen Tiere einmal aus der Nähe beobachten. Geschickt pflückten sie mit ihren Krallen die Früchte des Baums ab und knabberten genüsslich darauf herum. Der Mann fütterte seinen Schützling ebenfalls mit ein paar Mandeln. »Captain Flint« nannte er den roten Vogel, und viele Jahre später spielte der Ara tatsächlich in einem »Schatzinsel«-Film genau die Rolle, die ihm den Namen eingebracht hatte: den Papagei von Long John Silver.

Inzwischen hatte sich der Himmel wieder verdunkelt, die See war rau und die Brandung stark. Es erforderte einiges Geschick, halbwegs trocken ins Boot zu klettern. Mit einem großen Satz sprang der Bootsführer hinein, obwohl er schon hüfttief im Wasser gestanden hatte. Die wilden, romantischen Buchten reihten sich wie Perlen auf eine Kette und strahlten eine einzigartige Schönheit aus. Gesäumt von Palmen, dahinter und direkt angrenzend schloss sich ein saftig grüner Regenwald an. Die Küstenwälder von Osa sind weltweit einzigartig. An Bord mischte sich die feuchte, leicht modrige, aber dennoch frische Luft der tropischen Wälder mit der salzigen Brise des Meers. Auf manchen Touren leisten Buckelwale dem Boot Gesellschaft oder Delfinschulen begleiten es so lange, bis ihnen die Lust vergeht.

Die Fahrt dauerte keine 20 Minuten. Am Strand erwartete uns schon das Marenco-Team mit einem bunt bemalten Karren und zwei davor gespannten Ochsen. Keine Tiere, wie wir sie kennen, sondern hellbraune Zebu-Rinder aus Indien mit riesigen

Scharlach-Ara: *Auch als hellroter Ara* (Ara macao) *bekannt, ist diese Vogelart auf der ganzen Halbinsel häufig zu sehen. Morgens und nachmittags fliegen die Papageien paarweise zum Strand und zu den dortigen Palm- oder Mandelfrüchten und ziehen sich mittags zur Ruhe in den Dschungel zurück.*

Aus der Zeit gefallen: *Auf der Halbinsel Osa scheint die Zeit vielerorts stillzustehen. Die ohnehin reiche Artenvielfalt hat in den vergangenen Jahrzehnten durch strenge Schutzmaßnahmen sogar noch zugenommen. Die biologische Station Marenco (unten links) war die erste Lodge auf der Halbinsel. Als ich sie 1987 zum ersten Mal besuchte, wurde unser Gepäck auf Ochsenkarren den Hügel hinauftransportiert (unten rechts).*

Fürsorglich: *Die Station Marenco war Arbeitgeber, Krankenhaus und Schule für die damals sehr wenigen Einheimischen in der Nachbarschaft. Kinder haben gelernt, verletzte Tiere zu versorgen, um sie später wieder auszuwildern.*

Hörnern, die mit dem tropischen Klima besser zurechtkommen als die in Europa gezüchteten Rassen. Die bunten, fein verzierten Holzkarren mit zwei riesigen Rädern sind so eine Art Wahrzeichen von Costa Rica. Ursprünglich dienten sie dem Abtransport der Kaffeekirschen aus den bergigen Plantagen. Für unser Gepäck boten sie sich an: Die kleine Lodge thronte majestätisch auf einem Hügel über der Küste, und der steile Weg schien selbst für Lastpferde zu schwierig zu sein. Die Einfahrt in die Bucht war ziemlich heikel mehrere mächtige Felsen ragten unweit des Strands aus der Brandung hervor, und nur der Bootsführer wusste, wie viele Felsen noch unter dem Meeresspiegel lauerten. Erst beim dritten Anlauf konnte er mit einer kleineren Welle den richtigen Winkel zum sicheren Auflaufen auf den Strand finden.

Wenn der Himmel weint …

… bleibt im Paradies kein Auge trocken. Noch hielten die düsteren Wolken dicht, aber erste Blitze erhellten den Himmel, sodass Sergio zur Eile trieb und zu den Stufen voranging, die neben dem breiten Weg für den Ochsenkarren den steilen Hügel hinaufführten. Inzwischen waren auch die Lastpferde mit dem Gepäck eingetroffen, und der Ochsenkarren rollte schwer beladen, von den kräftigen Tieren gezogen, bergan. Als der erste Donner grollend den Wald erschütterte, sprangen ein paar Kapuzineraffen über unsere Köpfe und flüchteten in den Wald. Die Ankunft im Paradies war gut vorbereitet worden, sogar der Himmel hatte sich darauf eingestimmt und gewartet, bis wir die Lodge erreicht hatten, um sich erst dann zu entladen. Der große Aufenthalts- und Essensraum war nach allen Seiten hin offen und mit Palmblättern gedeckt, aber trotzdem so konstruiert, dass von dem gewaltigen Regen, der nun einsetzte, kein Tropfen die Terrasse erreichte.

Das Wasser strömte sintflutartig die fiedrigen Palmwedel entlang und ergoss sich an ihren zahlreichen Spitzen in Hunderten kleiner Wasserfälle. Gleichzeitig wirkte der Regen wie eine Klimaanlage. Waren es eben noch fast 40 °C im Schatten gewesen, so schien die Temperatur jetzt um 20 °C gesunken zu sein. In Wirklichkeit waren es keine 10 °C weniger, die Verdunstungskälte täuscht unglaublich und ist erfrischender als jede Klimaanlage. Es war ein tropischer Gewitterregen wie aus dem Bilderbuch, und keine halbe Stunde später war der Zauber vorbei.

Inzwischen hatte sich die Terrasse etwas gefüllt, ein paar Touristen saßen an gedeckten Tischen, daneben eine Forschergruppe. Ich beäugte jeden Einzelnen und kam zu dem Schluss, dass keiner der Mann war, den ich suchte und vom Foto bereits kannte. Meine stille Hoffnung war, dass sich Donald Perry in den Baumwipfeln bereits häuslich niedergelassen hatte und nur selten herunterkam. Die Forschergruppe stellte sich als vier junge Männer heraus, zwei costa-ricanische Studenten und ein amerikanischer, sowie Roberto, der Guide der Lodge. Bei der Frage nach Perry schüttelten alle vier gleichzeitig den Kopf, und Roberto ergriff das Wort: »Donald ist schon vor ein paar Wochen abgereist. Er wollte einen elektrischen Dschungelaufzug bauen, und das ist zu kompliziert hier. Allein unser normales Equipment herzubringen, war schon eine ziemliche Herausforderung, aber was Donald vorhat –

unmöglich.« Ich verstand, was Roberto meinte, und nickte resigniert: »Und wo baut Perry jetzt seinen Baumkronenaufzug?« Roberto schüttelte den Kopf: »Ich weiß es nicht. Irgendwo im Landesinneren, auch in einem privaten Regenwaldschutzgebiet. Das kann ich aber für dich herausbekommen. Jetzt genieße einfach den Abend, und morgen früh führe ich euch durch unseren Regenwald.«

Tukan – das Symbol des Regenwalds

Meine Enttäuschung war nur von kurzer Dauer. Noch während wir uns vorstellten, sprang Roberto auf, nahm ein Fernglas und deutete auf einen Baum, etwas unterhalb auf dem Hügel. »Ein Tukan«, rief er. Mein Blick folgte seinem Fingerzeig, ich nahm das Fernglas, das er mir reichte, und dann sah ich den Vogel mit dem riesigen gelb-braunen Schnabel und dem leuchtend gelben Brustgefieder, das inoffizielle Wahrzeichen von Costa Rica und später auch das Wappentier des Regenwaldvereins, den ich gründete. Insgesamt gibt es 45 verschiedene Arten dieser tropischen Spechtgattung *Ramphastidae*, aber fast überall prangt der besonders schöne Swainson-Tukan *(Ramphastos swainsonii)* als Symbol für den Regenwald auf den Broschüren. »In den Cecropia-Bäumen sitzen sie besonders gerne, sie lieben die Früchte und auch die Blüten«, erklärte Roberto seinen schnellen Fund dieses Regenwald-Highlights.

Die Wolken hatten sich gelichtet, und die ersten Sonnenstrahlen ließen die letzten Regentropfen funkeln. Von der Terrasse des Gemeinschaftsraums auf der Kuppe des Hügels ging der Blick weit auf den Pazifik hinaus. Vor uns breitete sich eine ehemalige Weide mit einzelnen Bäumen aus. Dazu gehören Obst- und auch die Ameisenbäume *Cecropia spec.*, die von Tukanen wie von Faultieren bevorzugt werden. Da diese Bäume als Pionierpflanzen auf Lichtungen stehen, sind die Tiere darin leichter zu entdecken als im dichten Regenwald. Für ein Baumhaus, wie ich es mir damals genau in diesen Baum hineinträumte, sind die *Cecropias* allerdings ungeeignet. Wie bei Pionierbäumen üblich, wachsen sie schnell, haben aber kein sonderlich hartes Holz und werden schnell morsch.

Ein Tier nach dem anderen ließ sich im Laufe des zur Neige gehenden Tages auf einem der zahlreichen Bäume am Hang nieder, um sich an Blüten, Früchten oder Blättern zu laben. Neben Kapuzineraffen, Ameisen- und Waschbären legten hier vor allem die verschiedensten, bunt schillernden Vogelarten einen kurzen Zwischenstopp ein, um sich mit Nahrung zu versorgen. »Viele Fruchtbäume haben wir nur für die Tiere angepflanzt und auch einige reichhaltig blühende Sträucher, die natürlich auch unsere Gäste erfreuen«, erklärte Robert. Als hätten sie es gehört, tauchten mehrere Kolibris in einem der leuchtend roten Hibiskusbüsche auf und tauchten ihre Köpfchen mit dem dünnen Schnabel tief in den Blütenkelch, sodass der Pollen wie ein Puder-Make-up daran haften blieb. So haben beide etwas davon: Der Kolibri bekommt den Nektar und der Hibiskus einen Bestäuber.

Manche Kolibris waren kaum größer als ein Insekt, aber alle schlugen ihre Flügel mit einer derartigen Geschwindigkeit, dass sie wie ein Hubschrauber an einer Stelle in der Luft standen. Die Geräusche, die die Luftkünstler dabei erzeugten, versetzten Tonkünstler Greg in Begeisterung. Und da das Marenco-Team nicht nur zahlreiche blühende Büsche gepflanzt, sondern auch einige spezielle Kolibri-Futterstellen am Dachüberhang befestigt hatte, schwirrte es andauernd und in unmittelbarer Nähe.

Die Wolken am Horizont verfärbten sich zartrosa, und die Sonne schien gleißend orange über dem Pazifik, bevor sie in den Ozean tauchte. Wenige Minuten später strahlte der Himmel feuerrot, bis der dunkle Vorhang der Nacht der grandiosen Vorstellung ein Ende setzte. Breite Stege führten oberhalb der Gemeinschaftsterrasse zu den Gästezimmern. Der Steg verband alle Gebäude miteinander, was sich als überaus nützlich erwies. Die beiden Stelzenhäuser waren in jeweils vier Zimmer mit privater Veranda aufgeteilt,

Top-Aussicht: *Von der Aussichtsplattform der Lapas Rio Lodge lassen sich Tiere kaum besser beobachten. Hier habe ich nicht nur alle vier Affenarten, Faultiere, Pekaris, Tukane und vieles mehr gesehen, sondern auch die seltene Kritzelkreischeule (*Megascops vermiculatus*) beobachten können (rechts).*

sehr gemütlich, mit handgefertigten Möbeln, aber ohne Bad, Toilette und Fenster. Die der Eingangstür gegenüberliegende Seite bestand aus einer einzigen Holzklappwand. Ich kam mir vor wie ein Nashornvogel in der Baumhöhle: als Teil des Walds, aber gut geschützt in einer verschlossenen Baumhöhle. Meine Sehnsucht nach solch einem eigenen Domizil in den Bäumen bekam hier reichlich Nahrung.

Um 21 Uhr gingen schlagartig die Lichter aus. Der Strom, den ein Generator erzeugte, wurde um diese Uhrzeit abgestellt. Ich hatte weder rechtzeitig meine Taschenlampe bereitgelegt, noch das Bad- und Toilettenhäuschen vorher aufgesucht, sondern die Holzwand zur Terrasse geöffnet und mich dort in die Hängematte gelegt, um die leuchtenden Sterne des nachtklaren Himmels zu betrachten und den rhythmischen Urwaldgeräuschen zu lauschen. Die Furcht, die ich noch wenige Wochen zuvor vor dem nächtlichen Dschungel empfunden hatte, blieb diesmal aus. Einzig der Jaguar gab mir zu denken. Unten am Strand waren Abdrücke seiner Tatzen zu sehen gewesen. Tatsächlich gehen auch Jaguare gern mal auf die Schildkrötenjagd und müssen dafür den Wald verlassen. Der Weg vom Wald zum Strand führte direkt durch mein Zimmer …

Das Geheimnis der Korallenschlange

Am nächsten Morgen vom Jaguar keine Spur, aber der Tag brachte eine andere, nicht unerhebliche Gefahr. Unter einem strahlend blauen Himmel heizten schon um 6 Uhr die Sonnenstrahlen den triefend nassen Urwaldboden auf und ließen ihn dampfen. Um diese frühe Stunde saßen wir auf der Terrasse und frühstückten, um zeitig zu unserer Dschungelexpedition aufbrechen zu können. Am frühen Morgen lassen sich stets die meisten Tiere blicken, es ist noch nicht so heiß, und auch die Gewitter ziehen normalerweise erst am Nachmittag auf.

Während wir uns die passenden Gummistiefel heraussuchten, wartete Roberto auf der Wiese hinter der Lodge, die zum Dschungel führte. Auf einmal rief er laut und aufgeregt: »Rana, Rana!«, und fuchtelte mit einem Stock herum. Per Handzeichen gab er uns zu verstehen, dass wir zurückbleiben sollten. Wenige Augenblicke später hielt er an dem am unteren Ende verzweigten Stock eine bunt geringelte Schlange in die Höhe, die er in Windeseile in einen Eimer schubste, den ein Mitarbeiter herbeigeholt hatte. Erstaunt kamen wir näher und betrachteten neugierig das Exemplar am Boden des Eimers. *Rana* heißt auf Deutsch »Frosch«, doch Roberto meinte es anders: R.A.N.A. bedeutet *rojo, amarillo, negro, amarillo*. Rot, gelb, schwarz, gelb bezeichnet die Farbfolge dieser giftigen Schlange, einer Korallenotter *(Micrurus alleni)*. Die Abkürzung war eine Eselsbrücke, denn es gibt auch ganz ähnlich geringelte Schlangen mit den gleichen Farben, allerdings nicht der gleichen Farbreihenfolge, die überhaupt nicht giftig sind: die Dreiecksnattern *(Lampropeltis triangulum)*. Bei der Unterscheidung der Arten kommt es nicht auf den (schwarzen) Kopf an, sondern auf die Bänderung insgesamt. »Wenn auf das Rot Gelb folgt und dann Schwarz und dann wieder Gelb, dann ist sie giftig«, erklärte Roberto. »Bei den harmlosen, ›falschen‹ Korallennattern folgt auf das Rot Schwarz, dann Gelb und dann wieder Schwarz. Aber eigentlich sind auch die giftigen Schlangen harmlos, wenn du nicht gerade drauftrittst oder sie in die Enge treibst. Von sich aus greift die Korallenschlange nie an«.

Insgeheim beschloss ich, um jede bunt geringelte Schlange, die mir jemals begegnen würde, einen großen Bogen zu machen und nicht erst die Farbkringel abzuzählen. Tatsächlich ist diese Art von Mimikry im Tierreich weit verbreitet: Ein ungiftiges Tier ahmt in Farbe und Form ein giftiges nach und schützt sich so vor Fressfeinden (die anscheinend auch lieber keine Kringel abzählen). Die leuchtenden Farben signalisieren den potenziellen Feinden schon von Weitem die Gefahr.

Nicht alle giftigen Schlangen warnen so freundlich mit grellen Farben, sondern nur die, die keine Angst haben, dass ihre Beute flüchtet, wenn sie sich nähern, und die sich vor allem von Eiern ernähren, aber auch von kleineren Vögeln, Amphibien, Reptilien und Insekten. Die giftige, gut getarnte, schwarzbraune Buschmeister-Schlange *Lachesis muta muta* ist trotz ihrer erheblichen Größe von bis zu zwei Metern deutlich schwerer zu entdecken. Da sie am Boden auf ihre Beute lauert, wären für diese Schlange grelle Signalfarben ein deutliches Jagdhindernis. Roberto warnte uns eindringlich vor der Buschmeister, obwohl sie genauso wenig angriffslustig ist wie die Korallenotter, aber viel leichter zu übersehen.

Nach wenigen Minuten war das Schlangen-Theater bereits vergessen. Wir waren mitten im schönsten Regenwald, den ich jemals gesehen habe. Die rote Urwalderde verströmte einen einzigartigen frischherben Geruch und mischte sich mit zarten Blüten- und Frucht-Odeur. Die Harze verschiedener Baumarten veredelten die Gesamtkomposition dieses natürlichen Dschungelparfüms.

Fürsorgliche Giftfrösche

Obwohl immer noch kein Wölkchen den Himmel trübte, drangen nur wenige Sonnenstrahlen auf den laubbedeckten Urwaldboden. Das dichte Dach des tropischen Regenwalds überschattete die unteren

Zauberwald: *Nirgendwo in Costa Rica gibt es mehr Urwaldriesen als auf der Halbinsel Osa. Das dichte Blätterdach lässt kaum einen Lichtstrahl bis zum Dschungelboden vordringen (unten links). Die gigantischen Wurzeln dieser Bäume erstrecken sich über viele Quadratmeter, dringen jedoch nicht sehr tief in den Boden ein; sie stabilisieren die Giganten und absorbieren die Nährstoffe aus dem Oberflächenbereich (unten rechts).*

Grell bunt: *Im feuchten Dschungel der Halbinsel Osa fühlen sich zahlreiche Froscharten wohl, darunter einige Arten der faszinierenden Pfeilgiftfrösche, die Dendrobatiden. Erst die ausgewachsenen Tiere sind giftig, und einige Arten, wie die roten Erdbeerfröschchen* (Oophaga pumilio)*, tragen ihren Nachwuchs, die Kaulquappen, auf dem Rücken ins sichere Dschungeldach (oben links). Eine Variante fällt besonders durch ihre blauen Beine auf, die sogenannte »Bluejeans-Variante« (oben rechts).*

Stockwerke fast vollständig und ließ dort kaum Vegetation zu. Hier und da schossen Pilze aus dem Boden oder aus verrottenden Baumstämmen, von denen manche sogar zu leuchten schienen. Als ich mich zu einem kelchförmigen rotbraunen Pilz mit knallrotem Innenleben herunterbeugte, sprang er mir urplötzlich entgegen. Roberto lachte und fing den »Pilz« vorsichtig ein. Nach einer Weile öffnete er seine Hände und ließ uns hineinschauen. Zwei verängstigte, winzig kleine Froschaugen blickten zurück – ein Pfeilgiftfrosch oder auch Baumsteigerfrosch genannt, *Dendrobatidae*. Die Ureinwohner haben früher das Gift für ihre Pfeile genutzt, erzählte Roberto, und nein, in der Hand sei er nicht gefährlich. »Es gibt einige Arten, die ein so starkes Gift produzieren, dass man sie lieber nicht in die Hand nehmen sollte, aber nicht bei uns in Costa Rica. Seht ihr das Schwarze auf dem Rücken? Das ist eine Kaulquappe. Wenn sie noch etwas größer ist, bringt sie das Froschweibchen in einen sicheren kleinen Tümpel hoch oben in den Baumgruppen.«

Die Männchen bewachen zunächst das Gelege und wenn die Kaulquappen nach einer guten Woche schlüpfen, nimmt das Weibchen sie auf den Rücken. Die Froschweibchen tragen ihren Nachwuchs so lange durch die Gegend, bis sie in den Baumkronen eine geeignete Wasserstelle finden, wo sie sich zum Frosch entwickeln. Meist sind es die trichterförmigen Ananaspflanzen, die Bromelien, in denen sie die Kaulquappen absetzen. »Und in den tassenförmigen, wassergefüllten Schirmen der Schlauchpilze *(Cookeina)*, erfrischen sie sich mit einem Bad«, ergänzte der Guide.

Fasziniert betrachtete ich den kleinen Kerl, kaum fingernagelgroß. Insgesamt gibt es etwa 170 verschiedene Arten, die nur in den feuchten, tropischen Wäldern von Mittel- und Südamerika beheimatet sind. Auch sie beherrschen die Mimikry in Perfektion. Mit unterschiedlichsten Signalfarben warnen sie potenzielle Fressfeinde vor ihrem Gift, wobei einige Arten gar nicht giftig sind. Alle pflegen ihren Nachwuchs auf gleiche oder ähnliche Weise: Die Weibchen legen die Eier und bringen die Kaulquappen in den Baumkronen in Sicherheit, und die Männchen bewachen das Gelege. Um die Nahrung kümmern sich beide Elterntiere, und manche Weibchen produzieren sogar sogenannte Nahrungseier, mit denen sie die Kaulquappen füttern. Als unser winziges Exemplar, *Oophaga pumilio*, mit einem riesigen Satz Robertos Hände verließ, sah ich erst die knallblauen Beinchen.

Das Sekret verschiedener Pfeilgiftfrosch-Arten hat man erst in den vergangenen Jahrzehnten genauer erforscht und analysiert. Substanzen, die in der Schmerztherapie zum Einsatz kommen können, wurden isoliert, andere Wirkstoffe, die als Herzmittel oder sogar gegen Alzheimer wirken könnten, werden getestet. Es hat sich herausgestellt, dass nur Frösche in freier Natur die Gifte entwickeln. Wahrscheinlich nehmen die Tiere die Ausgangssubstanzen für die giftigen Wirkstoffe mit der Nahrung auf. Darunter sind auch Fungizide, denn der gefährlichste natürliche Feind dieser Fröschchen ist ein Hautpilz, den sie mit dem Sekret ebenfalls erfolgreich abwehren. Auch diese Substanz ist von medizinischem Nutzen.

Tierisches Schauspiel

Täuschung, Tricks und Tarnung

Der Überlebenskampf im Dschungel ist hart. Fressen und gefressen werden lautet das tägliche Motto der Fauna. Im Laufe der Evolution hat die Tierwelt erstaunliche Tricks entwickelt, um im Daseinskampf zu bestehen. Die Prädatoren, die Räuber und Fressfeinde im Urwald, passen sich ihrer Umgebung an, damit sie von ihrer Beute nicht so schnell entdeckt werden. Besonders die kleinen Räuber überraschen dabei mit ihrer Formen- und Farbenvielfalt. Gottesanbeterinnen *(Mantodae)* sind besonders einfallsreiche Jäger. Manche der sechs bis acht Zentimeter großen Insekten ahmen perfekt ein Blatt nach und verharren, bis ihr Essen vorbeigeflogen oder -spaziert kommt. Sie gehören zu einer 3000 Arten umfassenden Insektengruppe, die sich auf Tarnung spezialisiert hat, die sogenannten Gespenstschrecken *(Phasmatodea)*. Besonders spektakulär sind die »laufenden Äste«, auch Riesenschrecken genannt. Die größten Insekten der Welt können bis zu einen halben Meter lang werden. Aber auch potenzielle Beutetiere verschmelzen mit ihrer Umgebung, sogar Säugetiere wie die bis zu elf Kilogramm schweren Faultiere, die in den Ästen hängen und bei Gefahr erstarren.

Vor allem Insekten, kleine Reptilien und Amphibien nutzen die gegenteilige Strategie, um nicht auf

dem Speiseplan von Fressfeinden zu landen: Sie leuchten in Warnfarben. Die Farben allein würden allerdings nicht reichen, wenn die Tiere nicht giftig wären. Einzigartig ist dieser Trick bei den Baumsteigerfröschen *(Dendrobatidae)*, auch Pfeilgiftfrösche genannt. Die Frösche kommen nur im tropischen Amerika vor. Die etwa 170 verschiedenen Arten, die den Baumsteigerfröschen zugeordnet werden, variieren in der Größe zwischen zwölf und 50 Millimetern. Die meisten sind allerdings nicht giftig, sondern tarnen sich mit Blatt- oder Rindenfarbe. In Costa Rica leben sieben giftige Pfeilgiftfrosch-Arten, die aber für Menschen völlig ungefährlich sind, wenn man sie in Ruhe lässt. Das Gift wirkt nur, wenn es direkt in die Blutbahn gelangt. Besonders häufig sind der sogenannte Erdbeerfrosch *(Oophaga pumilio)*, knallrot mit kleinen schwarzen Punkten, der rote »Bluejeans-Frosch« mit leuchtend blauen Beinchen und der grüngemusterte Goldbaumsteiger *(Dendrobates auratus)*.

Richtig raffiniert gehen die »Trittbrettfahrer« der giftigen Tiere vor, die mit Warnfarben in fast identischen Mustern den Feinden Gefährlichkeit signalisieren. In Costa Rica ist vor allem die hochgiftige schwarz-rot-gelbe Korallenschlange bekannt für ihre zahlreichen ungiftigen Nachahmer.

Fressen und gefressen werden: *Der tägliche Kampf ums Überleben ist im artenreichen Dschungel besonders hart. Tiere tarnen sich als Pflanzen oder verschmelzen mit ihrer Umgebung, um von Fressfeinden oder auch von ihrer Beute nicht gesehen zu werden. Bunte Tiere, besonders in den Signalfarben Rot und Gelb, sind meist giftig.*

Kunstvoll: *Die Nester der Webervögel* (Gymnostinops montezuma) *baumeln noch lange im Kronendach, nachdem die Vögel längst ausgezogen sind. Diese Singvögel aus der Familie der Stärlinge leben in Kolonien und bauen die Pendelnester nur für eine Brutsaison.*

Ich kam mir vor wie Alice im Regenwald-Wunderland, erst recht, als wir ein Stück köstliche, wilde Ingwerwurzel probierten, so wie die Wunderland-Alice den Schrumpf- oder Wachstumspilz zu sich nahm: Mal fühlte ich mich riesengroß, wie gegenüber dem Pfeilgift-Fröschchen, mal winzig klein, wenn ich nach oben zu den Kronen der bald 100 Meter hohen Urwaldriesen blickte. Und an jeder Ecke des gewundenen Dschungelpfads gab es etwas Neues zu entdecken, etwa den Tukan, der aus dem Baum schier herauszuwachsen schien. Erst mit dem Fernglas konnte ich den drolligen Kopf sehen, der wachsam aus einer Baumhöhle blickte. Obwohl Tukane zur Familie der Spechte gehören, sind sie nicht in der Lage, mit ihrem riesigen, gebogenen Schnabel eigene Baumhöhlen zu bauen und so besiedeln sie entweder natürliche Baumhöhlen oder verlassene Spechthöhlen.

Der Artenreichtum im Dschungeldach ist faszinierend. Mal sieht man ein Vogelnest, mal eine Affenfamilie, mal die üppigsten Blüten. Bromelien, Orchideen, Farne und viele andere krautige Pflanzen haben ihren Lebensraum im Regenwald in die Wipfel verlegt, um lebensnotwendiges Sonnenlicht einfangen zu können. Viele Tiere folgen den Pflanzen in den Garten Eden im obersten Stockwerk. Am dunklen Urwaldboden weisen nur die »Brosamen« dieses Paradieses auf die unglaubliche Vielfalt hin: hier ein paar Blüten, dort einige Früchte und da ein ganzer Ast mit den verschiedensten Pflanzen darauf. Genau solch ein heruntergefallener Ast versperrte uns gerade den Weg.

Roberto beugte sich zu einer dicken Bromelie hinunter, die fest auf dem Ast verankert war. Diese trichterförmigen Pflanzen mit ihren langen, schmalen Blättern gehören zu den Ananasgewächsen und sehen auch genauso aus: wie der Schopf dieser Früchte. In der Mitte, wo die Blätter zusammenlaufen, sammeln sie Regenwasser, das sie über sogenannte Saugschuppen aufnehmen. Die Wurzeln dienen den epiphytischen Bromelien nur, um sich am Ast, auf dem sie sich niederlassen, festzuklammern, daher heißen sie auch »Aufsitzer-Pflanzen«. Der Guide nahm diesen kleinen Tümpel, der sich am Blattgrund der Pflanze gebildet hatte, genauer unter die Lupe – im wahrsten Sinne des Wortes. Aus einer Brusttasche hatte er ein beeindruckendes Vergrößerungsglas hervorgezogen und erklärte jetzt so stolz, als ob es seine eigenen wären: »Froschbabys!« Mit der Lupe sah ich sie dann tatsächlich auch, die winzigen Kaulquappen, die in dem Mikroteich herumschwammen und nach fast ebenso großen Insektenlarven schnappten. Das Minigewässer war ein unglaublich reichhaltiges Biotop, zahlreiche Fliegenlarven, aber auch kleine Würmer und sogar Mini-Krebse tummelten sich neben den Kaulquappen in dieser Pflanzenzisterne. Neben der Bromelie hatten es sich noch zahlreiche weitere Pflanzen auf dem Ast bequem gemacht. Auch eine wunderschöne duftende Orchidee wuchs hier. Die meisten Orchideenarten leben im Regenwald epiphytisch auf Bäumen, um dem Licht näher zu sein, aber sie schmarotzen nicht an ihrem Wirt.

Bald drang ein beharrliches, melodisches Brummen aus dem Dschungel-Klangteppich. Es ebbte erst ab, als sich die dunkelgrün schillernde Prachtbiene auf die Orchidee setzte. »Diese Bienen sind geflügelte Parfümhersteller, wahre Künstler auf dem Gebiet der Düfte. Sie können kilometerweit riechen und sammeln in ihren Taschen bis zu 50 verschiedene Düfte – von Blüten, Rinden, Früchten, Pilzen und Sekreten«, erklärte Robert. Warum, sei noch nicht genau erforscht, aber wie fast immer geht es um die Fortpflanzung. Mehr als 500 verschiedene Orchideenarten sind bei ihrer Vermehrung und Verbreitung auf die Hilfe von Prachtbienen angewiesen. Wie ein Paarungsritual mutet die Vereinigung zwischen Biene und Orchidee an, die Carl von Linné (1707–1778) passenderweise *Epidendrum* nannte, was so viel heißt wie »auf dem Baum lebend«. Allerdings gab der Botaniker nicht nur dieser leuchtend gelben Spezies diesen Namen, sondern gleich allen Orchideen, die auf Bäumen wachsen. Sie bilden heute eine Gattung mit etwa 1500 Arten. Inzwischen hatte dieses brummende Exemplar von Prachtbiene der herabgestürzten Orchidee einen letzten Dienst erwiesen und würde mit ihren Pollen irgendwo im Dschungel ein anderes *Epidendrum* bestäuben. Wie ein fliegender Edelstein entschwand sie im Dunkel des Urwalds.

Die Prachtbiene war nicht das einzige Juwel, das durch den Dschungel flog, zahlreiche Kolibris mit ihrem schillernden, smaragdgrünen Gefieder kreuzten unseren Weg, und so schnell sie mit ihren Flügelchen schlugen, so langsam und anmutig schwebte der riesige, leuchtend azurblaue Schmetterling vorbei – und war plötzlich verschwunden. Scheinbar, denn der Blaue Morphofalter, einer der größten Schmetterlinge überhaupt, trägt auf der Unterseite seiner Flügel ein braunes Augenmuster zur Tarnung, um damit Vögel und anderes Getier zu verschrecken.

Die Elefanten von Mittelamerika

Am frühen Nachmittag erreichten wir den Río Claro. Der glasklare, türkisblaue Dschungelfluss führt zu einem Wasserfall mit geradezu magischer Anmu-

Scheue Riesen: *Mit etwas Glück kann man den mittelamerikanischen Tapir* (Tapirus bairdii), Costa Ricas größtes Landsäugetier, *auf der Osa-Halbinsel beobachten. Die Plattform auf der* Böëna Lapas Rio Lodge *ist hierfür der perfekte Platz, besonders kurz nach oder kurz vor der Dämmerung.*

tung. Ich vergaß die Krokodile vom Río Tarcoles und sprang mit den anderen ins Wasser. Roberto blieb als Einziger wachsam am Ufer. Nach einer Weile deutete er auf die feuchte Erde am Flussstrand: »Tapire!«, rief er begeistert, »heute Morgen waren Tapire am Fluss!« Die größten Tiere des neotropischen Regenwalds sind sozusagen die Elefanten von Mittel- und Südamerika. Obwohl ihr Rüssel nur kurz und die Ohren relativ klein sind, haben sie eine entfernte Ähnlichkeit mit Elefanten, dabei sind sie eher mit Pferden und Nashörnern verwandt. Sie wurden so stark bejagt, dass ihr Vorkommen sogar auf dieser entlegenen und geschützten Halbinsel einer Sensation gleichkam.

Jahre später, als ich in einer nahe gelegenen Auffangstation bei der Fütterung der tierischen Schützlinge half, sah ich zum ersten Mal einen Tapir aus der Nähe und hatte das Gefühl, in seinen Augen liege eine melancholische Traurigkeit, die Verzweiflung über die fortschreitende Zerstörung der tropischen Wälder, die unaufhaltsam seinen Lebensraum vernichtet. Vorsichtig nahm er mit seinem Rüsselchen die Papaya, die wir vorbereitet hatten, und während er seinen Obstsalat müffelte, blickte er mir scheinbar traurig in die Augen. Von den einst Dutzenden verschiedenen Tapirarten, die schon vor Jahrmillionen die Erde besiedelten, sind gerade einmal fünf Arten dieses Unpaarhufers übrig geblieben, allesamt stark bedroht.

Böëna: *Das Beste aus zwei Welten. Das Wort der Indigenen von Costa Rica bedeutet so viel wie »reines Leben«, und genau das wird auf den Böëna-Lodges zelebriert. Frank hat sein ganzes Leben auf der Halbinsel Osa verbracht. Wie alle Mitarbeiter kommt er aus dem benachbarten Ort und liebt die Arbeit auf der Lodge als Ranger.*

Der Touristenbaum

Die Zeit war verflogen, und ein Gewitter bahnte sich an – deshalb wählten wir einen anderen Rückweg, und Roberto legte nur an einem einzigen Baum einen Zwischenstopp ein. Schon von Weitem fiel uns die leuchtend rostrote Rinde des Baums auf, die teilweise in Fetzen herunterhing. »Wir nennen ihn Touristenbaum. Hat einer von euch eine Idee, warum?«, fragte Roberto schmunzelnd. Ich blickte auf mein verbranntes Dekolleté, von dem sich die Haut schälte, und nickte ertappt. »Genau«, grinste Roberto, »weil sich die Haut unserer Touristen genauso rötet und schält wie bei diesem *Bursera simaruba*.« Roberto kratzte mit seinem Taschenmesser ein wenig an der Rinde und hielt uns die klebrige Masse unter die Nase. »Der Baum ist vor allem bekannt für sein wertvolles Harz, das gegen allerlei Leiden hilft, sogar gegen Krebs, und als Räucherduft traditionell genutzt wird.« Ich sog den harzigen, aber dennoch frischen Duft des seltsamen Baums ein, die Gruppe war schon weitergegangen. Im Küstenwald wurde es bereits dämmrig. Dennoch drehte ich mich noch einmal zu dem bemerkenswerten Baum um und dann sah ich ihn, den schwarzen Panther, der den Pfad in weiter Ferne kreuzte, kurz innehielt und im Dickicht verschwand.

Die Entdeckung der Langsamkeit

Am nächsten Morgen strahlte die Sonne unschuldig, als hätte es den gestrigen Regenguss nicht gegeben, vom wolkenfreien Himmel. Eine Horde Brüllaffen hatte mich schon zeitig geweckt, sodass mir vor dem Frühstück noch ein wenig Zeit blieb, mit dem Fernglas nach tierischen Besuchern zu schauen. Meine Wahl fiel zunächst auf den Ameisenbaum, auf dem uns Roberto am Tag zuvor den Tukan gezeigt hatte. Geduldig suchte ich den Baum ab, fand aber keinen gelben Schnabel und auch sonst keinen Vogel. Ich wollte gerade aufgeben und den nächsten Baum ins Visier nehmen, als mir ein großes braunes Büschel auffiel. Mit dem Fernglas fixierte ich das Objekt und dann sah ich, wie es gaaaaaanz langsam ein Ärmchen ausstreckte und nach einem Blatt griff. Ein Faultier! Mit ihren trägen Bewegungen und den scheinbar treuen Augen in einem Gesicht, zu dem der Begriff »Kindchenschema« perfekt passt, sind Faultiere die unterschätzten Bewohner des Dschungels. Optimal getarnt und dadurch fast unsichtbar, hängen sie scheinbar dauerschlafend in den tropischen Baumwipfeln. Doch weit gefehlt. Die Tiere können flink wie Wiesel sein, jedenfalls beinahe, und ihre Krallen sind scharf. Weil schnelle Bewegungen extrem energieintensiv für diese Tiere sind (Energie bedeutet Essen im Tierreich), halten sie sich mit Aktivitäten zurück. Faultiere fressen ohnehin den ganzen Tag, und die Ausbeute ihrer vegetarischen Blattnahrung ist sehr gering, sodass die Tiere zusätzlichen Energiebedarf tunlichst vermeiden. Manchmal hängen sie gar Tage im gleichen Baum, zur Freude von Forscherinnen und Touristen.

Böëna – Das Beste zum Schluss

Bei zahlreichen Besuchen auf der Halbinsel Osa habe ich immer ein Faultier gesehen. Wie verabredet, hing es an einer bestimmten Stelle. Mein Blick wurde im Laufe der Jahre geschulter, und oft bin ich inzwischen diejenige, die das Faultier zuerst entdeckt. So wie vor wenigen Wochen, als ich nach langen Jahren wieder nach Osa zurückkehrte. Heute gibt es zahlreiche Lodges und Camps auf der Halbinsel und bis Puerto Jimenez, ganz im Süden der Halbinsel, führt inzwischen sogar eine Asphaltstraße. Zudem gibt es einen kleinen Flugplatz, der auch von der nationalen Airline angesteuert wird.

Danach beginnt das Abenteuer. Luz und Roberto, meine Freunde aus Studienzeiten am CATIE, luden mich bei meiner Rückkehr nach Osa ein, den Dschungel der Halbinsel von ihrer Lapa Rios Lodge aus zu erkunden. Die beiden haben die zuvor etwas heruntergekommene Lodge in eine Oase für Entdecker und Forschende verwandelt, nachhaltig geführt und modern ausgestattet. Im Zentrum steht ein Wegesystem, überwiegend durch das Dschungeldach, das die Bungalows miteinander verbindet und zu einer Wipfel-Plattform für Tierbeobachtungen führt, meiner »Kathedrale im Regenwald«. Hier wird Geduld immer belohnt, kein Morgen und kein Abend vergehen ohne spannende Sichtungen im Regenwald von Osa. Ein besonders entzückendes Bild bot eine fürsorgliche Faultiermutter mit ihrem neugierigen Baby. Kaum ein Betrachter konnte sich von diesem Pärchen losreißen. Solche Begegnungen verändern die Menschen, lassen sie demütig werden gegenüber der Natur und fördern das Engagement für Klimaschutz und den Erhalt der Artenvielfalt. Eine andere bezaubernde Beobachtung bot sich von der Terrasse der Lodge aus: ein Ara-Pärchen beim Liebesspiel.

Nikolaus im Regenwald

Die Verzückung über diesen Akt war kein Voyeurismus, sondern die pure Freude über jedes vermehrungswillige Ara-Pärchen als Zeichen für die Rückkehr von Itzama, den »feurigen Gott des Lichts«, wie die Maya den scharlachroten Ara nannten. In Costa Rica waren die prächtigen Vögel, die lebenslang als Paar zusammenbleiben, fast ausgestorben. Erst haben die Holzfäller den Aras die Nahrung genommen, indem sie die Mandelbäume fällten, dann haben illegale Tierhändler das große Geschäft mit den Papageien als Haustiere entdeckt. Da Aras monogam leben, bedeutet die Entführung eines Tiers, dass der Partner sein Leben lang trauert, sich nie wieder paart und keine weiteren Nachkommen mehr zeugt.

Die Rückkehr der Aras sind die Früchte der inzwischen jahrzehntelangen Naturschutzpolitik von Costa Rica. Holzeinschlag in Naturwäldern ist seit den 1980er-Jahren streng verboten, einzig Plantagenholz darf noch geerntet werden. Handel und Haltung von exotischen Haustieren, gleichfalls strengstens verboten, werden von der Naturschutzbehörde kontrolliert und Strafmaßnahmen konsequent umgesetzt.

Darüber hinaus hat man erfolgreich ein Auswilderungsprogramm aufgelegt. Tiere, die länger in Gefangenschaft gelebt haben, finden sich zwar meist nicht mehr in der Wildnis zurecht und fast immer wurden ihnen die Flügel gestutzt, aber es ist gelungen, Aras zu züchten. Beschlagnahmte Tiere, die noch keine Partner hatten, konnten in das Zuchtprogramm integriert und ihre Nachkommen erfolgreich ausgewildert werden.

Mit den Aras fing ein denkwürdiger Tag der Hoffnung und Vermehrung in Osa an. Unmittelbar nach der Ara-Paarung wollten uns offenbar die Brüllaffen ihren Vermehrungswillen zeigen – Trockenzeit ist Paarungszeit, und in Corcovado schien dieser Nikolaustag alle einzuladen. Bei unserer morgendlichen Exkursion in den Dschungel machte eine Gruppe Brüllaffen auf sich aufmerksam. Sie saßen in einer ausladenden Glückskastanie *(Pachira aquatica)* einer nichtstacheligen, nahen Verwandten der Pochotebäume, die sich in feuchteren tropischen Gefilden wohler fühlt als im Trockenwald, aber für Brüllaffen genauso schmackhafte Blätter und Blüten produziert. Der Clan-Chef der Affen hatte uns bemerkt, fühlte sich aber wohl nicht gestört. Statt zu brüllen, stieg er selbstbewusst einen Ast tiefer, gesellte sich zu einem Weibchen, streichelte ihr zärtlich über den Kopf, bevor er sie sanft und geräuschlos begattete. Danach setzte er in aller Ruhe sein Frühstück fort. Als wolle er verdeutlichen, dass sich die Affen nie mehr vertreiben lassen würden.

Als Nils Olof Wessberg in den 1970er-Jahren auf die Halbinsel kam, war Osa in der Hand von Holz-

Frühlingsgefühle: *Haben Aras ihre große Liebe gefunden, bleiben sie sich ein Leben lang treu und sind immer als Paar unterwegs.*

fällern und Goldjägern, denen der Naturschützer mit dem Nationalpark-Gedanken in die Quere kam. Mit dem Holz verschwanden auch die Affen. Gerade in der Nähe der Hafenstadt Puerto Jimenez, wo heute die Lapa Rios Lodge steht, wüteten die Holzfäller, bis sie gestoppt und der restliche Wald unter strengen Schutz gestellt wurde.

Bei der Lodge treffen sich alle vier Affenarten, die in Costa Rica vorkommen, und bieten an manchen Tagen ein spektakuläres »Affentheater«: Kapuzineraffen jagen Klammeraffen, die die Verfolgung akrobatisch kontern, Brüllaffen liefern das Hintergrundkonzert, und die kleinen Totenkopfäffchen turnen elegant am Geschehen vorbei. Die Plattform in den Wipfeln ist die perfekte Loge im Affentheater. An jenem Nikolaustag wollte ich das nachmittägliche Spektakel auf keinen Fall verpassen und steuerte pünktlich eine Stunde vor Sonnenuntergang die Plattform an. Auf dem Weg stieg mir ein seltsamer, unangenehmer Geruch in die Nase. Eine Herde Pekaris *(Tayassu tajacu)*, die gemütlich über den Waldboden schlurften und auf der Suche nach Früchten, Larven und Käfern rüsselten, waren die Ursache dieser Geruchsirritation. Und obwohl Pekaris keine festen Paarungszeiten haben, beschloss der Eber offensichtlich, sich dem allgemeinen Trend anzuschließen. Er näherte sich in aller Ruhe einem stattlichen Weibchen der Rotte und bestieg es mit der gleichen Gelassenheit, wie schon seine paarungswilligen Vorgänger an diesem Tag. Obwohl Pekaris nicht auf der roten Liste stehen, sind auch sie gefährdet, und ihr Bestand erholt sich nur langsam. Die meisten Pekaris waren Wilderern zum Opfer gefallen, deren Zahl sich in den vergangenen Jahrzehnten in Costa Rica zum Glück drastisch reduziert hat.

Viele Wilderer wurden in ein Bildungsprogramm integriert und zeigen heute den Touristen die Tiere, die sie früher getötet, gegessen und verkauft haben. Allen ist gemein, dass sie aus purer Not jagten und mit einem Auskommen als Ranger oder Guide ein viel glücklicheres Leben führen. Mit einem solchen Programm hatte Sergio Miranda bereits in den 1980er-Jahren begonnen. Sämtliche Mitarbeiter von Marenco stammen aus der Region, etliche waren Fischer, die sich auf Haifischflossen spezialisiert hatten, bevor sie zu Naturschützern wurden.

Tierische Liebesbekundungen: *Mit dem Beginn der Trockenzeit im Dezember setzt die Balz- und Paarungszeit bei den meisten Bewohnern des Dschungels ein. Von Pekaris* Pecari tajacu *bis zu verspielten Affen herrscht in den pazifischen Wäldern in dieser Zeit tierisches Treiben. Faultierbabys kuscheln gerne (unten links), und die Geschwisterliebe scheint groß zu sein.*

Affenzirkus

Costa Ricas Primatenparade

In allen costa-ricanischen Wäldern leben Affen, aber in den geschützten Bereichen entlang der südlichen Pazifikküste kommt jede der vier im Land heimischen Arten vor. Die Totenkopfäffchen *(Saimiri oerstedii)* sind die kleinsten und am stärksten gefährdeten Affen von Costa Rica. Ohne Schwanz gerechnet werden die Tiere nur um die 30 Zentimeter groß, leben in Gruppen von 40 bis 60 Individuen zusammen und ernähren sich hauptsächlich von Früchten und Insekten. Die besten Chancen, diese geschickten Kletterer zu beobachten, bestehen auf der Halbinsel Osa. Die Fellfärbung der Köpfe erinnert ein wenig an einen Totenkopf, daher der Trivialname dieser Art. Über ihr Verhalten ist noch wenig bekannt, die Tiere sind durch die Abholzung der Wälder enorm bedroht und nicht so anpassungsfähig wie Kapuzineraffen, außerdem wurden sie stark bejagt. Die niedlichen Äffchen, bekannt als »Herr Nilsson« bei Pippi Langstrumpf, wurden vor allem für den Schmuggel mit exotischen Haustieren gefangen. Durch intensive Schutzmaßnahmen haben sich die Bestände wieder etwas erholt.

Die Weißschulter-Kapuzineraffen *(Cebus capucinus)* sind deutlich robuster als Totenkopfäffchen und in allen Wäldern von Costa Rica zu Hause, vom Trockenwald bis zum Nebelwald, vom karibischen bis zum pazifischen Regenwald. Auch ihr Name leitet sich von ihrer Färbung ab, mit fast weißlichem Fell im Gesicht und an den Schultern und einem schwarzen Kreis auf dem Kopf erinnern sie an einen Mönch

***Affen gaffen:** Der Anführer der Brüllaffenbande* (Alouatta palliata) *überwacht aufmerksam die Umgebung und warnt seine Truppe vor möglichen Gefahren (linke Seite). Die Kletteraffen* (Ateles geoffroyi) *scheinen genauso gerne Menschen zu beobachten wie Menschen Affen (oben links). Kapuzineraffen sind hochintelligent, aber nicht ohne, sie jagen gerne auch mal andere Affenarten (oben rechts). Die Totenkopfäffchen* (Saimiri oerstedii) *sind hauptsächlich tagsüber aktiv, besonders in Gebieten mit reichlich Früchten und wenig Konkurrenz (unten). Auf der Halbinsel Osa teilen sich alle vier Affenarten Costa Ricas den Dschungel.*

in Kutte. Dank ihres weitgefächerten Speiseplans sind sie als Omnivoren ziemlich flexibel und können auch Verwandten gefährlich werden. Sie fressen den Nachwuchs verschiedenster Säuger, vom Affen bis zum Faultier, aber hauptsächlich ernähren sich die Tiere von Früchten. Früher wurden sie oft von Touristen gefüttert, was aus gutem Grund strengstens verboten ist. Verarbeitetes Essen schadet ihnen, und sie verlieren die Scheu vor Menschen, können sogar sehr aggressiv werden und ihr Essen einfordern.

Klammeraffen *(Ateles geoffroyi)* und Brüllaffen *(Alouatta palliata)* sind dagegen reine Vegetarier und eng miteinander verwandt. Während die Klammeraffen stark bedroht sind und nur in den feuchten Wäldern von Costa Rica vorkommen, ertönt das laute Bellen von Brüllaffen in allen Winkeln des Landes. Die Primaten ziehen in Familienclans durch die Wälder auf Nahrungssuche, allerdings nur in den Morgen- und Nachmittagsstunden. Während der heißen Mittagszeit hängen sie in den Baumwipfeln und machen ein Nickerchen.

Isla del Caño – Von Rochen, Haien und Mee(h)r

Der Golf von Osa, der sogenannte Golfo Dulce, ist eine beliebte Kinderstube zahlreicher Meerestiere, vor allem von Walen und Delfinen. Der Pazifik vor der Halbinsel gilt als besonders artenreich. Verantwortlich für diesen Reichtum an Meeresfauna sind vorgelagerte Riffe und die Isla del Caño, die schon den präkolumbianischen Ureinwohnern heilig war. In den Riffen unterhalb der Insel bringen Rochen und Haie ihren Nachwuchs zur Welt – ein ideales Fangrevier für die Fischer. Als man die Insel mitsamt einer großen Meeresschutzzone in den Corcovado-Nationalpark eingliederte, wurden die Fischer von Marenco zu den Bootsführern der Station und den Guides für die Insel.

Sir Francis Drake soll vor der Isla del Caño einen Silberschatz verloren haben, nach dem noch heute gesucht wird. Rund um die Insel ist die Suche allerdings genauso verboten wie auf dem Eiland selbst. Zu sehen gibt es dort vor allem die runden Steine der Bruncas. Wie die tonnenschweren Granitkugeln auf die Insel gekommen sind, ist ein noch größeres Rätsel als die Geheimnisse um die runden Sphären auf dem Festland.

Inseln üben eine magische Anziehungskraft auf mich aus, noch dazu in Verbindung mit Schatzgeschichten. In meiner Nationalpark-Broschüre war ein Park aufgeführt, dessen biologische Besonderheiten faszinierend klangen, weil weite Teile noch unberührt, teilweise noch nie betreten worden waren, zudem voller endemischer Arten. Aber noch mehr fesselte mich ein Nebensatz in der Beschreibung: Der costa-ricanische Nationalpark Isla del Coco, 500 Kilometer südwestlich der Halbinsel Osa, ganz isoliert, mitten im Pazifischen Ozean, war die Schatzinsel von Robert Luis Stevenson. Dort wollte ich hin, hatte aber noch keine Ahnung wie. Dass mir der Nationalparkdirektor höchstpersönlich helfen würde, hätte ich nicht zu träumen gewagt.

Vogelperspektive: *Blick auf den Strand und die Rangerstation der Isla Cano. Die nur drei Quadratkilometer große Insel liegt etwa fünfzehn Kilometer vor der Halbinsel Osa. Sie ist unbewohnt und steht vollständig unter Naturschutz.*

Legendär: *Etwa 500 Meilen weiter südwestlich liegt die costa-ricanische Kokosinsel, bekannt als »Schatzinsel«. Sie inspirierte den Autor des gleichnamigen Buchs Robert Louis Stevenson, diente als Piratenversteck und soll noch unermessliche Schätze bergen. Doch der eigentliche Reichtum des Nationalparks ist die Natur: Ein einzigartiger Nebelwald mit moosbewachsenen Bäumen (unten) bedeckt die Insel fast vollständig. Riesige Farne erinnern an Jurassic Park (rechte Seite).*

ABSTECHER ZUR ISLA DEL COCO

Abenteuer Schatzinsel

Unbekanntes Terrain zu erforschen ist die Krönung für jeden Biologen. Die Kokosinsel gehört noch immer zu diesen »weißen Flecken« auf der wissenschaftlichen Landkarte, sowohl über als auch unter Wasser. Fotos von der Insel offenbaren einsame palmengesäumte Buchten und dschungelüberwuchertes Bergland, Wasserfälle und einladende Naturpools. Bilder wie aus dem Paradies. Warum gab es dort keine Ureinwohner? Warum haben sich keine Siedler niedergelassen? Vom Direktor des Nationalparks Kokosinsel Fernando Cortez erfuhr ich, dass vor mehr als hundert Jahren sehr wohl einmal Menschen auf der Insel gelebt hätten – allerdings hielten sie es nicht lange auf dem regenreichen Eiland aus.

Seit 1978 steht die gesamte Insel als Nationalpark unter Schutz. Die isolierte Lage, die vielen Riffe und Korallen ziehen zahlreiche Fischarten an und bieten ihnen ein ideales Brutrevier. Seidenhaie, Hammerhaie, Schwarzspitzen-Riffhaie, Weißspitzen-Riffhaie, Galapagoshaie, Silberhaie, Walhaie – nirgendwo sonst in den Weltmeeren lassen sich Haie so gut und gefahrlos beobachten wie hier. Einzeln und in großen Schulen gleiten ihre anmutigen Körper durch die warmen Strömungen vor der Insel. Im Schatten der Nacht gehen sie auf die Jagd, vollziehen bizarre Paarungsrituale oder reinigen sich an den Riffen.

Das wissen natürlich auch die Fischer, die die Schutzzone für Meeresbewohner sträflich missach-

ten. Damit sie angezeigt und überführt werden können, müssen Ranger das Gebiet so gut es geht bewachen. Dafür brauchen sie Boote, über die sie bei meinem ersten Aufenthalt 1987 noch nicht verfügten. Zweimal im Monat fuhr das Tauchexpeditionsschiff »Okeanos« regelmäßig zu der 500 Kilometer vom Festland entfernten Insel. Einen Platz an Bord musste das Unternehmen immer für den Nationalpark reservieren, damit ein Ranger die Schiffe notieren konnte, die die Zwölf-Meilen-Zone überschritten. Eine hilflose Geste gegen die übermächtige Fischerei-Industrie. Und eine Tätigkeit, die auch ich ausführen konnte – davon überzeugte ich schließlich den Nationalparkdirektor. Er war bereit, mir bei einer der Expeditionen den Platz des Rangers einzuräumen, mit der Auflage, alle Schiffe zu notieren, die vor der Insel auftauchten. Ein Besuch beim Reeder Andreas Pozuelo und seinem Kapitän, dem »Schatzinsel«-Kenner Christopher Weston, klärte alle Details.

Als sich nach einer von hartnäckiger Seekrankheit getrübten Überfahrt die Konturen der Insel immer deutlicher abzeichneten, war es, als würde das Paradies seine Pforten öffnen. Wasserfälle ergossen sich aus den Steilwänden wie aus einem architektonisch preisgekrönten Brunnen. Zwischen den Felsnasen lagen von Kokospalmen gesäumte Buchten, dann wieder Felsen, Höhlen und von dichtem Urwald überzogene Hänge. Unzählige Vögel veranstalteten ein Konzert, während sie zwischen der Insel und kleinen vorgelagerten Inseln hin- und herpendelten. Die Anlandung an einer der nur zwei möglichen Stellen erwies sich als schwieriges Unterfangen, gelang aber nach mehreren Anläufen.

Bei einer botanischen Expedition ins Inselinnere hätten wir mit Sicherheit neue Orchideen-, Bromelien- und Farnarten gefunden. Neben baumhohen Farnen gedeihen vor allem Epiphyten, sogenannte Aufsitzer-Pflanzen, in dem immerfeuchten Nebelwald der Kokosinsel. Einige endemische Arten wurden in den vergangenen Jahren erstmalig beschrieben – beispielsweise Orchideen. Ihre Entdeckung war nur möglich, weil der Dschungel der Insel kaum von Urwaldriesen geprägt ist, sondern überwiegend von niedrigeren Nebelwaldbäumen, deren Epiphyten auch auf Augenhöhe zu sehen sind. Im mehrstöckigen Tieflandregenwald sind diese Pflanzen vom Dschungelboden aus nicht sicher, ihr Terrain bilden die schwindelnden Höhen der Baumkronen; dort, wo den Aufsitzer-Pflanzen ausreichend Licht für die Fotosynthese zur Verfügung steht. Die Pflanzen in den Wipfeln der Regenwälder bilden einen regelrechten Wald über dem Wald und viele dieser Lebewesen, die im Dschungeldach hausen, sind weder entdeckt noch erforscht. Der Baumkronenforscher Donald Perry schrieb in den 1980er-Jahren über dieses Ökosystem, dass es unbekannter sei als die Tiefsee, obwohl die letzte internationale Biodiversitäts-Konferenz hervorgehoben hat, wie wichtig solche Forschungen für die Zukunft der Menschheit sind. Doch schlecht erreichbare Regionen, die von keinem großen wirtschaftlichen Interesse sind, werden nur selten zum Ziel von durchfinanzierten Forschungsprojekten. Weder die Kokosinsel noch die Baumkronen sind für die Wirtschaft derzeit von Interesse. Die Insel steht unter strengem Naturschutz, weder dürfen der hier vermutete Schatz gehoben noch eventuell verborgene Bodenschätze ausgebeutet werden.

Für mich persönlich bedeutete der Inselbesuch einen unbestrittenen Höhepunkt. Der Garten Eden konnte nicht anders gewesen sein. Am liebsten hätte ich die Einzigartigkeit dieser Insel festgehalten; ließ Sand durch meine Finger rieseln, sog den unvergleichlichen Geruch ein, senkte Felsen, Palmen und den Dschungel tief in mein Gedächtnis. Die Kokosinsel ist schlimmer als der Nil, dem man nachsagt, wer daraus trinke, komme immer wieder. Ich brauchte die Kokosinsel bloß zu berühren – und sie lockt

mich seitdem immer wieder. So weit weg, so mitten im Ozean und trotzdem muss ich immer wieder hin.

Zwanzig Jahre nach der ersten Überfahrt stellte ich meine erste eigene Expedition zur Insel zusammen, finanziert von der Stiftung MARVIVA und inhaltlich von der Universität von Costa Rica unterstützt.

Expedition Kokos 2007

Es waren die Jäger der »grünen Schätze«, die mich bei dieser Expedition auf dem Forschungsschiff »Proteus« begleiteten. Prof. Jorge Cortez hatte eine Heerschar von Wissenschaftlern mobilisiert mit dem Ziel, methodisch alles zu erfassen, was rund um die Kokosinsel kreucht und fleucht, allerdings nur in Feuchtgebieten. Das mag Otto-Normal-Verbrauchern banal erscheinen, dabei geht es bei den mikrobiotischen Winzlingen um wissenschaftliches Neuland. Viele Organismen dienen als Bioindikatoren, hochsensible Wesen, die auf Umweltveränderungen und Temperaturschwankungen unmittelbar reagieren. Kurz: Die Forscher suchten in diesen Feuchtgebieten nach einem Code für die Folgen von Klimaveränderungen und Umweltverschmutzung. Meine Aufgabe bestand in der filmischen Dokumentation.

Die Kokosinsel ist ein optimales Objekt der Forscherbegierde: Die Insel liegt fernab der Zivilisation und der gewöhnlichen Umweltverschmutzung. Das weihnachtliche Klimaphänomen El Niño schlägt hier mit voller Wucht zu. Die warme Strömung, die um die Weihnachtszeit auftritt, fällt von Jahr zu Jahr sehr unterschiedlich aus. Die Temperaturunterschiede werden gemessen und die Auswirkungen des lokalen Klimawandels auf Meeresfauna und -flora genau registriert. Beim Thema Umweltverschmutzung erlauben die Biodiversitätswerte und andere Ergebnisse auf der Insel eine Nulljustierung – Nulljustierung für null Umweltverschmutzung. Die Werte werden mit Küstengebieten verglichen, die ähnlich strukturiert, aber starken Umweltbelastungen ausgesetzt sind. So lassen sich ziemlich genau die katastrophalen Folgen verschiedener Umweltfaktoren benennen. Die Entdeckung neuer Organismen ist vor dem Hintergrund dieser Aufgabe quasi der Nebenverdienst der Forscher – alles andere sind Langzeitstudien.

Der erneute Inselbesuch nach vielen Jahren zeigte die deutlichen Veränderungen: Die ehedem primitive Station erschien nun fast als Luxuslodge. Viel mehr Menschen liefen herum, Ranger und Volontäre – meterhoch türmen sich die Longlines, die aufgetriebenen illegalen Netze der Fischer. Die mitgebrachten Feuchtgebietsforscher drehten selbst in der sengenden Mittagssonne am Strand jeden Stein um: Auch dort existieren kleine Tiere, die möglicherweise noch auf ihre Entdeckung warten oder die es hier in einer Sonderform gibt. Sie leben quasi zwischen den Gezeiten. Nur bei Ebbe, wenn sich das Meer zurückzieht, können die Wissenschaftler sie entdecken.

Eine ganz andere Perspektive eröffnet der Iglesias, der höchste Berg der Insel. Auf einem Plateau unterhalb des Gipfels reicht der Blick weit über »Jurassic Park« – dem Autoren des Weltbestsellers, Michael Crichton, hatte die Landschaft mit den meterhohen Baumfarnen und Bäumen, deren Rinde nicht zu sehen ist, weil sie in dicke Moospolster gepackt ist, als Vorbild gedient. Genau so muss es ausgesehen haben, als die Dinosaurier durch den Urwald stapften. Wie zur Bestätigung bläht eine Anolis-Echse, die an einem dieser gigantischen Baumfarne hockt,

Abgetaucht: *Der größte Teil des Nationalparks Kokosinsel liegt unter Wasser, und viele Regionen können nur mit dem U-Boot erforscht werden. Das Unternehmen Underseahunter hat speziell für diesen Zweck das »Deepsea« entwickelt (oben). Für unsere Forschungsexpedition wurde ich zu einem Testtauchgang eingeladen (unten rechts) und war auf Augenhöhe mit den zahlreichen Fischschwärmen, die hier Zuflucht finden (unten links). Aber auch mit illegalen Netzen und Longlines an Bojen, die wir bei der Expedition eingesammelt haben (linke Seite).*

ihren grellorangen Kehlsack auf. Kokosfinken springen frech vor der Kamera herum. Noch schöner wird es am Wasserfall, gespeist aus einem Flüsschen, das sich hier 75 Meter in die Tiefe stürzt und in einen blaugrünen Pool ergießt.

An den letzten Tagen unserer Expeditionsreise lenkten wir das Zodiac auf die andere Seite der Insel, klapperten alle Buchten ab und näherten uns den schroffen Felswänden mit tosender Brandung. Wasserfälle ergießen sich dort in fast jeder kleinen Bucht direkt ins Meer. Man möchte sich darunter stellen und das herrlich weiche Wasser über seinen Kopf strömen lassen – keine Chance, die Buchten sind unerreichbar, die Brandung würde jeden Normalsterblichen zertrümmern. Ich konnte mich gar nicht satt sehen an den bizarren Formationen, Kokospalmen, die direkt auf den Felsen wachsen, Farne, die wie Vorhänge von den feuchten Felshängen hängen.

Am Ende unserer Fahrt dann eine kleine Sensation: Die unermüdlichen Forscher auf den Spuren der Kleinorganismen entdeckten eine bislang unbekannte Korallenart, eine winzig kleine Oktokoralle in der Größe einer halben Streichholzschachtel. Für Laien kaum von anderen Arten zu unterscheiden, aber darauf kommt es nicht an. In einem Zeitalter, in dem scheinbar alles entdeckt ist, und in dem die Wissenschaft mit riesigem Aufwand und Millionen von Forschungsetats gentechnisch neue Arten hervorbringen – ist es immer noch möglich, auf etwas völlig Neues zu stoßen, was Gott geschaffen oder die Evolution entwickelt hat: ganz ohne Hightech.

Als wolle er diese Erkenntnis unterstreichen, inszeniert der Abendhimmel zum Abschied der »Proteus« von der Kokosinsel ein fantastisches Sonnenuntergangsspektakel.

Himmelsspektakel: *Spektakuläre Sonnenuntergänge vor der sagenumwobenen Insel. Vor allem während der Trockenzeit leuchtet der Himmel jeden Abend in Rotgold. Doch nur im Februar geht die Sonne genau zwischen der Hauptinsel und der vorgelagerten Isla Manuelita unter.*

FASZINIERENDES DSCHUNGELDACH

Wasserfall mit Dschungelaufzug im Tieflandregenwald

Vielfältig: *Der Nationalpark Braulio Carrillo ist einer der größten Parks in Costa Rica und verdankt seinen Namen dem ehemaligen Präsidenten des Landes. Die artenreiche Flora und Fauna des Parks profitiert von den verschiedenen Höhenstufen. Zahlreiche Flüsse durchqueren das Gebiet, das sich östlich der Hauptstadt erstreckt.*

Die wissenschaftliche Erkundung weißer Flecken in den Ökosystemen der Erde stand in den 1980er-Jahren hoch im Kurs. »Use it or loose it« hieß das Motto der Forschenden. Mit dem Slogan war gemeint, dass Schutzgebiete nur erhalten werden, wenn sie der Menschheit einen Nutzen liefern, vom Tourismus über neue Medizinal-Pflanzen, Nutzpflanzen oder nachhaltige Bewirtschaftung, die Idee umfasste ein breites Spektrum. Ein kluger Gedanke, der unter anderen marktwirtschaftlichen Voraussetzungen gefasst wurde, als sie heute gelten. Die Formel hatte weder die ausufernde Subventionspolitik beachtet noch das Patentrecht in Landwirtschaft und Gesundheitswesen. Naturprodukte lassen sich weder patentieren noch monopolisieren und sind damit für Großunternehmen uninteressant, werden im großen Stil gar diskreditiert. Das war in den 1980er-Jahren anders, damals herrschte auch in der Industrie Goldgräberstimmung, was die Entdeckung neuer Arten betraf, schließlich gehen alle Medikamente und auch die landwirtschaftlichen Produkte auf natürliche Urwälder oder Savannen zurück. Selbst eine Frucht aus dem Dschungeldach war in jedem deutschen Haushalt schon einmal auf dem Tisch: die Ananas. *Ananas comosus* gehört zu den über 3000 Bromelienarten, die in den Neotropen, also dem tropischen Amerika, beheimatet sind und überwiegend epiphytisch in den Baumkronen wachsen. Bereits in präkolumbianischer Zeit wurde die Ananas kultiviert. Bei den Indigenen der Neuen Welt war die Ananas ein Allzweck-Gewächs. Die verschiedenen Pflanzenteile wurden für Nahrung, Medizin und Kleidung verwendet.

Der Duft des Todes

Auch unter den mehr als 30 000 Orchideen-Arten, die ebenfalls überwiegend im Kronendach gedeihen, gibt es einige mit sehr ausgefallenen Eigenschaften, die bereits seit Jahrtausenden genutzt werden. So gehört beispielsweise die Vanille zu den rankenden tropischen Orchideen, die ursprünglich aus Mittelamerika kamen. Schon die Azteken wussten, wie ihre Früchte durch einen Fermentationsprozess zu veredeln sind, damit sie das

charakteristische Vanille-Aroma verströmen, aber vor allem medizinisch wirksam werden. Vanilleschoten haben hervorragende entzündungshemmende Eigenschaften, die selbstverständlich im chemischen Vanillin nicht enthalten sind. Andere Orchideen haben sich in einer Koevolution mit Insekten weiterentwickelt, das heißt, die Insekten haben die Form und Farbe der Orchideenblüte angenommen, beispielsweise die Kronenfangschrecke. Diese Gottesanbeterin tarnt sich in Gestalt einer Orchidee, um potenzielle Opfer anzulocken. Starr und steif wie ein Teil einer *Phalaenopsis*-Blüte harrt die Gottesanbeterin aus, bis ein Insekt die vermeintlich unbesetzte Blüte anfliegt, um am Nektar zu saugen, stattdessen aber blitzschnell in den Fängen der Orchideenmantis landet. Es gibt sogar Orchideen, die Leichengeruch nachahmen und damit aasfressende Insekten anlocken, die ihnen als Bestäuber nutzen. Andere Orchideen imitieren die Form von Insektenweibchen, um männliche Bestäuber zu interessieren, und wieder andere Arten produzieren Pheromone, um paarungswillige Insekten zu gewinnen und gleichzeitig die eigene Vermehrung zu garantieren. Die Tricks im Pflanzenreich können es mit dem Einfallsreichtum der Tierwelt leicht aufnehmen!

Ungebunden: *An den feuchten, etwas kühleren Hängen gedeihen Tillandsien und Bromelien schon auf Augenhöhe, manche Arten hängen wie Lametta in den Zweigen und lassen sich vom Wind verwehen. Dazwischen lauern oft Insekten, die sich perfekt tarnen, wie der »Wandelnde Stock«, eine Gespensterschrecke aus der Ordnung der* Phasmiden Phasmatodae.

Wald über dem Wald

Leben im grünen Baldachin

Die Pflanzen im tropischen Regenwald ringen um Licht. Die Geschichte vom dichten Dschungel, durch den sich Expeditionen mit der Machete kämpfen, ist ein Mythos. Tropische Regenwälder sind höchstens an ihren Rändern, an Böschungen und Flussufern dicht bewachsen, überall dort, wo Licht einfällt. Im Inneren der Primärwälder aber herrscht Dunkelheit. Die Bäume bilden über verschiedene Etagen ein fast geschlossenes Kronendach. Um an die Kraftquelle Licht zu gelangen, verfolgen Regenwaldpflanzen zwei Strategien: Entweder sie verbringen ihr ganzes Leben in den Wipfeln oder sie klettern hinauf – wie Passionsblumen, wilde Weinarten und Philodendren.

Um das Leben im Dschungeldach schon zu beginnen, dürfen die Pflanzen nicht zu groß werden, denn sie klammern sich mit ihren Wurzeln an den Ästen der Urwaldriesen fest und dürfen diese nicht abbrechen. Außerdem brauchen sie Helfer, die ihre Samen im Kronendach verbreiten. Das sind meist Vögel, die die klebrige Saat an einem anderen Ast wieder ausscheiden. Solche Spezialisten heißen

Aufsitzerpflanzen, im Fachjargon Epiphyten. Für die Wälder der Neuen Welt und damit für Costa Rica sind Bromelien *(Bromeliaceae)* charakteristisch, die in mehr als 3000 Arten vorkommen. Diese lanzettblättrigen Pflanzen bilden Rosetten mit einer winzigen Zisterne im Zentrum. Die einzige essbare Frucht dieser Pflanzenfamilie ist die Ananas. In der Mitte sammelt sich Regenwasser, das die Bromelien über sogenannte Saugschuppen aufnehmen. Die Wurzeln dienen den Pflanzen nur zur Verankerung. Die Zisternen am Blattgrund beherbergen einen ganzen Mikrokosmos, vor allem Larven von Insekten. Pfeilgiftfrösche bringen ihren Nachwuchs auf dem Rücken ins Kronendach, um ihn vor Fressfeinden zu schützen. Bromelien bieten diesen Kaulquappen eine sichere Kinderstube, im Gegenzug reichern die winzigen Bewohner den Minitümpel mit Nährstoffen an.

Orchideen, Farne und Moose sind die häufigsten pflanzlichen Mitbewohner der Bromelien im Dschungeldach. Und es gibt auch Bäume, die ihr Leben in den Wipfeln beginnen: Würgerfeigen. Diese Urwaldriesen lassen ihre Samen ebenfalls von Vögeln verbreiten und dank einer klebrigen Masse, die die Saat einhüllt, bleiben sie auf dem Ast haften, wo sie ausgeschiedenen werden. Die Sämlinge schießen dann hauchdünne Wurzeln zum Urwaldgrund, immer mehr, die dann immer dicker werden und irgendwann den ganzen Wirtsbaum umspannen. Die üppige pflanzliche Vielfalt im Kronendach lockt auch die Tierwelt an, von Affen über Wildkatzen bis zu Faultieren.

Dschungeldach: *In den feuchten Kronen des tropischen Regenwalds hat sich ein eigenes, artenreiches Biotop entwickelt, fernab vom dunklen Urwaldboden. Aufsitzerpflanzen, Epiphyten genannt, haben sich einen Platz an der Sonne in diesem Lebensraum gesichert, ohne zu schmarotzen. Bromelien gedeihen am häufigsten im Kronendach des Dschungels, während andere Pflanzen wie die Philodendren sich einen sonnigen Platz erklettern.*

Abenteuerlich: *Die Suche nach dem Baumkronenforscher Donald Perry führte mich 1987 auf eine aufregende Reise zur damals gerade eröffneten Forschungsstation Rara Avis am Rand des Nationalparks Braulio Carillo. Amos Bien, Gründer und Leiter der Station, war einer der aktivsten Vorkämpfer für Schutzgebiete und nachhaltigen Tourismus (oben rechts).* Der Weg dorthin führt *über die Brücke des Río Sucio und des Río Hondura, deren Wasser durch vulkanischen Schwefel getrübt ist (unten).*

Es geht los!

Endlich sollte meine Expedition in die Wipfel des Regenwalds stattfinden und das Treffen mit dem Baumkronenforscher Donald Perry zustandekommen. Das Hauptstadtbüro der biologischen Station Rara Avis bestätigte mir jedenfalls, dass Perry noch immer in Rara Avis forschte, und ich wurde für weitere Recherchen eingeladen. Der Fotograf Tom Gläser kam eigens aus Deutschland angereist, um die Abenteuer im Kronendach festzuhalten. Pünktlich um sechs Uhr morgens stand Stationsleiter Amos Bien mit seinem ramponierten und wenig Vertrauen erweckendem Jeep vor unserem Hotel. Sein Vehikel war mit Proviant und Ausrüstung bis unters Autodach vollgestopft.

Kaum hatten wir San José nach Norden verlassen, rasten wir auf eine dichte Nebelwand zu. Was für Amos offensichtlich weder eine Überraschung noch ein Problem war. Vergnügt und unbeirrt steuerte er seine dunkelgrüne Rostlaube in Höchstgeschwindigkeit durch den dichten Nebel, der über der neuen »Autobahn« waberte. Diese neue Schnellstraße zum Atlantik war für den Fortschritt von Costa Rica in den 1980er-Jahren eine große Errungenschaft; allerdings manövrierte sie den Zugverkehr aufs Abstellgleis und zerschnitt den Nationalpark Braulio Carrillo in zwei Teile. Was die Straße betraf, war der Naturschützer Amos Bien so gespalten wie der Nationalpark. »Wenn sie wenigstens Brücken und Tunnel für die wandernden Tiere gebaut hätten«, kommentierte er einen heftigen Schlenker, mit dem er einem Waschbären auswich. »Aber ohne diese Autobahn würden wir doppelt so lange nach Horquetas brauchen.« Nur wenige Kilometer hinter der Hauptstadt hatte der Nebelwald begonnen, der seinem Namen alle Ehren machte. Von der Sonne war keine Spur mehr zu sehen. Wenn der Nebel sich nicht lichten würde, müsste ich das Highlight der Fotosafari von der Motivliste streichen. Bei so einer Sicht konnte man nur vermuten, wo in etwa die Baumkronen waren und einen Forscher in selbigen würde man ganz bestimmt nicht erspähen können, geschweige denn fotografieren.

Doch schon bald durchbrachen wir während der Talfahrt die Nebelwand, und ein schier endloser Urwald erstreckte sich auf geschwungenen Hügeln und Bergen bis zum Horizont. Wolkenfetzen hingen wie Wattebäuschchen um die Waldwipfel und umschmeichelten sie. Amos hielt an. »Wenn ihr Fotos machen wollt, ist hier die beste Aussicht. Da drüben seht ihr den San-Fernando-Wasserfall.« Er deutete auf einen hellen Strich zwischen den in allen Grüntönen schillernden Hügeln und reichte mir ein Fernglas. Der Wasserfall durchschnitt den dichten Dschungel mit seiner tosenden Gischt wie ein scharfes Messer. Geschätzte 100 Meter fielen die Wassermassen aus einem mächtigen grünen Schlund in die Tiefe. Es war eine Aussicht wie ein Gemälde, fast überirdisch schön.

Gießkannen im Regenwald

Amos machte mich auf ein Gewächs aufmerksam: »Das sind die Regenschirme des Dschungels oder ›Schirme des armen Mannes‹, wie sie bei uns heißen.« Er marschierte zu dem riesigen Kraut und hockte sich unter eines der gezackten runden Blätter mit einem Durchmesser von fast zwei Metern. Das Monsterblatt, wissenschaftlich *Gunnera insignis*, erinnert ein wenig an Rhabarber, gehört aber einer eigenen Gattung an und wächst in den tropischen Bergwäldern von Mittelamerika, allerdings nur an Böschungen, Schluchten oder Steilhängen, wo ausreichend Licht auf den Boden fällt. Einer plötzlichen Idee folgend, steckte Amos den Kopf durch die Blattscheide und blickte grinsend auf sein riesiges grünes »Lätzchen«. Bis heute kursiert das Bild im Internet und erinnert an den wunderbaren Biologen und Begründer des Ökotourismus, der für die Vereinten Nationen weltweit gültige Kriterien für nachhaltigen Tourismus erarbeitet hat. 2017 starb Amos und hinterließ ein großartiges Vermächtnis für die Zukunft der Menschheit: den Schutz des Regenwalds.

Den nächsten kurzen Stopp legten wir an der Brücke des Río Sucio ein. *Sucio* bedeutet »schmutzig«, und tatsächlich vereinte sich unter der Brücke ein schmuddeliger Strom mit einem Fluss aus glasklarem Wasser. Das vermeintlich »dreckige« Wasser ist allerdings nur mit aufgewirbelten Sedimenten nährstoffreicher Vulkanerde angefüllt. Sozusagen der natürliche Dünger des Dschungels, der an dieser Stelle ein wenig verdünnt wird. Dann erreichten wir endlich Horquetas und mussten uns beeilen, um

Wackelpartie: *Die Straße nach Rara Avis endet in dem Dorf Horquetas vor einem Fluss, über den nur eine wenig vertrauenserweckende Hängebrücke führt. Fahrzeuge müssen durch den Fluss.*

vor Sonnenuntergang die Station zu erreichen. Obwohl nur noch zwölf Kilometer vor uns lagen, meinte Amos, dass wir die längste Fahrtstrecke noch vor uns hätten. Zunächst aber müssten wir zu Fuß gehen. Er forderte uns auf, ihm zu folgen. Ein paar 100 Meter hinter dem Haus sahen wir das Problem: Ein reißender Fluss durchtrennte die Schotterpiste und nur eine schmale Hängebrücke für Fußgänger führte über den Strom. »Ihr geht über die Brücke und wartet auf der anderen Seite auf mich«, sagte Amos, während er sich Gummistiefel anzog und in den Fluss watete. Nach wenigen Minuten gab er uns mit dem Daumen nach oben zu verstehen, dass es gut aussah und dass das Wasser nicht zu tief war, um hindurchzufahren. Dennoch ein waghalsiges Unterfangen: Um den Wassermassen keine breite Angriffsfläche zu bieten, fuhr Amos zunächst steil stromaufwärts und gelangte dann in einer großen Kurve ans andere Ufer. Als er noch nicht einmal die Mitte des Flusses erreicht hatte, schwappte das Wasser bereits über die Kühlerhaube. Doch der Jeep schlug sich tapfer – auch auf den weiteren Kilometern, die teils steil und kurvig bergan führten, auf dem lehmigen, von Felsbrocken holprigen Weg, in dem der tropische Regen tiefe Fahrrinnen ausgespült und riesige Schlaglöcher hinterlassen hatte. Mehrfach mussten wir aussteigen und anschieben, bevor wir an der Basisstation El Plastico, einer früheren Strafkolonie, ankamen. Das alte Verwaltungsgebäude des Gefangenenlagers diente als Station, bis die Lodge am Wasserfall fertig war. Vom drei Kilometer entfernten Wasserfall war weder etwas zu hören noch zu sehen.

Nach einem guten Mahl aus Gemüse, gebratenen Kochbananen, gekochten Bohnen und würzig gegrilltem Hühnchen fühlten wir uns wieder fit für einen Abstecher zum Wasserfall und der Station des Baumkronenforschers. Auch wenn wir erst am nächsten Tag in die Baumkronen entschwinden konnten, wollten wir zumindest die Szenerie schon mal gesehen und fotografiert haben. Amos wies die Richtung und legte uns ans Herz, ein Funkgerät mitzunehmen. Wir stopften es zum Fotoequipment und den beiden Taschenlampen in unsere Rucksäcke. Amos erklärte, wie man das Funkgerät bedient und welcher Kanal der richtige sei. Ich war mir plötzlich nicht mehr so sicher, ob es eine gute Idee wäre, am fortgeschrittenen Nachmittag ohne Guide in den unbekannten Dschungel aufzubrechen, wollte aber keinen Rückzieher machen.

Verloren

Wir entschieden uns für den kleinen Urwaldpfad, der kürzer sein sollte, als der breite Hauptweg, was sich bald als Irrtum erwies. Noch stand die Sonne ziemlich hoch am Himmel und schickte gedämpftes Licht in die untere Etage des Urwalds. Alles sah friedlich und lieblich aus. Ich schob meine Bedenken zur Seite, schließlich waren wir zu zweit. Für die drei Kilometer lange Wegstrecke schätzte ich eine halbe Stunde bei strammem Schritt und doppelt so lange mit Fotopausen.

Bereits nach wenigen Minuten hüpfte ein knallroter Pfeilgiftfrosch vor unsere Füße – entzog sich aber durch ständiges Hin- und Herhüpfen dem Fotoshooting. Später erfuhr ich von einem Tierfotografen, dass er die Frösche immer einfing und in einem Gefäß mit Luftlöchern für ein paar Minuten in den Kühlschrank stellte oder in ein Glas Wasser mit Eiswürfeln setzte. Angeblich schadet das den Tieren nicht. Amphibien sind genau wie Reptilien wechselwarme Tiere und können ihre Temperatur selbst nicht regulieren, sind also bei Kälte in ihrer Beweglichkeit gehemmt. Deswegen sonnen sich vor allem Reptilien gerne, Amphibien müssen hingegen immer feucht bleiben und benötigen Süßwasser in ihrer Nähe.

Der Frosch blieb nicht die einzige faszinierende Kreatur auf unserem Weg. Wir fotografierten die Schönheit des Regenwalds, so gut es vom dunklen Urwaldboden aus möglich war. Dreizehn Quadratkilometer Dschungel hatte Amos Bien Anfang der 1980er-Jahre gekauft, um sie zu bewahren. Das private Schutzgebiet grenzte direkt an den 475 Quadratkilometer umfassenden Nationalpark Braulio Carrillo, eine Fläche, groß genug, um sich wochenlang darin zu verlaufen. Um halb fünf sahen und hörten wir immer noch nichts vom Wasserfall und beschlossen, uns auf den Weg zu konzentrieren. Plötzlich blieb Tom stehen und fragte: »Wo müssen wir jetzt eigentlich lang?« Vor uns lag eine Y-förmige Kreuzung, wobei beide Wege nur schmale Trampelpfade waren. Ich überlegte einen Moment: »Auf jeden Fall

Matschig: *Der zwölf Kilometer lange Weg ist meist eine Schlammpiste, auf der sich der Jeep quälen muss. Manchmal geht es nur zu Fuß weiter.*

Lost: *Manche Trampelpfade durch den Dschungel enden im Nichts oder führen zu Bächen oder Wasserstellen. Ohne Smartphone, GPS und sonstige elektronische Hilfen verläuft man sich im Urwald leicht, was mir nicht nur einmal passiert ist (rechte Seite).*

nach links, der Hauptweg war links von uns und im Zweifel stoßen wir einfach darauf.« Tom nickte und wir setzten unseren Weg fort. Die Dämmerung war inzwischen weit fortgeschritten, und wir konnten kaum noch etwas sehen. Wir entschieden uns, den Rückweg anzutreten. Inzwischen hatten wir die Taschenlampen ausgepackt und konnten den Pfad kaum noch erkennen, auf dem wir gekommen waren. Plötzlich standen wir vor einer Kreuzung, die wir vorher nicht gesehen hatten – wir mussten also anders gelaufen sein. In der völligen Dunkelheit nahm ich mit einer ganz anderen Intensität all die Geräusche rundherum wahr. Allein waren wir jedenfalls nicht. Am Boden raschelte es, irgendetwas huschte an uns vorbei, über uns knackten ein paar Äste, überall waren die Zikaden zu hören und ab und zu das Pfeifen der kleinen Frösche.

Plötzlich wurde ein Rascheln lauter und ich sah gerade noch den dunklen Schatten eines größeren Wesens, das sogleich in der Finsternis des Dschungels verschwand. Auch Tom hatte es gesehen und griff nach dem Funkgerät. »Amos, bitte kommen!«, rief er mehrmals in das knackende Gerät, bevor sich Amos meldete. Nach dem kurzen Gespräch fasste Tom zusammen: »Es gibt keine Abzweigungen auf dem Dschungelpfad zu Perrys Hütte, das müssen Trampelpfade von irgendwelchen Tieren gewesen sein.« Wahrscheinlich liefen wir gerade auf der Autobahn von Pekaris oder Tapiren und konnten froh sein, wenn sie uns das nicht übelnahmen. »Was sollen wir tun?«, fragte ich.

»Entweder den Weg zurückfinden, den wir gekommen sind, oder versuchen, auf den Hauptweg zu treffen, der jetzt irgendwo rechts von uns liegen muss.« In einer halben Stunde sollten wir uns wieder melden. Wir waren müde, hatten Hunger und Durst und keine Ahnung, wo wir uns befanden. Die Flasche Wasser war längst leer. Trotzdem kam es nicht infrage, einfach auszuharren und zu warten, bis sie uns mit ihren Suchscheinwerfern finden würden. Nachdem wir eine Viertelstunde im Kreis gelaufen waren, kam uns eine Idee: Der Hauptweg sollte unterhalb verlaufen. Wir versuchten, an der nächsten Abzweigung bergab zu gehen, immer den vom Regen ausgewaschenen Rinnsalen nach. Als auch diese Strategie scheiterte, setzten wir uns auf einen umgestürzten Baum. In der Stille, bevor Tom das Funkgerät aktivierte, war auf einmal ein Plätschern zu hören: der Wasserfall!

Wir funkten Amos, dass alles in Ordnung war, wir den Wasserfall hörten und uns in einer halben Stunde noch einmal melden würden. Dem Geräusch folgend, stolperten wir durch den Dschungel. Anders als in Abenteuerfilmen gern gezeigt, braucht man keine Machete, um quer durch den Urwald zu laufen. Das dichte Kronendach lässt so wenig Sonne durch, dass nur wenige krautige Pflanzen und Büsche am Boden wachsen. Nur bei einem wachsenden Wald wie bei meiner kleinen Baumplantage hat das Gestrüpp eine Chance. Natürlich gab es immer wieder heruntergefallene Äste und Lianen, auf die wir achten mussten, ebenso riesige Wurzeln, die aus dem Erdreich hervortraten, aber mit unseren Taschenlampen konnten wir die Hindernisse gut sehen. Das immer lauter werdende Rauschen stimmte uns euphorisch, und als wir an einer

Böschung innehielten, konnte ich kaum glauben, was ich sah: Keine fünf Meter unter uns verlief ein breiter Forstweg mit Holzbohlen. Wir jubelten vor Freude. Für die drei Kilometer zur Station brauchten wir fast eine Stunde, der Weg war so matschig, dass man an manchen Stellen knietief versank, wenn man die Holzbohlen verpasste. Schon von Weitem sahen wir den blinkenden Suchscheinwerfer, den Amos am Dach der Station befestigt hatte.

Es war 20 Uhr, als wir El Plastico erreichten, alle hatten längst gegessen. In der Wildnis richten sich die Mahlzeiten nach der Sonne, nicht nur weil der Tag für Forscher, Entdecker und auch Naturtouristen immer sehr früh beginnt, sondern auch, weil es keinen Stromanschluss gibt. Nur ein sehr energieintensiver Generator lieferte der Station ein wenig Strom, und wir waren froh, dass Amos eine Ausnahme für uns machte, wir duschen und essen konnten. Versorgt mit anderen Geschichten über Irrwege im Dschungel – Amos hatte sich einmal eine ganze Woche lang verlaufen – zogen wir uns bald in unsere Kammern in der ehemaligen Strafkolonie zurück. Obwohl todmüde, suchte ich mit der Taschenlampe mein Schlafgemach ab. Die Wände der Hütte waren aus Holz und die Bretter nicht ganz dicht aufeinander genagelt, sodass es überall Spalten gab. In der oberen Ecke, unterhalb der Decke, saß eine fette, dicht beharrte, mindestens fünfzehn Zentimeter große Jagdspinne, auch Wanderspinne genannt. Anders als Lauerspinnen warten diese Tiere nicht in einem Versteck, bis ein potenzielles Beutetier vorbeikommt, sondern gehen aktiv auf die Jagd.

Obwohl ich Botanikerin war, kannte ich mich bei dem Thema ziemlich gut aus und wusste sofort, wen ich vor mir hatte – *Phoneutria nigriventer.* Ein Spinnenforscher meiner Heimatuniversität hatte mitbekommen, dass ich längere Zeit in Costa Rica forschen würde und mich gebeten, möglichst viele detaillierte Fotos von eben solchen Jagdspinnen mitzubringen. Prof. Friedrich Barth war auf genau diese mittelamerikanischen Jagdspinnen spezialisiert und hatte mir zahlreiche Fotos gezeigt und detailliert beschrieben, wie sie sich verhalten. Auf meine Frage, ob die Tiere gefährlich seien, hatte der Forscher geantwortet, dass sie es nur auf ihre Beutetiere abgesehen hätten vor allem Insekten. Ich

nahm also all meinen Mut zusammen und kuschelte mich unter der Spinne in mein schmales Bett. Erst später las ich noch einmal genauer über diese Tiere nach und erfuhr, dass die Spinnen doch nicht ganz so harmlos sind, vielmehr gelten sie als aggressiv und hochgiftig, dadurch aber auch für die Medizin interessant. Die Pharmaforschung versucht gerade, aus dem Gift ein hochwirksames Potenzmittel herzustellen, da nach einem Biss häufig entsprechende Nebenwirkungen festgestellt werden konnten. Andere Forschungen zielen darauf, ein Schmerzmittel zu gewinnen und ein Medikament gegen Herzrhythmusstörungen oder die Folgen eines Schlaganfalls.

Am nächsten Morgen erzählte ich Amos von meiner Spinnenbegegnung. Er bestätigte die Aussage des Spinnenforschers aus Frankfurt, dass die Tiere nur bei drohender Gefahr angriffen. Beim

Bau seiner Wasserfall-Lodge hat Amos später aber sehr genau darauf geachtet, dass Wände und Fenster so dicht waren, dass keine großen Spinnen eindringen können.

Aufzug ins Dschungeldach

Nach einem zeitigen Frühstück waren wir bereit für das Abenteuer Dschungeldach, und diesmal kam Amos mit. Über Funk hatte er den Baumkronenforscher informiert, und bald marschierten wir auf dem breiten Weg ohne Fotostopp Richtung Wasserfall. Kurz vor der Brücke navigierte uns Amos auf einen kleinen Pfad. Nach einem heftigen nächtlichen Schauer war der schmale Weg so durchweicht, dass ich aufpassen musste, dass meine etwas zu großen Gummistiefel nicht im Matsch stecken blieben. Auf dem Hauptweg hatten die Holzbohlen geholfen, einigermaßen schnell voranzukommen, sodass wir bereits um halb acht die Brücke erreicht hatten. Nach so vielen Wochen der Suche, kreuz und quer durch das ganze Land, konnte ich es noch nicht so recht glauben, dass ich mein Ziel beinahe erreicht hätte.

Amos blieb abrupt stehen. Wir standen vor einem riesigen, stählernen Korb, »Perrys Dschungelaufzug«, präsentierte Amos stolz das Stahlmonster. Durch eine Winde an der Spitze lief ein dickes Stahlseil, das irgendwo im Dschungel verschwand. Wenige Meter entfernt befand sich eine Art Carport mit einem großen Generator. Der Motor war über Winden und Stahlseile mit dem Metallkorb verbunden. In meiner Fantasie war die Kronenforschungsstation ein Baumhaus, von dem sich Kletterseile in alle Richtungen ausbreiteten, die wie ein Spinnennetz miteinander verbunden wären. Dass zu einem Baumkronenforscher ein Baumhaus gehörte, schien mir völlig logisch.

Gerade als ich nach dem Forscher fragen wollte, kam er schlaksig um die Ecke geschlendert. Seine Dschungelhütte musste ganz in der Nähe liegen. »Na, was sagst du zu meiner Erfindung?«, sagte er, »per Fernsteuerung kann ich den Stahlkorb an jeder beliebigen Stelle anhalten und auch die Höhe mit der vertikalen Windenkonstruktion beliebig variieren.« Ich wunderte mich noch über das nur wenige Meter über dem Dschungelboden verlaufende Seil, bis uns Perry ein paar Meter weiter führte. Auf einmal standen wir am Rand des Plateaus oberhalb des Wasserfalls und hatten eine atemberaubende Sicht auf die Schlucht und das Dschungeldach, das bis zum Fluss einen dichten grünen Teppich bildete. Den Blick auf den Wasserfall verdeckten die Bäume, aber man konnte erahnen, welches Panorama sich eröffnete, wenn man über der Schlucht schwebte. Die Konstruktion nutzte also die natürliche Geländekante, um auf das Dschungeldach zu gelangen. In einem Artikel über Perrys Aufzug hatte ich nur einen Plan gesehen, kein Bild. Der Artikel war anlässlich der Verleihung des Rolex Awards erschienen, einer Auszeichnung für Forscher und Jungunternehmer zur Realisierung ihrer Visionen. Perrys Idee war der Kronenaufzug gewesen, den er gerade mithilfe seines Preisgelds fertiggestellt hatte.

Ein ohrenbetäubender Lärm zerriss den harmonischen Klang des Dschungels. Perrys Assistent Fernando hatte den Motor gestartet. Da der Korb nicht mehr als zwei Personen transportieren konnte, mussten wir nacheinander fahren. Mein Herz klopfte bis zum Hals. Jetzt war ich nicht mehr nur aufgeregt vor lauter Spannung, sondern auch ziemlich nervös. Das Ding war ein Prototyp, hatte wohl noch einige Macken und an manchen Stellen hing das Führungsseil mindestens 200 Meter über der Schlucht. Mit wackligen Beinen kletterte ich zu Fernando in den Käfig.

»Festhalten!«, rief Perry, während er auf irgendwelche Knöpfe drückte. Das Monster setzte sich schwankend in Bewegung. Während wir etwa einen halben Meter über dem Boden schaukelten, hielt der Käfig und steuerte ohne weitere Vorwarnung horizontal auf die Schlucht zu. Als wir die erste Baumkrone erreichten und der schwankende Stahlkorb langsam zum Stillstand kam, gewann mein Forschergeist Oberhand über meine Bedenken, und ich sah fasziniert auf das, was die Natur in luftiger Höhe geschaffen hatte. Wie in einem Garten Eden breiteten sich unzählige Pflanzen auf den Ästen in der oberen Urwaldetage aus, dazwischen rankten Lianen wie Girlanden um die Zweige. Das dichte Blattwerk bildete eine saftig grüne Wiese, in der die Blüten der Bäume und die Epiphyten die Blumen ersetzten.

Orchideen, Bromelien, Farne und die Kronen von Kletterpflanzen, die ich zuvor nur aus der Ferne, vom

Dschungelaufzug: *Im elektronischen Stahlkäfig (oben) geht es in das Dschungeldach, ein großartiges Abenteuer im Namen der Forschung, angetrieben von einem Dieselmotor (unten links). Bevor ich einsteigen darf, testet der Techniker das Gerät noch einmal (unten rechts).*

dunklen Urwaldboden aus oder auf einem heruntergefallenen Ast bewundert hatte, wuchsen hier in ihrem natürlichen Lebensraum – überall krabbelte, hüpfte oder schwirrte es. Die größeren Kronenbewohner hatten in Anbetracht des Stahlmonsters allerdings das Weite gesucht, bis auf ein paar Brüllaffen in der Ferne. »Jetzt geht's abwärts!«, rief Fernando. Langsam glitt der Korb nun senkrecht nach unten, und wir hatten freien Blick auf die darunter liegende Dschungeletage. Auch dort wuchsen Aufsitzerpflanzen, die sich vor allem in der Blattgröße von den Bewohnern der oberen Etage unterschieden. Prächtige Bromelien breiteten sich in Astgabeln aus und zierten den Baum wie eine üppige Brosche.

Baumliebende Monster

Nicht weit entfernt präsentierte ein Philodendron oder ein »Fensterblatt« seine riesigen, durchlöcherten Blätter wie ein exotisches, überdimensioniertes Halsgeschmeide. Die meisten Epiphyten keimen direkt im Kronendach aus, ihren Samen lassen sie vom Wind oder von Vögeln verbreiten, anders die Philodendren und die nah verwandten Fensterblätter. *Philodendron* bedeutet »Baumfreund«, und so verhalten sich diese kriechenden und kletternden Gewächse auch. Wie ihre Verwandten, die heimischen Aronstäbe, keimen sie zunächst am Waldboden aus, doch dann beginnen ihre schuppigen Sprossachsen zu wandern. Kaum haben sie einen Urwaldriesen erreicht, klettern sie auch schon in die Höhe und streben nach der oberen Etage, dabei halten sie sich mit kleinen Haftwurzeln fest. Fest am Stamm verankert, bilden sie die ersten Blätter, mit denen die »Baumliebenden« den Baum zu umarmen scheinen. So hangeln sie sich nach oben, bis sie in dem oberen Urwaldstockwerk einen geeigneten Platz gefunden haben, um sich auszubreiten. Erst dann bilden sie die charakteristischen riesigen Blätter und stabile Sprossachsen aus. Sobald sie sich an dem Standort eingerichtet haben, stoßen sie den kletternden Teil ab, als wollten sie mit ihrem früheren Leben auf dem Dschungelboden nichts mehr zu tun haben.

Das riesige Monsterblatt stand in voller Blüte. Wie bei allen Aronstabgewächsen hüllte sich ein üppiges Spatenblatt schützend um den eigentlichen Blütenstand. Die weiße Scheinblüte leuchtete wie eine Perle in dem smaragdfarbenen Juwel. Fliegen

Vielfältig: *Das Dschungeldach ist artenreicher als Feld, Wald, Wiese und Urwaldboden und unbekannter als die Tiefsee. Der »Aufzug« des Forschers Donald Perry führte direkt in dieses unbekannte Paradies (rechte Seite, oben). Dschungelbewohner wie Brüllaffen kann ich von meinem Baumhaus aus besser beobachten (unten), aber die Pflanzenfülle in dieser oberen Etage des Waldes ist einzigartig (rechte Seite, unten).*

und kleine Käfer tanzten wie betrunken um den senkrecht nach oben ragenden, kolbenförmigen Blütenstand, prallten gegen das strahlend weiße Spatenblatt und surrten zurück zum Blütenstand. Ihn vermag die einfallsreiche Pflanze anzuheizen und mit einem dezenten Aasgeruch zu versehen. Das rege Treiben am phallischen Blütenstand vermittelte einen fast orgiastischen Eindruck. Die angelockten Insekten bestäuben den Philodendron, und sie kommen nicht frei, bevor sie ihre Pflicht erfüllt haben, so lange sind sie Gefangene im Kelch. Wieder eine Vermehrungsstrategie!

Fahrstuhl durchs Paradies

Der Dschungelaufzug fuhr weiter nach unten. Wir waren nur noch etwa zehn Meter über dem Bassin unterhalb des Wasserfalls. Erst jetzt registrierte ich den strahlend blauen Himmel über uns und die fantastische Aussicht auf den gigantischen Wasserfall. Der stählerne Käfig war ein Fahrstuhl durchs Paradies, in dem ich noch Stunden hätte verbringen können. Aber Tom sollte auch noch genug Zeit für Fotos haben, und die Laufzeit des Prototyps war begrenzt. Tatsächlich kam dieser Dschungelaufzug nie über den Prototyp hinaus. Er war zu teuer, zu wartungsintensiv, und es gab zu wenige Wissenschaftler, die einen Etat für die Instandhaltung hatten.

Stattdessen interessierten sich immer mehr Touristen für einen Ausflug ins Dschungeldach. Der Aufzug war für diesen Zweck zwar ungeeignet, aber Perry machte aus der Not eine Tugend und konstruierte eine touristentaugliche Seilbahn, nebst Seilrutschten für Besucher, die mehr das Abenteuer als die Artenvielfalt suchen. Diese Aerial Tram und den Baumkronen-Parcours installierte er direkt an der Schnellstraße. Das Dschungeldach-Abenteuer ist mittlerweile die Hauptattraktion im Nationalpark Braulio Carrillo.

Für alle, die noch nie im Dschungeldach unterwegs waren, ist die Reise mit der Gondel in diese andere Welt ein bereicherndes Highlight. Ranger erklären während der Fahrt den Aufbau des Regenwalds und wissen, welche Dschungeldach-Bewohner sich in Sichtweite aufhalten. Mittlerweile haben sich die meisten Tiere an das ratternde Ungeheuer gewöhnt, aber die Chancen, Faultier, Affe oder Honigbär zu sehen, stehen dennoch schlecht. Nur die nächsten Baumkronen, direkt neben der Seilbahn, sind gut zu erkennen und dahin verirren sich selten größere Wipfel-Bewohner. Die Schneise durch den Dschungel schneidet ihnen den Weg ab. Höchstens Faultiere lassen sich gelegentlich in Sichtweite auf einem Baum nieder. Die faszinierenden Säuger stellen die größte tierische Biomasse in allen Regenwäldern der Neuen Welt. In Costa Rica trifft man sie vor allem im atlantischen Tieflandregenwald, der sich von der Ebene des Braulio-Carrillo-Nationalparks bis zur Karibik erstreckt.

Aerial Tram: *Das Nachfolgeprojekt des Dschungelaufzugs hat sich eher zu einer beliebten Touristenattraktion entwickelt als zu einem Werkzeug für Forscher (unten). Die Kabinen werden immer von einem Naturführer begleitet, sodass die Besucher keine Attraktion übersehen. Auch der in Costa Rica heimische kleine Ameisenbär* (Tamandua mexicana) *tummelt sich gerne auf Nahrungssuche in den Kronen (linke Seite).*

Geheimnis der Faultiere

Die Entdeckung der Langsamkeit

Für viele Besucher des Regenwalds ist die Sichtung von Faultieren *(Folivora)* das absolute Highlight. Die drolligen Säugetiere leben heute fast ausschließlich in den Wipfeln tropischer Wälder der Neuen Welt. Nur zur Verrichtung ihrer Notdurft, etwa jede Woche, klettern die Tiere – allerdings nur die Dreifinger-Faultiere – auf den Urwaldboden hinab. Dabei setzen sie sich der großen Gefahr aus, beispielsweise von Jaguaren verspeist zu werden. Bedroht sind Faultiere aber vor allem durch die Abholzung der Wälder, Zerteilung ihrer Lebensräume, durch Straßen und Verkehr.

In Costa Rica sind zwei verschiedene Arten in fast allen Wäldern zu Hause, dank intensiver Schutzmaßnahmen nimmt ihr Bestand wieder zu: das auch tagsüber aktive Zweifingerfaultier *(Choloepus hoffmanni)* mit hellbraunem, wuscheligem Fell und das Dreifingerfaultier *(Bradyous variegatus)*. Die dreifingrigen Tiere gehen eher nachts auf Nahrungssuche, können aber morgens und nachmittags häufig beim Fressen beobachtet werden. Faultiere sind reine Vegetarier und die Dreifingerfaultiere hochspezialisiert in punkto Blattwahl. Häufig trifft man sie auf Ameisenbäumen *(Cecropia)* an. Diese Primärbesiedler

Heimliche Herrscher: *Die größte tierische Biomasse im Dschungeldach der Neuen Welt stellen die Faultiere* (Folivora) *dar. Gut getarnt und vom Urwaldboden aus schwer zu entdecken sind sowohl das Zweifinger-Faultier (linke Seite) als auch das Dreifinger-Faultier (oben und unten), das bei seiner Nahrungswahl deutlich anspruchsvoller ist, als sein zweifingriger Verwandter.*

enthalten in ihren Blättern ein Sedativum, auf das die Tiere möglicherweise angewiesen sind. Viel ist noch nicht über die Faultier-Biologie bekannt, ihre namensgebende Faulheit konnte bei Beobachtungen mit GPS-Trackern jedenfalls nicht bestätigt werden, aber es ist belegt, dass die Tiere in der Wildnis wesentlich aktiver sind, als in Gefangenschaft. Es ist noch keinem Zoo gelungen, Dreifingerfaultiere zu halten, außer in den Auffangstationen. Zoos sind im Land verboten. Die zunehmende Beliebtheit der Tiere fördert leider auch den illegalen Wildfang und Handel in einigen Ländern, weshalb es in Costa Rica inzwischen auch verboten ist, sich mit Faultieren sowie allen anderen Wildtieren zu fotografieren. Besonders kurios sind die Lebensgemeinschaften, die Dreifinger-Faultiere pflegen. In ihrem Fell leben sowohl Algen als auch Motten. Durch die grünen Algen im graubraunen Fell sind die Faultiere optimal im Dschungeldach getarnt. Die Algen stellen auch einen Teil ihrer Ernährung: Sie tragen quasi ihre eigene Algenfarm mit sich herum. Dafür benötigen sie Motten, die mit ihren Ausscheidungen die Algen mit Stickstoff versorgen. Sozusagen als Gegenleistung steigen die Faultiere vom Baum hinab um zu koten. Die Motten legen ihre Eier in das Häufchen und huschen wieder ins schützende Faultierfell.

Berauschend: Spektakulär ergießen sich zahlreiche Flüsse im Braulio Carillo Nationalpark in die Tiefe. Der San Fernando ist der berühmteste Wasserfall im Park.

TAYITO

ABENTEUERLICHER OSTEN

Von karibischer Kultu zu Costa Ricas »Amazonas«

Bei seiner vierten und letzten Reise landete oder besser strandete Christoph Kolumbus als erster Europäer am 18. September 1502 an der Karibikküste von Costa Rica, auf einer kleinen Insel direkt vor der heutigen Hafenstadt Limón. Ein Hurrikan hatte das Schiff des Eroberers zerborsten, und die Einheimischen empfingen ihn so freundlich mit Gold, Geschenken und üppigen Naturalien, dass er das Land Costa Rica, »reiche Küste«, nannte. So will es zumindest die Legende. Genau dokumentiert ist das Datum im Logbuch des Entdeckers und auch, dass er den Landstrich, den er dabei zufällig entdeckte, tatsächlich »Costa Rica« nannte. Über Jahrhunderte wurden Küste und Hinterland allerdings wenig beachtet: Zu sumpfig, kein sicherer Hafen, kaum Bodenschätze, das Gold der Indigenen floss in anderen Regionen üppiger. Das Überqueren des Kontinents war etwas weiter südlich, im heutigen Panama einfacher – sowie über den nördlich gelegenen Río San Juan, den heutigen Grenzfluss zu Nicaragua.

Karibikflair: *Die Ostküste von Costa Rica ist karibisch geprägt. Die Menschen kamen von den karibischen Inseln als Plantagenarbeiter, und ihre Nachfahren leben heute überwiegend vom Tourismus und Fischfang.*

Nachdem Schottland Ende des 17. Jahrhunderts mit dem sogenannten Darién-Projekt eine Kolonie im heutigen Panama errichten wollte und damit kläglich scheiterte, war die Erde auch für Costa Rica verbrannt. Das Unterfangen, das nach den dort lebenden Indigenen benannt worden war, trieb zahlreiche schottische Investoren in den Ruin und auch den Staat, was zum Ende der schottischen Unabhängigkeit führte. Schottland schloss sich zähneknirschend der englischen Krone an, die die Schulden übernahm. Ein paar Jahre später führte die sogenannte Südseeblase zum größten Börsencrash der damaligen Zeit. Zur Südsee gehörten damals vor allem Latein- und Südamerika, und die Südseegesellschaft versprach großartige Geschäfte. Eine Investition in die South Sea Company, die vor allem vom Sklavenhandel lebte, galt als sichere Anlage, doch die Kolonialwaren florierten nicht so wie versprochen. 1720 platzte die Blase, und wieder gingen zahlreiche Investoren Pleite, und beinahe auch die Krone. Die Bank von England soll noch heute Reste des Kredits abstottern.

Costa Rica blieb von all dem verschont, niemand schien sich für den Dschungel auf der Landbrücke zu interessieren. Die Spanier hatten das Land zwar beschlagnahmt, kolonisiert und auf der Hochebene die Hauptstadt Cartago errichtet, aber kaum entwickelt. Und an der Karibikküste herrschten eigene Gesetze. Trotz gescheiterter Kolonialisierung bestimmten die Briten den Sklavenhandel in der Karibik. Beim Kakao-Boom im 17. Jahrhundert spielte Costa Rica keine zentrale Rolle, doch geht der Anbau auf diese Zeit zurück. Die Plantagenbesitzer kauften für die harte Arbeit schwarze Sklaven von den Karibikinseln. Zur Hauptstadt gab es weder eine richtige Verbindung noch Kontaktmöglichkeiten – und für den Export noch keine Hafenstadt.

Die Karibikküste von Costa Rica führte Jahrhunderte lang faktisch ein Inselleben. Noch Jahrzehnte nach der Abschaffung der Sklaverei und der Unabhängigkeit von Costa Rica lebten die Bewohner isoliert. Die Einheimischen sprachen überwiegend Englisch, entwickelten einen eigenen Dialekt, eine spezielle Küche und Kultur – eine Melange aus karibischen und lateinamerikanischen Einflüssen mit einer eigenen Note. Die Hafenstadt Limón wurde erst Mitte des 19. Jahrhunderts für den Export von Kaffee gegründet. Kakao, der Göttertrunk der Azteken, war davor das braune Gold der Karibik, und blieb trotz des Kaffee-Runs ein wichtiger Exportschlager von Costa Rica. Die Maya nutzten Kakaobohnen, die botanisch gesehen gar keine Bohnen sind, als Zahlungsmittel, lange galten sie als Schattenwährung.

Im Gegensatz zu Bananen und Kaffee ist Kakao in Costa Rica heimisch. Der Kakaobaum *(Theobroma cacao)* aus der Familie der Malvengewächse wird im Dschungel bis zu fünfzehn Meter hoch, man stutzt ihn aber auf Plantagen, genau wie Kaffee, damit er gut geerntet werden kann. Wilde Kakaobäume gedeihen am besten im feuchten Tieflandregenwald. Ihr Erkennungsmerkmal sind die kleinen weißen Blüten, die direkt dem Stamm entspringen. Daraus entwickelt sich eine längliche Frucht in der Größe einer Aubergine, die botanisch zu den Beeren gehört. Die Kerne werden umgangssprachlich als Kakaobohnen bezeichnet und müssen erst getrocknet und fermentiert werden, bevor daraus eine Schokoladenmasse hergestellt werden kann.

Kronjuwelen des karibischen Dschungels

Bei meinem ersten Forschungsaufenthalt in Costa Rica war der Kakao-Boom gerade vorbei und ein großes Thema am Institut. Ein Pilz hatte großflächig in den Plantagen gewütet, und am CATIE wurde eine umfangreiche Genbank angelegt, in der Hoffnung auf resistente Varianten. Nationalparks und

Schokoladenseite: *Kakaobäume sind in der Region heimisch und wurden schon in vorkolumbianischer Zeit angebaut. Im Inneren der Frucht liegen die Kakaobohnen, die botanisch gar keine Bohnen sind.*

Bunt und wild: *Große Abschnitte der karibischen Küste sind wild und felsig (oben), dafür aber voller Korallenriffe und gut zum Schnorcheln geeignet. Der Cahuita-Nationalpark liegt direkt am Strand. Sandige Pfade und Flüsse führen ins Innere des Parks.*

Bananenzug: *Längst gehört das nostalgische Transportmittel der Vergangenheit an. Bei meinen ersten Reisen fuhr der Zug noch und verband die Hauptstadt mit der karibischen Hafenstadt Limón.*

Naturschutzgebiete sind wie Schatzkammern für die Wildformen unserer Kulturpflanzen. Zu den Juwelen des neotropischen Regenwalds gehören wilde Kakaobäume, geschützt unter anderem in Cahuita, dem zweitältesten Nationalpark von Costa Rica. Der Name *Cahuita* geht auf die Sprache der Ureinwohner zurück und heißt so viel wie »Mahagoni-Punkt«. Das Holz war schon bei den Indigenen sehr beliebt für den Bootsbau und der Wald im heutigen Nationalpark besonders reich an Edelhölzern. Hätte die costa-ricanische Regierung diesen besonderen Urwald nicht bereits 1970 unter Schutz gestellt, wäre vielleicht kein Mahagoni übrig geblieben und ein artenreiches Biotop gänzlich verschwunden. Der Nationalpark reicht bis an den palmengesäumten weißen Sandstrand, der an einem »Punkt«, der Spitze der Bucht, endet – der Traum von einem Karibikstrand mit angrenzendem Dschungel.

Bei unserem Ausflug auf das Dschungeldach hatten wir bereits die halbe Strecke in die Karibik hinter uns, und Cahuita durfte bei meiner Nationalpark-Tour nicht fehlen. In Limón machten wir Halt; ein Hafen, der ähnlich wie Puntarenas seine besseren Zeiten längst hinter sich hat. Die Hauptstadt der gleichnamigen Provinz wurde erst 1854 gegründet und ist mit etwa 100 000 Einwohnern überschaubar. Limón lebt vom Handel, den immer größer werdenden Containerschiffen und der dazugehörigen Logistik, zunehmend auch vom Kreuzfahrttourismus. Eine der Hauptattraktionen ist der Stadtpark mit dem Blick auf die vorgelagerte Insel Uvita, wo Kolumbus einst strandete. Limón, eine Durchgangsstation – das galt auch für meine Reise im Dezember 1987.

Keine Stunde brauchte der Bus von Limón bis zum Dorf Cahuita. Der gleichnamige angrenzende Nationalpark hielt, was die Karibik-Prospekte versprochen hatten: türkisblaues Meer, gesäumt von einem fast weißen, einsamen Sandstrand, über dem sich Palmen bogen. Trotz der 350 Regentage im Jahr empfing uns der karibische Traumstrand bei strahlendem Sonnenschein, und so schlugen wir ohne zu zögern den Dschungelpfad in den Nationalpark ein. Außer einem Schild gab es damals keinen weiteren Hinweis auf das Schutzgebiet. Trotz unserer Erfahrung in Rara Avis hatten wir keinerlei Bedenken: Zum einen war es noch früh am Vormittag, zum anderen verlief der Pfad parallel zum Strand. Wir durchquerten einen Fluss und waren fasziniert von der fotogenen Fauna und Flora dieses Walds: Von wilden Kakaobäumen bis zu Mahagoni-Baumriesen, von Tukanen bis zu Kapuzineraffen – an jeder Ecke gab es Neues zu entdecken.

Berg der Musen

Helikonien *(Heliconiaceae)* hatten es mir besonders angetan. Die Staudenpflanzen, deren Blüten wie Papageienschnäbel am Stiel hängen, sind mit Bananen entfernt verwandt, aber im Gegensatz zu den Fruchtpflanzen in den Neotropen heimisch. Die gigantischen Blüten, botanisch gesehen nur umgebildete Blätter, umschließen die eigentlichen Blüten und locken ihre Bestäuber von weither an. In und um die Blüten versammelt sich ein ganzer Kosmos von Lebewesen. Winzige Frösche nutzen die Blütentümpel als Biotop, Kolibris kommen, um sich am Nektar zu laben, genau wie Bienen und Schmetter-

linge; Spinnen und Schlangen lauern in den Ritzen auf leichte Beute. Manche Helikonien bieten ein ganzes Tagesprogramm an tierischem Spektakel, andere verzaubern allein durch ihre bizarre Form, mit hängenden Blüten, behaart wie eine Angorakatze. Das Farbspektrum reicht von leuchtend gelben bis zu dunkelroten Scheinblüten, die die schillernd blauen eigentlichen Blüten beherbergen. Ihre botanischen Entdecker haben die Pflanzen nach dem griechischen Berg der Musen benannt: Helikon. Der Nationalpark Cahuita ist bekannt für die besondere Vielfalt seiner Blütenwunder. Helikonien brauchen Helligkeit und gedeihen daher nicht sonderlich gut am dunklen Urwaldboden. Parallel zum Strand fällt jedoch ausreichend Licht ein, sodass sich die Pflanzen gut entwickeln können.

Immer auf der Spur dieses Naturwunders hatten wir die Spitze der Bucht erreicht und damit fast das Ende des Parks. Die Karte besagte, dass es nicht mehr weit zur Hauptstraße sein konnte und die Flutlinie, dass der Höchststand der Tide bald erreicht wäre. Was bedeutete, dass wir den Fluss, den wir knietief durchwatet hatten, wahrscheinlich schwimmend queren mussten, wenn wir nicht Stunden warten wollten. Wir beschlossen daher weiter zu laufen, zur Not bis zum nächsten Ort, um dort zu übernachten, falls uns kein Bus entgegenkommen würde. Auf der Hauptstraße gelangten wir schließlich nach einem stundenlangen Marsch Puerto Viejo: eine verträumte türkisblaue Bretterbude mit

Früchteparadies: *Gebaut wurde der Zug ursprünglich für den Abtransport und Anbau von Bananen (unten), dem zeitweilig wichtigsten Exportgut von Costa Rica. Mittlerweile hat die Ananas der Banane den Rang abgelaufen (oben).*

einem Krämerladen und ein paar Hütten drumherum. Mehr gab es damals nicht, kein Restaurant, kein Hotel, nur ein paar Fischer.

Fast das ganze Dorf schien an diesem Sonntag zu schlafen, Reggae-Klänge schallten aus einer Hütte, der Duft von Marihuana hing schwer in der Luft. Dass Puerto Viejo einmal der Haupttouristenort an der costa-ricanischen Karibikküste werden sollte, stand damals noch in den Sternen. Die Musik und der Dunst sind geblieben, aber im Laufe der Jahrzehnte kamen viele Auswanderer und immer mehr Fremde in diesen Ort: Surfer, Taucher, Naturschützer, Aussteiger, Touristen. Heute reiht sich an der Hauptstraße, die immer noch eine Schotterpiste ist, ein Hotel an das andere. Es gibt zwar keine großen Hotelanlagen, sondern nur individuelle, mehr oder weniger luxuriöse Boutiquehotels und einige Hostels, aber mit der idyllischen Einsamkeit ist es vorbei. Der Autoverkehr hat sich zu einer echten Gefahr für die Wildtiere entwickelt. Vor allem Faultiere sind betroffen, die nur langsam über den Boden kriechen können und durch die Straßenschneise nicht mehr von Wipfel zu Wipfel gelangen. Und eine zweite Zivilisationplage bedroht die Tiere in der Region: Brüllaffen und andere Wipfelbewohner, die elektrische Leitungen wie Lianen nutzen, verenden elendig an Stromschlägen oder verletzen sich schwer.

Nostalgisch: *Die Ranger-Station am Eingang zum Nationalpark Cahuita ist im typisch karibischen Baustil mit pastellfarbener Fassade und Giebelverzierung gestaltet.*

Tiervolontäre: *Besonders beliebt beim Einsatz im Dschungel ist die Tier-Auffangstation Jaguar Rescue Center der Biologin Encar Garcia. Volontäre werden landestypisch direkt neben der Station untergebracht.*

Herrin der Tiere

Engagierte Bewohner der Region kümmerten sich um die zunehmende Zahl verletzter Wildtiere, allen voran Encar Avaiani. Eigentlich wollte die Biologin das Verhalten von Brüllaffen näher erforschen. Die Tierpflege ließ ihr kaum Zeit für ihre wissenschaftliche Arbeit. Vor allem Faultiere und Affenbabys wurden ihr gebracht. Und dann kam noch ein kleines Raubtier und legte den Grundstein für Encars neue Mission, den Aufbau einer Tierstation für verletzte und verwaiste Wildtiere der Region. Ein Farmer hatte das verwaiste Jaguarbaby in seinem Feld gefunden. Vermutlich hatten Wilderer die Mutter getötet.

Die kleine Wildkatze gab den Ausschlag. Encar konnte sich nicht mehr nebenbei und allein um die verletzten und verwaisten Tiere kümmern. Die artgerechte Aufzucht einer Raubkatze bis zur Auswilderung erfordert einen enormen Kosten- und Zeitaufwand. Die Tierpflege musste professionalisiert werden. Encar holte die Genehmigungen der Behörden für eine Auffangstation ein und gründete das gemeinnützige Jaguar Rescue Center. Heute werden dort jedes Jahr mehr als 500 verletzte oder verwaiste Tiere abgegeben. Zur Station gehört ein Schutzgebiet, das der Auswilderung dient und die Anlage mit einem größeren Urwaldgebiet verbindet. Außerdem leitet die Biologin die Aktion »Stop the Shock« in der Karibik, ein Bündnis für die Isolierung von Stromleitungen.

Als ich Encar das erste Mal aufsuchte, steckte die Auffangstation noch in den Kinderschuhen. Als Biologin durfte ich sofort mithelfen. Winzige Zweifinger-Faultiere, *Choloepus didactylus*, eroberten dort sogleich mein Herz. Gierig schlangen sie die gereichten Obststücke hinunter. Händedesinfektion und Einmalhandschuhe gehörten zur Routine bei der Tierfütterung. Die wolligen, wilden Waisen reagieren extrem empfindlich auf menschliche Keime. Für einen anderen Faultier-Neuzugang dagegen kam Obst überhaupt nicht infrage: Das Dreifinger-

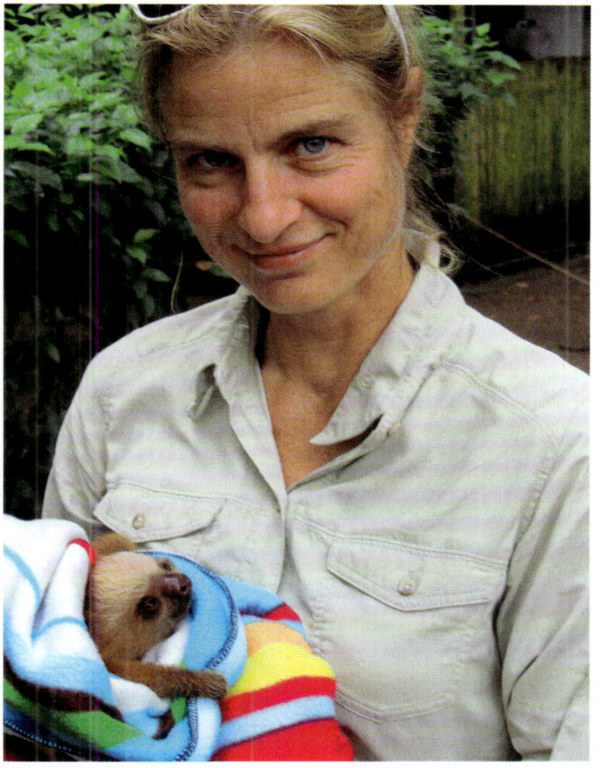

Pflegemama: *Encar päppelt mit Herzblut verletzte Tiere oder verwaiste Dschungelbabys auf (oben links). Vor allem Affenkinder und Faultierbabys werden in die Station gebracht. Mir (oben rechts) haben es die Faultiere besonders angetan, die Kleinen brauchen viel Wärme und kuscheln auch gerne miteinander (unten).*

Faultier *(Bradypus variegatus)* hat einen wesentlich anfälligeren Magen als seine zweifingrigen Verwandten. Die Tiere, die fortwährend zu grinsen scheinen und einen stets bekifften Eindruck machen, ernähren sich überwiegend von den Blättern des Ameisenbaum Cecropia, die tatsächlich eine psychoaktive Wirkung haben. In Mexiko werden die Blätter als Marihuana-Ersatz geraucht.

Ziegenmilch für Faultierbabys

Vielleicht brauchen Faultiere die Gelassenheit, um den Fluchtreflex zu unterdrücken. Statt vor Feinden wie Wildkatzen oder Raubvögeln zu fliehen, verfallen Faultiere in eine Starre, um sich zu tarnen und optisch mit dem Baum zu verschmelzen. Das abgegebene Baby aber war für »Dope-Blätter« noch zu klein, ihm fehlte eindeutig die Muttermilch, um satt zu werden. Ersatzweise vertragen kleine Dreifinger-Faultiere Ziegenmilch, schwer zu beschaffen und teuer. Und nur eine der Sorgen, die Encar umtreiben.

Inzwischen gibt es im ganzen Land Auffangstationen, in denen sich vor allem Frauen um pflegebedürftige Wildtiere kümmern. Die Einrichtungen werden vom Umweltministerium genehmigt und überwacht. Die Behörden verteilen beschlagnahmte Tiere vom Zoll oder auch aus Privatbesitz auf die

Brutkasten: *Trotz tropischer Hitze müssen sehr kleine tierische Findelkinder in den Brutkasten, besonders nachts oder bei Regen, wenn es deutlich kühler wird (oben). Die Hirschkuh Bambi ist zwar schon längst ausgewachsen und sollte zurück in den Dschungel, doch alleine wäre sie verloren. Anschluss hat sie noch keinen gefunden und will auch partout nicht weg (unten links). Für das winzige Opossumbaby ist selbst das kleinste Fläschchen zu groß, mit einer Spritze und einem Gummischlauch klappt die Fütterung (unten rechts).*

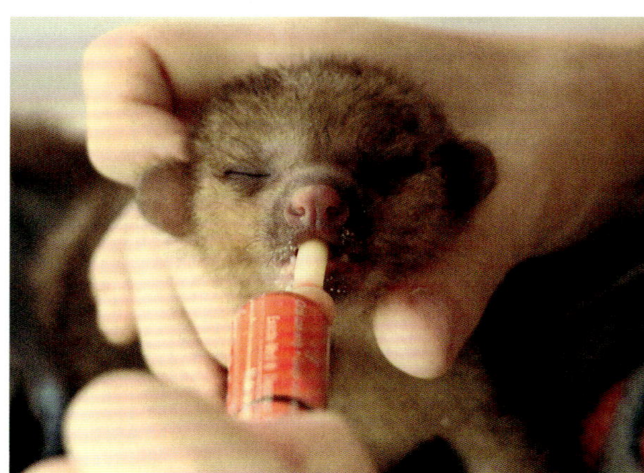

Stationen. Sogar aus den Anrainerstaaten landen aufgegriffene Tiere in costa-ricanischen Stützpunkten, weil es in den Nachbarländern Vergleichbares gibt. Nicht immer ist eine Auswilderung möglich. Schwer verletzte Tiere, die beispielsweise Gliedmaßen verloren haben, können in der Wildnis nicht überleben. Auch solche, die lange als Haustiere gehalten wurden, haben im Dschungel keine Chance. Sie verbringen in den Stationen ihre letzten Jahre.

Ziel bleibt aber die Rückkehr in die Wildnis und dafür müssen die Lebensräume der Tiere geschützt und Schutzgebiete vernetzt werden. Encar arbeitet dafür mit verschiedenen Organisationen der Region zusammen. Auch der Verein Tropica Verde schützt mit der Finca Curré ein Primärwaldstück als Bindeglied zwischen den Schutzgebieten. Der Costa-Ricaner Jürgen Stein hat die Farm seiner Vorfahren in ein riesiges Naturschutzgebiet verwandelt: Selva Bananita – was übersetzt so viel heißt wie »Bananenwald«. Tatsächlich grenzt Jürgens Wald an Bananenplantagen, und auf der Familienfarm steht ebenfalls noch ein Bananenhain. Ihn bewirtschaftet Jürgen biologisch, hat auf Rinderweiden Bäume gepflanzt und die Waldränder renaturiert.

Regeneration: *Auch tierische Patienten brauchen Ruhe zur Regeneration, ein Schild weist Besucher darauf hin (oben links). Faultiebabys (unten links) schlafen fast den ganzen Tag. Die grünen Aras (oben rechts) sind wesentlich aktiver, und das Tukanbaby (unten rechts) ist ziemlich hungrig.*

Tierstationen

Erste Hilfe für Faultier, Affe und Co.

Schon seit Jahrzehnten kümmern sich engagierte Tierschützerinnen im ganzen Land um verwaiste und verletzte Tierkinder und auch um erwachsene Wildtiere. Privat ist ein solches Engagement längst nicht mehr erlaubt, es gibt aber inzwischen genügend Tierstationen in allen Regionen von Costa Rica, die vom Umweltministerium zertifiziert sind und eng mit den Behörden zusammenarbeiten.

Eine der Pionierinnen auf diesem Gebiet war Lilly Bodmer aus der Schweiz. Mit ihrem Mann Werner Hagenauer wanderte sie 1959 nach Costa Rica aus und kaufte die Hacienda La Pacifica in Guanacaste. Es war eine Zeit, in der großflächig abgeholzt wurde und der Handel mit Tropenholz blühte. Das Paar setzte sich für den Schutz der Wälder ein und kümmerte sich aktiv um Wildtiere, die durch Rodungen ihren Lebensraum verloren hatten. Schon bald konnte Bodmer die Pflege nicht mehr allein bewältigen und gründete gemeinsam mit ihrem Mann und Unterstützern der Naturschutzbehörde MINAE die erste Auffangstation des Landes: Centro de Rescate y Santuario Las Pumas.

Encar Aviani setzt das Vermächtnis von Bodmer-Hagenauer südlich von Puerto Viejo mit dem Jaguar Rescue Center fort. Sie hat vor allem Brüllaffen und Faultiere in Pflege, versorgt aber auch alle anderen Tiere in Not. Weiter nördlich zwischen Puerto Viejo

Anhängliche Patienten: *Tierstationen gibt es inzwischen im ganzen Land, alle vom Ministerium geprüft und genehmigt. Im Süden müssen die Stationen manchmal sogar konfiszierte Tiere aus Panama aufnehmen, für die es sonst keine Unterkunft gäbe. Besonders anhänglich sind Tiere, die zuvor illegal als Haustiere gehalten wurden, wie der Klammeraffe auf Carols Schulter (linke Seite, links oben). Vom Ozelot (linke Seite, rechts oben) über den Honigbär (linke Seite, links unten) bis zum Tayra (linke Seite, rechts unten), auf der Station auf der Halbinsel Osa haben sehr unterschiedliche Tiere Zuflucht gefunden. In der Station von Aida Bustamante sind gerade einige beschlagnahmte Tapire angekommen (oben links). Für mich haben sich vor allem die neugierigen Waschbärbabys interessiert (oben rechts).*

und Cahuita gibt es ein Zentrum, das sich auf Faultiere spezialisiert hat, das Sloth Sanctuary.

Im Norden des Landes sind vor allem die Grünen Aras, auch Soldaten-Aras genannt, in Not geraten. Sie bevorzugen Urwaldmandeln *(Dipteryx oleifera)*, die von den Abholzungen stark betroffen waren. Zur Rettung dieser Vögel haben engagierte Naturschützer gemeinsam mit Forschern ein Aufzucht- und Auswilderungsprogramm aufgelegt, das unter anderem vom Verein Tropica Verde unterstützt wird. Auch in Nosara gibt es heute eine Auffangstation, das Sibu Wildlife Sanctuary, das sich vorwiegend um verletzte Brüllaffen kümmert. Hauptproblem in der inzwischen stark entwickelten Region sind die Stromleitungen. Die Schutzorganisation konnte aber in Zusammenarbeit mit der Naturschutzbehörde erwirken, dass die Stromgesellschaft die Leitungen ummanteln und isolieren. Viele andere Gemeinden haben sich der Kampagne Stop the Shock angeschlossen. Im Süden des Landes päppelt Aida Bustamante in ihrem Tranquility Center hilfsbedürftige Dschungelbewohner von der Halbinsel Osa und aus dem nahen Panama auf. Die meisten Auffangstationen können besucht werden, Eintrittsgelder fließen direkt in die Projekte.

***Abgehoben:** Zum Kontrollflug im Ultralight mit Pilot Jürgen Stein. Sein privates Schutzgebiet Selva Bananita und die angegliederte Lodge kontrolliert der Naturschützer regelmäßig aus der Luft, und ich durfte ihn beim Einsatz begleiten (oben). Manchmal holte er auch Gäste in Limón ab. Blick von oben auf die Hafenstadt (rechte Seite).*

Vogelperspektive

Mit seinem Ultralight-Flieger hat sich Jürgen Stein einen langgehegten Wunsch erfüllt. Er kontrolliert seine Schutzgebiete von oben, stellt illegalen Raubbau fest und initiiert nötige Waldvernetzungen. Mit Kameras dokumentiert er seine Beobachtungen und die Veränderungen im Wald. Aus der Luft wird die Struktur des Walds sichtbar, vom Primär- über den Sekundärwald bis zu den Puffer- und Aufforstungszonen, und es zeigt sich, wo sich die Anlage von Waldbrücken empfiehlt. Unter Sekundärwäldern verstehen Ökologen durchforstete Wälder, die sich wieder regeneriert, aber noch nicht die Struktur eines unangetasteten Urwalds haben. Pufferzonen sind abgeholzte Gebiete am Rand der Wälder, die sich regenerieren oder aufgeforstet werden, und Schutzgürtel um die Primärwälder bilden. Am Boden hat Jürgen in Kooperation mit der Universität von Costa Rica Wildkameras installiert, um die Population der Wildkatzen zu überwachen. Geht es den Katzen gut, dann ist meist auch der Dschungel intakt.

Um alle Kameras zu kontrollieren und Speichermedien zu tauschen, muss er tief in den Urwald vordringen. Nachdem er mich auf einen Ultralight-Flug mitgenommen hatte, begleitete ich ihn. Die Expedition führte etwa 20 Kilometer weit in einem großen Bogen durch einen artenreichen Dschungel – bei fast hundertprozentiger Luftfeuchtigkeit und Temperaturen wie in der Sauna ein anstrengendes Unterfangen. Wegen der Arbeiten an den Wildkameras und zahlreichen Tierbeobachtungen auf der Strecke kamen wir nur langsam voran. Vor Einbruch der Dunkelheit hätten wir die Aufgabe niemals bewältigen können. Aber das war auch gar nicht der Plan. Auf etwa halber Strecke drang Opernmusik durch den Wald. Jürgen grinste und forderte mich auf, der Musik zu folgen. Kurze Zeit später stießen wir auf eine von Kerzen erleuchtete Holz-Plattform, zwischen zwei Urwaldriesen errichtet.

Fitzcarraldo von Costa Rica

Jürgen hatte ein paar Mitarbeiter vorausgeschickt, die das Plateau in ein offenes Opernhaus verwandelt hatten. Ein wunderbar romantisches Lager wartete auf unsere Expeditionsgruppe – mit Kerzen, Dinner und Wein. Dabei erzählte Jürgen, dass seine Kamera einmal festgehalten hatte, wie ein Jaguar in unmittelbarer Nähe der Plattform vorbeischlich. Die Raubkatze hatte wohl Pekaris, die tropischen Wildschweine, gejagt, die ebenfalls auf den Bildern zu sehen waren. Der Jaguar ist die größte Wildkatze des gesamten amerikanischen Doppelkontinents und nach Löwen und Tigern die drittgrößte Wildkatze überhaupt – und als nachtaktives Tier so gut wie nicht zu sehen. Selbst ohne Schwanz gemessen, kann ein stattliches Jaguar-Exemplar fast zwei Meter lang und etwa 70 Zentimeter hoch werden. Die meisten Aufnahmen stammen aus Gehegen, von Beobachtungskameras oder von höchst bedenklichen Anfütterungsplätzen, sogenannten Luderstellen, die bei allen Tierarten extreme Verhaltensstörungen hervorrufen können und in Costa Rica streng verboten sind.

Als wir am nächsten Abend in der Lodge die Bilder einer Überwachungskamera unweit der Holzgalerie am Computer ansahen und uns ein mächtiger Jaguar anblinzelte, fragte Jürgen verschmitzt: »Du hast ihn gespürt, den Geist des heiligen Jaguar – oder?« Ich nickte tapfer. Es war zwar magisch gewesen, nur unter einem Moskitonetz im Dschungeldach zu schlafen, aber auch etwas unheimlich. Obwohl es im Dschungel noch nie einen Übergriff von einem Jaguar gegeben hat, war an ruhiges Schlafen nicht zu denken gewesen. Anders als Leoparden, Tiger und auch Löwen greifen Jaguare keine Menschen an, es sei denn, sie werden in äußerste Bedrängnis gebracht. In ganz Latein- und Südamerika gilt der Jaguar bei den Ureinwohnern als heiliges Tier und wird mit Gottheiten in Verbindung gebracht. Die anmutige Großkatze ist unangefochten die Königin des Dschungels in der Neuen Welt.

Die Auswertung der Überwachungskameras förderte weitere Überraschungen zutage: Auf den Bildern waren neben dem Jaguar auch Pumas, Ozelots, Tigerkatzen, Pekaris, Agutis und Tapire zu sehen, auch ein seltener schwarzer Jaguar hatte mehrfach die Kameras ausgelöst.

Sicher hätten die Speicherkarten noch deutlich mehr nachtaktive Dschungelbewohner festgehalten, wären nicht einige Kameras von Wilddieben zerstört oder gestohlen worden. Die Jagd ist in Costa Rica verboten, dennoch gibt es sie, die heimlichen, illegalen Jäger. Jahrhundertelange Bejagung und vor allem die Zerstörung ihres Lebensraums bedrohen die majestätischen Großkatzen des Dschungels und haben ihr Vorkommen so stark reduziert, dass sie auf der roten Liste der am meisten gefährdeten Tierarten geführt werden.

Eine Aufnahme beeindruckte mich besonders – vom Schwarzen Panther. Dabei gibt es ihn gar nicht als eigene Tierart. *Panthera* heißt die Gattung der Großkatzen; dazu gehören der Jaguar genau wie der Puma. Durch sogenannten Melanismus, eine im ganzen Tierreich verbreitete genetische Veränderung, haben diese Tiere ein schwarzes Fell.

Fabelhafte Dschungelwesen

Es braucht nicht viel Fantasie, um sich Fabelwesen im Dschungel vorzustellen, die Tier- und Pflanzenwelt von Costa Rica bietet mehr als genug Vorlagen für mythische Wesen, Drachen zum Beispiel. Auf einem ausladenden Baum hockte einer: Aus den Ästen glotzte mich ein feurig oranges, gigantisches Wesen mit Drachenkamm treuherzig aus runden Kulleraugen an. Nach dem ersten Schrecken erkannte ich ihn: ein Grüner Leguan *(Iguana iguana)*, dessen männliche Exemplare während der Paarungszeit ihrem Namen Lügen spotten. Auf der Karibikseite von Costa Rica scheinen die Tiere noch größer zu werden als auf der Pazifikseite. Ohnehin leben in den Kronen der immerfeuchten atlantischen Tieflandregenwälder deutlich mehr Grüne Leguane als in den trockeneren pazifischen Wäldern, wo sich vor allem Schwarzleguane wohlfühlen.

Nahrhaft: *Das Fleisch von Grünen Leguanen* (Iguana iguana) *soll ähnlich wie Hühnchen schmecken. Diese Reptilien, die vorwiegend in Bäumen leben und sich von Blättern ernähren, wurden früher stark bejagt.*

Die Baumhühnchen von Costa Rica

Vor Jahrzehnten wurden der Grüne Leguan derart stark bejagt und so viel Regenwald vernichtet, dass die Reptilien fast ausgestorben wären. Auch bei den Indigenen stand er auf dem Speiseplan, aber schon seit Jahrhunderten und ohne die Art zu gefährden. Naturschützer brachte das auf eine Idee: Um den Wald für die Zucht der Tiere zu schützen, sollten sie für die Küche genutzt werden dürfen. Leguane wurden als »Baumhühnchen« angepriesen, und der Urwald fungierte als ihr offenes Gehege. Außerdem sollten Baumplantagen für die Tiere angelegt werden.

Leguanzucht als Waldschutz geht auf die deutsche Forscherin Dagmar Werner zurück, die dafür in den 1990er-Jahren eine Stiftung gegründet hat. Das Projekt machte damals weltweit Schlagzeilen, und die deutsche Forscherin ersann allerlei Rezepte, um Leguanfleisch der breiten Bevölkerung schmackhaft zu machen. Werner war es gelungen, Leguane in Käfighaltung zur Paarung und Vermehrung zu bringen. Ein paar Wochen nach dem Schlüpfen wurden die Jungtiere in verschiedenen Wäldern ausgewildert, sodass sie sich möglichst weit verbreiteten. Den einzeln auf den Stämmen verschiedener Bäume ausgesetzten Leguanen bei ihren ersten Schritten in der Freiheit zuzusehen, war die reine Freude. Der Hype um das ambitionierte Projekt hielt allerdings nur ein paar Jahre an, das Leguanfleisch hat sich nie durchgesetzt, und viele Naturschützer verzichten ohnehin auf Fleisch. Dennoch ist das Projekt nicht gescheitert, Werners Initiative hat andere inspiriert, sich um die archaischen, faszinierenden Geschöpfe zu kümmern – beispielsweise Encar Avaianis Nachbar Edsar.

Ihm stattete ich einen Besuch ab, auch um sein verrücktes Baumhaus zu besichtigen. Sein eigenes Heim glich mehr einer Höhle als einem Haus und folgte keinem architektonischen Konzept. Aber er hatte aus Beton ungewöhnliche und märchenhafte Formen kreiert und kunstvoll bemalt, sodass immer mehr Anfragen kamen, ob das Haus nicht zu mieten sei. Daraufhin plante und baute Edsar weitere ungewöhnliche Häuser auf seinem Leguan-Dschungel-Grundstück am Strand. Vom Tree House waren zunächst nur Büsche und Bäume zu sehen, dann entdeckte man das Gebilde, das sich über mehrere Etagen an verschiedene Bäume schmiegte. Im Zentrum der Küche stand ein Stamm mit riesigen Schachbrettwurzeln, die den Raum teilten. Die nach außen offene Küche integrierte einen weiteren Baumstamm, so kunstvoll aus Zement gefertigt, dass es kaum auffiel. Das Schlafzimmer oben im Baum sollte zunächst offen sein, wurde aber auf Wunsch der Gäste geschlossen. Das Konzept, Küche und Bad vom Schlafbaumhaus zu trennen, hatte sich längst auch in meinem Kopf festgesetzt, allerdings mit geschlossener Küche. Duschen und Kochen wollte ich lieber ohne Affe, Faultier, Leguan & Co.

***Indigene Tradition:** Schamanen, Heiler und Handwerker – indigene Tradition wird in Costa Rica seit einiger Zeit großgeschrieben und gefördert. Auch viele private Organisationen, wie die Böëna-Gruppe, engagieren sich dafür, Enricos Kultur lebendig zu erhalten (oben). Don Candido ist ein bekannter Schamane der Bribri und hat an der Universität von Costa Rica studiert (unten links). Ximena, ebenfalls eine Bribri, ist bekannt für ihre Handarbeiten (unten rechts).*

Bei allem Hang zu Kuriosem, leistet Edsar mit seiner Green Iguana Foundation doch einen wichtigen Beitrag zum Naturschutz. Die Stiftung arbeitet eng mit der Universität von Costa Rica und den Kekoldi zusammen. Die indigene Gruppe gehört zum Volk der Bribri und hat sich ebenfalls dem Schutz der Leguane verschrieben. Das Reservat der Kekoldi ist direkt oder indirekt mit den Schutzgebieten von Tropica Verde, Jaguar Rescue Center, Green Iguana Foundation, Selva Bananita Foundation und dem Gandoca Manzanillo Wildlife Refuge vernetzt. Nur gemeinsam lässt sich der Regenwald retten.

Die Bribri, die in verschiedenen Stämmen entlang der gesamten costa-ricanischen Karibikküste leben, haben sich als erste Indigene der Forschung geöffnet. Ihnen wurde eine Fakultät an der Universität von Costa Rica eingerichtet. Und sie haben einen eigenen Umgang mit dem Tourismus entwickelt.

Don Candido und die Schamanen der Karibik

Gäste besuchen das Leguan-Projekt, lernen die Heilpflanzen der Indigenen kennen und können bei manchen Stämmen auch übernachten, in den Öko-Plantagen mithelfen oder lernen, wie Kakao geerntet und verarbeitet wird. Gelegentlich werden auch Touristen bei schamanistischen Ritualen zugelassen. Don Candido ist der bekannteste Medizinmann der Bribri und bestens vertraut mit den seit Jahrhunderten tradierten Rezepturen und Ritualen. Als ich ihn besuchte, hatte er Gäste aus aller Welt in seiner bescheidenen Hütte zu Besuch – Menschen, die von der Schulmedizin aufgegeben worden waren und sich in die Hände des Schamanen begeben hatten. Es klingt fast nach Wunderheilungen.

Aus den Heilpflanzen vor seiner Hütte kocht er einen stärkenden Sud und bedient sich vor allem verschiedener Ingwergewächse, *Zingiberaceae*. Für seinen Heiltrunk erntet er nicht nur die Wurzel, sondern die verschiedensten Pflanzenteile und nutzt sogar das Wasser, das sich in den bunten Tragblättern *(Zingiber spectabile)* sammelt. Der Geschmack von Don Candidos »Zaubertrank« lässt sich schwer beschreiben: floral, erdig, mit einer leichten Schärfe würde am ehesten zutreffen. Nach dem Genuss fühlte ich mich tatsächlich (oder eingebildet) frischer und fitter.

Kakao-Kult: *Kakaobohnen werden nach dem Trocknen auf offenem Feuer geröstet, bevor sie zu Schokolade weiterverarbeitet werden. Kakao galt als Göttertrank und Heilmittel und wurde nur mit Wasser gekocht (oben). Die Indigenen leben in einfachen Hütten, haben aber Zugang zu Schulen, Wasser und Strom (unten). Don Candido hat uns mit der Kamera in seine Hütte eingeladen (linke Seite). Einige Dörfer bieten inzwischen für Besucher Unterkünfte und Kurse an.*

ZWISCHEN DEN WELTMEEREN

Per Anhalter durch den Dschungel bis zu Costa Ricas Exportschlagern

Don Candidos Zaubertrank hätte ich auch bei meinem ersten Costa-Rica-Abenteuer gut gebrauchen können, als wir nach unserer Wanderung durch den Cahuita-Nationalpark in Puerto Viejo eine gefühlte Ewigkeit auf den Bus warten mussten. Wir wollten zurück nach Limón, genauer in den Vorort Moin, um von dort am nächsten Morgen in den »Amazonas« von Costa Rica zu starten, den artenreichen Tortuguero-Kanal und seine Nebenflüsse. Endlich traf der Bus ein, und wir erreichten am späten Abend erschöpft unsere Herberge in Limón. In der Nacht quälten mich Fieberträume – und die Angst, an Malaria erkrankt zu sein.

Dennoch kam ein Ruhetag für mich nicht infrage, und so saßen wir am folgenden Tag in sengender Hitze am Dock von Moin und warteten auf das Boot zum Tortuguero-Nationalpark. Über Stunden tat sich nichts. Gerade als wir ins Hotel zurückkehren wollten, hielt ein Schiff mit dem Schriftzug »Barra Colorado Lodge«. Wir erklärten ausführlich, was wir vorhatten und dass wir in der Tortuga Lodge erwartet würden. Der Bootsführer nickte, und kaum waren wir eingestiegen, raste das Boot los. Vorbei an einer schier endlos langen Böschung, gesäumt von Palmen und Urwaldriesen, vorbei an der einzigen Siedlung, und vorbei an Tortuguero, ohne dass ich es – geschwächt durch meine Krankheit – gemerkt hätte. Nach stundenlanger Fahrt drosselte der Kapitän plötzlich die Geschwindigkeit, machte einen Bogen und steuerte eine prächtige Holzvilla auf Stelzen an. Ein Mann kam uns auf dem Landungssteg entgegen. »Willkommen auf der Río Colorado Lodge«, flötete Archie Field, der Besitzer, und breitete die Arme aus. Die Lodge war nicht auf Flussexkursionen in den Nationalpark spezialisiert, sondern auf Hochseefischerei, und sie lag auch nicht am Tortuguero-Nationalpark, sondern fast an der Mündung des Río Colorado im Norden des Landes.

Es stellte sich heraus, dass Archie über Funk von uns erfahren und seinen Kapitän angewiesen hatte, uns in seine Lodge zu »entführen«, damit wir sie vielleicht in unsere Reportage aufnehmen würden. Obwohl ich zunächst wenig begeistert war, stellte sich der Abstecher als Glücksfall heraus. Während Fotograf Tom am nächsten Tag auf Hochseetour ging,

Bananen-Kanal: *Statt Straßen wurden Kanäle gebaut, welche die Flüsse auf der karibischen Seite, nördlich von Limón, miteinander verbinden. Der Tortuguero-Kanal ist die größte Wasserstraße und verläuft parallel zum Meer (linke Seite). Die Tortuga-Lodge ist die älteste touristische Unterkunft am Kanal (oben).*

Grenzfluss: *Der Río San Juan ganz im Norden des Landes bildet die Grenze zu Nicaragua. Er wurde vor dem Bau des Panamakanals als Verbindung zwischen den Weltmeeren genutzt und war einst schwer umkämpft, wovon die Ruine des nicaraguanischen El Castillo noch heute zeugt (oben). Der Tortuguero-Kanal ist mit dem Grenzfluss verbunden. Der Hauptort am Kanal ist der gleichnamige Ort Tortuguero, einst Hochburg der Schildkrötenjagd. Heute schützen die Bewohner die Panzertiere und beschließen die Saison mit einem Fest am 31. Oktober (unten).*

legte ich eine Pause ein und vertiefte mich in die Literatur im Aufenthaltsraum. Der Colorado-Fluss gehört zum Delta des Río San Juan, dem geschichtsträchtigen Grenzfluss zu Nicaragua, der im 19. Jahrhundert eine bedeutende geopolitische Rolle spielte.

Die Route des Goldrauschs

Das Fluss- und Seensystem um den Río San Juan bildet eine fast vollständige, natürliche Wasserstraße zwischen Pazifik und Atlantik. Lediglich eine fünfzehn Kilometer breite Landbrücke trennt die Weltmeere. Die Idee, über einen Kanal die Ozeane an dieser Stelle miteinander zu verbinden, ist fast so alt wie die Entdeckung Amerikas und viel älter als der Plan, den Panama-Kanal zu schaffen. Entdeckt wurde der Wasserweg über den Río San Juan, den Río Colorado und den Nicaraguasee schon im Jahr 1539. Wenig später gab es bereits erste Pläne für ein Kanalprojekt. Jahrhundertelang wurden die Rechte für den Kanalbau und die Nutzung der Wasserstraße erbittert umkämpft. Die Auseinandersetzung hat verhindert, dass der Plan jemals realisiert wurde. Die aktuellen Pläne des neuen chinesischen »Canal-Grande-Projekts« für die größte, längste, breiteste und teuerste Wasserstraße der Welt, wurden erst 2021 auf Eis gelegt, nach der Einweihung des erweiterten Panama-Kanals.

Genutzt wurde die Wasserstraße dennoch. Sie galt im 19. Jahrhundert als wichtigste transkontinentale Verbindung und wurde schon zuvor vielfach frequentiert. Piraten griffen mehrfach über die Wasserstraße das nicaraguanische Granada an. Auch drangen über diesen Weg immer wieder feindliche Kolonialmächte in das Hoheitsgebiet der spanischen Krone. Um sich gegen solche Übergriffe zu wappnen, errichteten die Spanier im Jahr 1680 die Festung El Castillo de la Inmaculada am Ufer des Río San Juan auf etwa halber Strecke zwischen Nicaraguasee und Karibischem Meer. Strategisch günstig positionierten sie das Bollwerk auf einem Hügel mit weitem Blick über den Fluss. Zahlreiche Angriffe, vor allem der Engländer, konnten sie dadurch abwehren. So lange, bis im Jahr 1780 Admiral Horatio Nelson kam und die Festung einnahm.

Mit einem viel schlimmeren Feind als den spanischen Truppen hatte Nelson aber nicht gerechnet: dem Flavivirus. Das Gelbfieber zwang den Admiral und seine Truppen wenige Wochen nach der Eroberung der Festung zum Rückzug. Bis zur Unabhängigkeit Lateinamerikas im Jahr 1821 konnten die Spanier ihre Macht halten, aber der englische Einfluss ist bis heute an der mittelamerikanischen Atlantikküste zu spüren.

Während sich die Nationen in ein Kompetenzgerangel verstrickten, gelang es schließlich dem amerikanischen Eisenbahn- und Schiffsmogul Cornelius Vanderbilt, den Wasserweg in eine »Goldstraße« zu verwandeln. Vanderbilt schloss einen Vertrag mit der nicaraguanischen Regierung – allerdings nicht über den Bau eines Kanals, sondern lediglich über die exklusiven Nutzungsrechte für zwölf Jahre. Der Unternehmer, dessen transkontinentale Zugverbindung noch nicht fertiggestellt war, gründete die American Atlantic and Pacific Ship Canal Company. Die Route verlief über den Atlantik nach Süden bis zur Hafenstadt San Juan del Norte an der Grenze zwischen Nicaragua und Costa Rica und über den Río San Juan bis zum Nicaraguasee weiter bis nach Rivas am Seeufer. Die anschließende kurze Landstrecke nach San Juan del Sur am Pazifik wurde mit Planwagen bewältigt, von dort ging es mit einem Ozeandampfer weiter nach San Francisco. Für die gesamte Reise musste nur ein einziges Ticket gebucht werden.

Auch der Schriftsteller Mark Twain war auf dieser Route unterwegs. Die Fahrt im Jahr 1866 über den Dschungelfluss ließ er in das halbfiktive Werk »Meine Reisen mit Mr. Brown«, einfließen. Twain war einer von Tausenden Reisenden auf dem Río San Juan, ein Dampfer nach dem anderen schob sich über den Fluss, und die Geschäfte in den Anrainerorten florierten. Die Hafenstädte wurden zu pulsierenden Metropolen, das Glücksspiel boomte, und die Transitstrecke zog nicht nur Goldjäger an, sondern Glücksritter jeglicher Art, aber auch Intellektuelle und Künstler. In den Städten entlang des Flusses entstanden prächtige Villen und Hotels. Tourismus, Handel und der Bausektor blühten auf – bis der Panamakanal eröffnet wurde. Von der einstigen Pracht und dem quirligen Treiben ist nichts geblieben, außer ein paar Ruinen im Dschungel. Aber nicht allein der Panamakanal setzte den Jahren des Überschwangs ein Ende.

In die Zeit des Goldrauschs fiel der Bürgerkrieg im jungen, unabhängigen Nicaragua. Der amerikanische Söldner William Walker brachte es zum Präsidenten der noch fragilen Republik. Mithilfe von Vanderbilts untreuen Geschäftspartnern Charles Morgan und Cornelius Garrison fiel er dem Transport-Tycoon in den Rücken und besiegelte damit sein eigenes Schicksal und das des Nicaragua-Kanals, der durch einen neuen Vertrag zwischen der US-Regierung und der britischen Regierung bereits im Jahr 1850 beschlossen worden war. Die Reaktion des Millionärs auf die Intrige ist Legende: »Meine Herren: Sie haben sich vorgenommen, mich zu betrügen. Ich werde Sie nicht verklagen, denn das Gesetz ist zu langsam. Ich werde Sie ruinieren. Hochachtungsvoll, Cornelius Vanderbilt.« Um seinen Worten Taten folgen zu lassen, organisierte Vanderbilt einen alternativen Transitweg durch Panama und legte mit Dumpingpreisen die Route durch Nicaragua und seine ehemaligen Partner lahm. Die Auseinandersetzungen mit William Walker, der die politische Macht in Costa Rica an sich reißen wollte, spülten einen wehrhaften Soldaten ans Licht der Öffentlichkeit: Juan Santamaría.

Nationalheld und Ikone

Beim Angriff auf die Hacienda Santa Rosa im Norden von Costa Rica kämpfte der 25-jährige an vorderster Front, und es gelang ihm und seinen Kameraden, Walkers Armee zu vertreiben und nach Norden vorzudringen. Bei der entscheidenden Schlacht in Rivas am 11. April 1856 konnte Juan Santamaría die Barrikaden des Gegners in Brand setzen und ihn damit in die Flucht schlagen. Den Einsatz bezahlte Santamaría mit dem Leben und wurde so zum Märtyrer und politischen Mythos. Noch heute ist der 11. April Nationalfeiertag, der internationale Flughafen wurde nach dem Helden benannt und Denkmäler in seiner Geburtsstadt Alajuela errichtet.

Der Kanalbau in Nicaragua geriet ins Stocken, gleichzeitig schritten die Pläne in Panama voran. Ein erbitterter Konkurrenzkampf entbrannte. In beiden Ländern wurden die ersten Spatenstiche gesetzt, in Nicaragua aber nur eine Meile des Kanals fertiggestellt. Die Relikte der Bauarbeiten sind noch heute zu sehen.

Seither gibt es immer wieder Pläne für einen Kanalbau in Nicaragua, 2005 wollte sich Nicaragua von Costa Rica das Recht am Fluss für einen Kanalbau sichern. Pläne und chinesische Investoren für den Canal Grande standen bereit, doch Costa Rica hat aus Naturschutzgründen seine Zustimmung verweigert. Nicaragua marschierte daraufhin 2011 ins Nachbarland ein und annektierte die zu Costa Rica gehörende Insel Calera im Delta des Río San Juan. Die Presse titulierte den Konflikt damals mit der Schlagzeile »Alarm wegen 2,7 Quadratkilometern«. Dank des Internationalen Strafgerichtshofs in Den Haag konnte Costa Rica die Auseinandersetzung für sich entscheiden, und die nicaraguanischen Truppen mussten sich zurückziehen.

Per Anhalter durch den Dschungel

Als ich mich auf der Río Colorado Lodge in die historische Lektüre vertiefte, las ich zum ersten Mal von der Verbindung über den Río San Juan. Einige Jahre später unternahm ich eine Expedition über die gesamte Strecke. Aber ich ahnte noch nichts davon, als uns der Lodgebesitzer Archie mit allem, was ihm zur Verfügung stand, verwöhnte, uns Tee servierte und sich auch um die Buchung auf der Tortuga Lodge kümmerte. Am nächsten Morgen stand das Boot bereit, und meine Krankheit war wie weggeblasen. Ich schlürfte noch den Rest meines Tees und stieg lachend an Bord. »Volksmedizinische Geheimrezeptur«, hatte Archie gesagt. Ob seine selbstgebrauten Elixiere meine Wunderheilung vollbracht haben oder nicht, wird wohl nie herauskommen. Den Hauptbestandteil des Extrakts aber verriet mir Archies Koch: *Cinchona*, Chinarindenbaum.

Der Chinarindenbaum kommt aus Lateinamerika und ist in Costa Rica heimisch. Der irritierende Name geht vermutlich auf die Sprache der Ureinwohner zurück. Die angebliche Heilung der Gräfin Chinchon im 17. Jahrhundert mit der Rinde dieses Baums gehört aber wohl eher ins Reich der Legenden. Die Gattin des spanischen Vizekönigs in Peru soll nie an Malaria erkrankt gewesen sein. Bei den Indigenen wird die Rinde seit Jahrhunderten als Heilpflanze genutzt. Das südamerikanische Volk der Ketschua nennt sie *Kina-Kina*, was so viel heißt, wie »Rinde der Rinden« oder »Königin der Baumrinden«.

Bewegend: *Die vielen Kanäle und Flüsse um Tortuguero bilden heute den großen gleichnamigen Nationalpark. Man kann ihn am besten bei geführten Bootstouren erkunden und bekommt dabei garantiert einiges zu sehen. Mir huschte etwa ein Tayra vor die Linse. Wie gut die Exkursion wird, hängt vor allem vom Bootsführer und Tourguide ab.*

Der Anbau von Chinarinde spielte bis nach dem Zweiten Weltkrieg eine große wirtschaftliche Rolle und war eine bedeutende Einnahmequelle in Latein- und Südamerika. Erst die industrielle Herstellung der chemischen Derivate Chloroquin und später das verträglichere Hydroxychloroquin haben zum Zusammenbruch des Anbaus geführt. Beide Arzneistoffe gehen auf Chinin zurück und wurden im Kontext der Corona-Pandemie sehr kontrovers diskutiert. Im Dschungel hat diese Diskussion keine Rolle gespielt, die Einheimischen sind zu Recht stolz auf die Vielfalt der Heilpflanzen in ihrem Urwald, und jeder Besucher kann froh sein, wenn er einen Guide hat, der sich damit auskennt. In den Sümpfen des Tortuguero-Nationalparks wurde uns dieses Glück zuteil.

Karibikflair im Schildkrötendorf

Zuvor mussten wir uns bei der Nationalparkverwaltung im gleichnamigen Dorf registrieren lassen. Von einer kolumbianischen Familie vor nicht einmal hundert Jahren gegründet, verdienten die Einwohner am lukrativen Handel mit Schildplatt und Schildkrötenfleisch. Die Grüne Meeresschildkröte, *Chelonia mydas*, die nach Tortuguero zur Eiablage kommt, landet nicht in Massen an wie die Bastardschildkröte in Ostional, sondern einzeln. Dafür kommen sie in der Saison zwischen Juli und Oktober jede Nacht. Die riesige Lederschildkröte, *Dermochelys coriacea* die größte Schildkröte der Welt, steuert ebenfalls den Strand von Tortuguero an, allerdings in nicht ganz so großer Zahl und hauptsächlich zwischen Februar und Juli. Und auch die Karettschildkröte sucht Tortuguero auf, sodass im Grunde das ganze Jahr über Schildkrötenbetrieb ist. Das formale Ende der Saison fällt mit einem großen kulturellen Festtag in Costa Rica zusammen: dem Tag der Maskeraden. Der 31. Oktober ist Día Nacional de la Mascarada Tradicional Costarricense.

Die ganze Region lebt vom Wasser, Tortuguero ist nur mit dem Boot erreichbar. Schiffe sind lebensnotwendig am »Amazonas« von Costa Rica, und sie

Kronenküsse: *Die Baumkronen biegen sich über den Kanälen, sodass sie den Wipfelbewohnern eine bequeme Brücke bieten und der Wasserstraße viel Schatten.*

Sonnenbad: *Sobald sich die Sonne zeigt, kommen die Flussschildkröten aus dem Wasser gekrochen und sonnen sich (links). Doch egal wie intensiv die Sonne auch scheint, trockenen Fußes kann man den Park nicht erkunden.*

werden an diesem Festtag ebenfalls geehrt und maskiert – als Frösche, Blumen oder Schildkröten. In geschmückten Booten, die nach Tortuguero pilgern, kommen die Einheimischen der Region zum Fest, die schönsten Maskeraden werden prämiert.

Niemand weiß genau, woher die Tradition an genau diesem Tag kommt, Forscher vermuten eine Fusion von indigenen Ritualen mit Traditionen der spanischen Eroberer, die in Costa Rica zu einer eigenen Kultur verschmolz, in jeder Region mit einem besonderen Akzent. In der Karibik spielt die Befreiung aus der Sklaverei, die Emanzipation der kreolischen Kultur von den Weißen eine zentrale Rolle. Statt zu polarisieren, wird hier fusioniert, altes Leid in Kunst, Kultur und ein großes gemeinsames Fest transformiert.

Als sich die ersten Siedler in den 1930er-Jahren hier niederließen, lag der Ort noch zwischen Stand und Dschungel. Etwa zehn Jahre später wurde der Kanal gebaut, um die zahlreichen Flüsse der Region miteinander zu verbinden und den Hafen von Moin anzuschließen, der damals noch größer war als der in Limón und es jetzt auch wieder werden soll.

Das Dock von Limón ist seit ein paar Jahren für kleine Boote und den Tourismus geschlossen und einem gigantischen Containerhafen gewichen, indem die neuen XXXL-Containerschiffe anlanden und versorgt werden können. Überdimensionale Frachter, die auch den neuen, erweiterten Panama-Kanal passieren können – wenn er genug Wasser hat. Umweltschützer beider Länder hatten vor der Erweiterung und den Folgen für Natur und Klima gewarnt. Aber auch davor, dass zu viel Süßwasser durch die Erweiterung des Panama-Kanals in die Meere abfließen würde. Dieser Effekt ist eingetreten, und nun leiden nicht nur die angrenzenden Ökosysteme an Trockenheit, der Kanal führt auch oft nicht genug Wasser für die Riesenpötte.

Der nächste große Hafen im Atlantik für diese Schiffe ist Moin. Wegen der Erweiterung wurde eine künstliche Insel vor der Küste aufgeschüttet, aber auch der Nationalpark Tortuguero ist von dem Ausbau betroffen. Costa Rica hatte sich dem internationalen Druck gebeugt und den Hafen trotz zahlreicher Bedenken von einem internationalen Konsortium realisieren lassen. Nun machen sich nicht nur die ökologischen Folgen bemerkbar – der Hafen wurde auch zum größten internationalen lateinamerikanischen Hub für die Drogenkartelle und ihre Gangs.

Für die Tortuguero-Region war Moin ohnehin nicht von Bedeutung. Der Nationalpark lebt vom Tourismus, und die Boote legen längst an anderen Docks ab, die deutlich näher an Tortuguero liegen. Gebaut wurde der Kanal in den 1940er-Jahren für die Holzindustrie. Der Hunger nach tropischen Edelhölzern war groß, und die Zerstörung der Urwälder galt noch als Fortschritt. Unzählige Urwaldriesen wurden in dieser Zeit gefällt und über den Kanal zum Hafen transportiert, gleichzeitig Hunderttausende Meeresschildkröten abgeschlachtet und für

Morgendämmerung: *Früh morgens sind die Chancen am größten, dass das Wetter gut ist und viele Tiere zu sehen sind. Nachmittags gibt es in der Karibik häufig Gewitter.*

den Transport nach Europa und in die USA zerlegt. Wieder war es ein Biologe, der diese gigantische Vernichtung stoppte. Der Forscher Archie Carr kam in den 1950er-Jahren nach Tortuguero, um die Meeresschildkröten zu erforschen. 1975 wurde die Region großflächig als Nationalpark unter Schutz gestellt. Kurz vor meiner ersten Costa-Rica-Reise hatte man auch das Gebiet um die Mündung des Colorado-Flusses einbezogen, das nun zusammen mit dem Tortuguero-Nationalpark das größte geschützte Regenwaldgebiet in ganz Lateinamerika mit weit über 1000 Quadratkilometern Fläche bildet.

Der »Amazonas« von Costa Rica

Die geschützte Natur gilt längst als größter Schatz der Region, der Preis dafür ist der Touristenansturm. Um Tortuguero reiht sich eine Lodge an die andere, und in der Hochsaison stauen sich die Exkursionsboote vor den Attraktionen. Doch durch die zahlreichen Seitenarme des Kanals und die kleinen Flüsse, die in die künstliche Wasserstraße münden, kommt dies nur selten vor, und man kann sich auch heute noch als Entdecker im »Amazonas« von Costa Rica fühlen.

Bei meiner letzten Expedition hatte ich das Glück, genau wie bei meiner ersten Tour auf den Wasserstraßen von Tortuguero bei strahlendem Sonnenschein fast allein mit der Natur zu sein. Wir verließen schon bald den Kanal und tauchten in den dichten Dschungel des Nationalparks ein. Die Wasserwege wurden teilweise so eng, dass die Kronen der Baumgiganten einen Tunnel bildeten. Über unseren Köpfen turnten Klammer- und Kapuzineraffen, im Hintergrund bellten Brüllaffen. Auf umgestürzten Bäumen, die wie Inseln aus dem Fluss ragten, sonnten sich Alligatoren oder Flussschildkröten und reckten ihre Köpfe in die wenigen Sonnenstrahlen, die die Wipfel durchließen. Auf den Ästen lungerten ein paar Leguane und schauten gelangweilt herab. Vögel begegneten uns an jeder Ecke, Tortuguero ist ein Paradies für Ornithologen und Vogelliebhaber. Im Nationalpark leben so viele verschiedene Vogelarten, dass ihre Beschreibung ein ganzes Buch füllen

Wildlife: *Das niedliche Baumstachlerbaby* (Erethizon dorsatum) *ließ sich von unserem Boot nicht stören und schlummerte selig weiter, als wir es von allen Seiten fotografierten (oben). Die Grün-Ibisse* (Mesembrinibis cayennensis) *sind deutlich scheuer und schwer zu entdecken (unten links). Auch das Tayra* (Eira barbara) *war wieder ziemlich schnell verschwunden (unten rechts).*

Spiegelglatt: *Besonders beeindruckend sind die Reflexionen in den Kanälen und Flüssen, wenn das Wasser ganz ruhig ist und die nachmittägliche Sonne das Wasser fast schwarz erscheinen lässt (oben). Auch wenn das kühle Nass bei mittäglicher Hitze verlockend erscheint: Baden ist keine gute Idee, überall lauern Krokodile.*

würde. Kormoranverwandte Schlangenhalsvögel hocken fast an jeder Ecke und breiten ihre Flügel zum Trocknen aus. Verschiedene Reiher lauern am Uferrand auf Beute: Tigerreiher, Blaureiher, Seidenreiher und viele andere. Eisvögel schießen wie Pfeile durch die Luft, bevor sie zum Fischfang abtauchten, während auf den Blättern von Seerosen Wasserhühner ihre Tänze vollführen, stets in der Angst, dass Alligatoren ihre Tänze abrupt beenden.

Am Uferrand passierte so viel, dass ich gar nicht wusste, wohin ich zuerst schauen sollte. Der Guide an Bord entdeckte meist lange vor uns die Tiere und erhielt weitere Tipps über Funk. Beispielsweise zu einem Tier, das wir niemals beim Vorbeifahren entdeckt hätten: ein entzückendes Baumstachlerbaby *(Coendou mexicanus)*. Zusammengerollt lag es in einer Astkugel und schnarchte vor sich hin. Wenig später entdeckte ich dann selbst einen spektakulären Urwaldbewohner: Ein mächtiger Tyra *(Eira barbara)* huschte einen Baum an der Uferböschung hinauf. Ich hatte den Eindruck, bei meinem letzten Besuch sogar deutlich mehr Tiere gesehen zu haben als bei meiner ersten Expedition. Es ist die ergreifende Folge von 50 Jahren Regenwaldschutz in diesem Gebiet, Zeit genug für viele Populationen, an Stärke zu gewinnen und für die Urwaldriesen, ihren Platz zurückzuerobern.

Trickreiche Mangrovensümpfe

Doch nicht nur der Regenwald konnte sich im Tortuguero-Nationalpark erholen, auch die küstennahen Sumpfgebiete der Mangrovenwälder. Ein Ökosystem für sich, bestehend aus ganz verschiedenen Baumarten, die im Laufe der Evolution eine gemeinsame Strategie entwickelt haben: Salz, Brackwasser und Brandung zu trotzen. Auf riesigen Stelzenwurzeln harren Mangroven den Gezeiten, stabilisiert durch die Statik der verteilten Last. Bei Ebbe wird ein weiterer Wurzeltyp sichtbar. Wie unzählige kleine Lanzen spitzen Wurzelenden dann aus dem schlammigen Boden. Ähnlich wie Moore riegelt der schlickige Mangrovenboden den Untergrund fast hermetisch ab, lässt keinen Gasaustausch zu. Die Bäume würden ersticken, ragten ihre Spitzen nicht in die Luft. Aber die Liste ihrer Überlebenstricks ist viel länger. Da Mangrovenwälder an Küsten gedeihen, wo salziges Wasser weit in die Flüsse vordringt, nehmen die Pflanzen viel mehr Salz auf, als sie vertragen. Mangroven können das Salz aber auch wieder loswerden, sie pressen es quasi aus ihren Blättern heraus.

An manchen Tagen hängt ein milchiger Salznebel in der Luft, wie Feenstaub. An heißen, trockneren Tagen bleiben die Salzkristalle an den Blattunterseiten der Mangroven kleben. Auch bei der Vermehrung weiß sich der Mangrovenwald zu helfen. Früchte und Samen würden ins Meer hinausgeschwemmt und hätten wenig Chancen auf Keimung und Wachstum, wenn sie einfach vom Baum fallen würden. Mangroven keimen deshalb schon aus, solange die Früchte noch am Baum hängen und sind damit sozusagen lebend gebärend. Erst wenn der Nachwuchs 20, 30 Zentimeter groß ist, lassen die Mutterpflanzen sie los. Blitzschnell krallen sich die jungen Mangroven dann im Schlick fest und ergattern einen freien Platz mit ausreichend Licht, bevor sie die Flut davonträgt.

Mangrovenwälder sind einerseits ein faszinierendes Ökosystem und andererseits essenziell für die Zukunft der Menschheit. Wie Moore können ihre Böden viel CO^2 aufnehmen. Blätter, in denen die Bäume das Gas gespeichert haben, verrotten nicht, wenn sie herunterfallen, sondern werden eingelagert. Damit wird der Mangrovenwald zum effizienten Kohlenstoffspeicher.

Das einzigartige Ökosystem schützt vor den Folgen des Klimawandels, vor zunehmenden Fluten, Stürmen und Überschwemmungen. In Costa Rica sind sieben verschiedene Mangrovenarten heimisch und alle Wälder streng geschützt. Nicht so in vielen anderen Ländern. Florida ist auf Mangrovenwäldern gebaut, in Asien drohen ganze Inseln unterzugehen, weil die schützenden Mangrovenwälder abgeholzt wurden. Fast alle Shrimpsfarmen stehen auf »Mangroven-Blut«, gigantische Flächen werden für den wachsenden Hunger nach diesen Krustentieren vernichtet und mit ihnen Millionen von Tieren. Mangrovenwälder sind die Kinderstube zahlreicher Arten, die bunte Vielfalt von Fluss, Land, Luft und Meer trifft sich hier. Sogar Haie und Rochen vertrauen den Mangrovenwäldern ihren Nachwuchs an. Vom Jaguar bis zur Krabbe, vom Alligator bis zur Muschel, vom Faultier bis zur Boa, von der Ente bis zum Ibis – der Mangrovenwald beherbergt sie alle.

Private Schutzgebiete

Vom »Amazonas« von Costa Rica bis zur Steppe

Private Naturschutzgebiete spielen in Costa Rica eine wichtige Rolle für den Naturschutz, als Pufferzonen um und Brückenglieder zwischen den Nationalparks und staatlichen Reservaten. Menschen aus aller Welt engagieren sich inzwischen im Land, darunter auch Deutsche und etliche Österreicher, deren »Regenwald der Österreicher« zu Hause jeder kennt, während die Initiativen deutscher Naturschützer hierzulande weitgehend unbekannt sind, Unterstützung aber gut gebrauchen könnten. Mit der Gründung des Naturschutzvereins Tropica Verde gehörte ich selbst zu den Pionierinnen, war aber längst nicht die erste Deutsche, die sich für den Urwald in Costa Rica engagierte. Neben Nils Olof Wessberg gehört dazu auch Vinzenz Schmack, der in den 1960er-Jahren als Banker nach Costa Rica kam und ganz im Norden große Flächen Land kaufte. Zuerst, um sie zu bewirtschaften, doch später entschloss er sich, den Regenwald lieber zu schützen und eine Station für Forscher und Touristen zu bauen, La Laguna del Lagarto Lodge.

Das Schutzgebiet liegt am »Amazonas« von Costa Rica, einem Netz von Flüssen und Kanälen im Nordosten, nahe dem Grenzfluss Río San Juan, an der Boca Tapada, einem der letzten Rückzugsgebiete der Grünen Aras. Auch Tropica Verde unterstützt ein Reservat in der Region, die Finca Kinkajou, Pufferzone zum Braulio-Carrillo-Nationalpark. Weiter südöstlich bietet Jürgen Stein mit seinem Selva Bananita vor allem Jaguaren und anderen Wildkatzen ein

Der Dschungel der Deutschen: *Überall im Land gibt es inzwischen große private Schutzgebiete, auch viele von deutschen Naturschützern initiierte Projekte. Roland gehört zu den deutschen Pionieren, vor allem was die Aufforstung von Weideflächen betrifft (linke Seite). Tropica Verde unterstützt Projekte im ganzen Land, dazu gehört auch ein Projekt zum Schutz des bedrohten Grünen Ara (oben). Rainer Stoll ist Pionier für nachhaltiges Reisen, in seinem Schutzprojekt La Tigra bei La Fortuna schützt er ebenfalls Urwald und pflanzt Bäume (oben links). Mein Sohn Ben (unten) hat dort einen Baum für mich gepflanzt (oben rechts).*

Revier. Dieser Wald bildet eine Pufferzone zum Talamca-Reservat der indigenen Bribri.

Der inzwischen verstorbene Rainer Krefft hat sich jahrelang für die Nebelwald-Schutzzone Los Alpes engagiert und dort sein ganzes Erbe investiert. Der Bildhauer Hendoc (Hendrik Docken) finanziert mit seinen Werken ein weiteres Schutzgebiet, der Unternehmer Bernd Lauer hat gerade sein Vermögen in ein großes Urwaldstück im Südosten gesteckt. Rainer Stoll, ein Reiseveranstalter, sattelte frühzeitig auf den Ökotourismus um und betreibt in einem eigenen Schutzgebiet bei La Fortuna am Fuß des Vulkans Arenal das Projekt La Tigra mit nachhaltiger Landwirtschaft, Aufforstung, Waldschutz, Schulungs- und Bildungsprogrammen. Die Liste mit deutschen Naturschützern könnte noch problemlos fortgesetzt werden.

Die wahren Helden des Naturschutzes sind jedoch die Costa-Ricaner selbst, die mit mutigen Projekten vorangeschritten sind, ihre Existenz und ihr Leben riskiert haben, um den Dschungel und seine Bewohner für die nächsten Generationen zu erhalten.

Baumhausyoga: *Entspannung im Dschungeldach gehört zu meinen Alltagsritualen im Baumhaus (oben). Die Affenhorde schaut manchmal etwas verwundert zu (unten links). Brücken bauen zwischen Natur und Mensch, verschiedenen Kulturen, Vergangenheit und Zukunft ist das Mantra meiner Yoga-Brücke (unten rechts).*

EPILOG

In Nosara wird ein (Baum)Traum wahr

In Nosara bin ich ein Teil des Walds geworden, in meinem Baumhaus, das ich aus dem Holz von Bäumen gebaut habe, die ich vor Jahrzehnten mit Roland auf einer ehemaligen Rinderweide angebaut hatte. Im Dorf bin ich jetzt die, die mit den Affen tanzt. Auf meiner Terrasse bewege ich mich auf Augenhöhe mit den Brüllaffen, beobachte sie und studiere ihr Verhalten oder mache zur Belustigung der Primaten Yoga. Ein Leben so, wie ich es mir als Kind immer erträumt habe. Unzählige Vogelarten besuchen mich in meinem Baumhaus, vom Kolibri bis zum Tukan, vom Specht bis zum Papagei – um mein Baumhaus ist tierisch was los, auch wenn gerade keine Affen herumturnen. Die meisten respektieren mein Revier, Nasen- und Waschbären muss ich gelegentlich vom Platz verweisen, vor allem wenn ich beim Kochen das Fenster auflasse. Aber sie trollen sich meist schnell, wenn ich sie scheuche.

Vor ein paar Wochen besuchte mich zum ersten Mal eine Schlange auf der Terrasse. Sie war beim Platzregen untergekrochen und verschwand ebenso schnell wieder, als der Regen nachließ. Ein anderes Mal hatte ein Kolibri die Kurve nicht gekriegt und sich den Kopf am Fenster gestoßen. Erstarrt lag er auf der Terrasse, dann minutenlang auf meiner Hand. Bis ich ihn mit Zuckerwasser wieder aufgepäppelt hatte, dauerte es eine Weile und dann schwirrte er davon. Startete wie ein winziger Hubschrauber in meiner Hand, bevor er im Dschungel verschwand.

Was paradiesisch klingt, ist es auch, aber nicht mehr so einsam, wild und abenteuerlich, wie es früher war. Um mich herum hat sich viel verändert. Von dem alten Lagarta ist kein einziger Stein geblieben, meine alte Heimat einem Hotel gewichen. Ein Haus kam zum anderen im parzellierten Urwald, und ein völlig neues Dorf entstand.

Surfer lieben den kilometerlangen Sandstrand, und auch ich habe das Surfen für mich entdeckt. Von der Zeitschrift »National Geographic« wurde Nosara kürzlich zu einem der weltbesten Surfreviere erklärt, viele der kleinen Hotels ziehen als Yoga-Retreats ein gesundheitsbewusstes Publikum an. Restaurants und Läden haben zunehmend vegetarische und vegane Kost im Programm.

Kurz: Ich hätte das Paradies zwar lieber für mich behalten, bin aber glücklich, dass sich der Tourismus weitgehend sanft und nachhaltig entwickelt hat. Vor allem aber ist der Strand noch schöner geworden. Während ihn bei meinem ersten Besuch noch Büsche und verwilderte Viehweiden säumten, sind es nun Bäume. Ein paar Surfer aus Nosara hatten sich vorgenommen, die gesamte Pazifikküste wieder zu bewalden. Jetzt weht ein sanfter Duft vom wachsenden Küstenwald zum Strand herüber, die meisten Bäume, die gepflanzt wurden, sind Frangipanis *(Plumeria alba)*, außerdem hat die Surferstiftung Costas Verdes Strandmandelbäume und Kapok gesetzt.

Vielleicht kehren auch bald Aras und Faultiere an diesen Küstenabschnitt zurück, und Nosara kann zeigen, dass eine Entwicklung im Einklang mit der Natur tatsächlich funktioniert. Das Land hat das in vielfältiger Weise bewiesen, auch wenn sicher nicht alles perfekt läuft, und es immer wieder schwarze Schafe gibt, die alles und alle nur ausbeuten wollen. Der richtige Weg ist eingeschlagen und jeder kann dazu beitragen, dass er fortgesetzt wird.

Ich bin zutiefst dankbar, Teil dieses Weges zu sein.

Mitstreiter und prominente Weggefährten

Ohne die Unterstützung und Ermutigung vieler verschiedener Menschen hätte ich meine Mission nicht so lange fortsetzen können. Einige haben sich meinem Weg angeschlossen und sich mit mir für einzelne Schutz- und Costa Rica-Projekte verbündet. Es gab und gibt viele Hindernisse auf dem Weg, die Regenwälder, tropische Wildnis und Meere zu schützen und sich für Costa Rica einzusetzen.

Bereits mein erster kleiner wissenschaftlicher FAZ-Artikel über ein Forschungsprojekt in Costa Rica führte dazu, dass mich der damalige Botschafter des mittelamerikanischen Landes, José Joaquin Chaverri, zu einem Empfang einlud. Es war die Zeit um das Jahr 1987 als Oscar Arias, der damalige Präsident von Costa Rica, den Friedensnobelpreis erhielt.

Chaverri hat mich dazu motiviert, meine journalistische Laufbahn fortzusetzen und mich nach der Promotion zu professionalisieren. Er half mir bei einem Interview mit dem Präsidenten und vernetzte mich mit weiteren Pionieren des ökologischen Wandels und der Friedensinitiativen. Aber auch meine Alma Mater, die Goethe-Universität, die FAZ und der Frankfurter Palmengarten unterstützten meine Aktivitäten. Die Universität empfahl mich beim Hessischen Rundfunk. Einige meiner Kommilitonen gründeten zusammen mit mir den Verein Tropica Verde. Der Frankfurter Palmengarten stellte uns einen Raum als Büro zur Verfügung, die FAZ stiftete die Möbel, und mein Buchverlag gestaltete die Mitgliederzeitung. Zu Beginn führte meine Mutter das Büro, damit ich mit meiner Doktorarbeit nicht in Verzug geriet.

Später habe ich anfängliche Weggefährten wiedergetroffen, und neue, auch sehr prominente, kamen hinzu und begleiten mich seither. Dazu gehört auch der jetzige Außenminister von Costa Rica, Arnoldo André, den ich bereits Ende der 1980er-Jahre als jungen Anwalt von Roland kennengelernt habe. Eines seiner wichtigsten politischen Anliegen ist der Erhalt der Biodiversität im Land.

Die Bildergalerie zeigt nur einen kleinen Ausschnitt der Menschen, die mich in meinem Engagement bestärkt haben und sich mit Leidenschaft für Costa Rica und den Erhalt seiner Meere und Wälder einsetzen.

Diese Seiten sind all den Menschen gewidmet, die sich seit Jahren oft still, aber sehr engagiert für den Erhalt der Wälder und Meere und damit für Klima und Artenvielfalt einsetzen. Und natürlich dem Land, das sich wie kein anderes engagiert: Costa Rica.

Der majestätische Dschungel und die weiten Ozeane haben uns Demut gelehrt, und nichts ist von größerer Bedeutung, als die Ökosysteme zu bewahren, die das Fundament für die Zukunft der gesamten Menschheit bilden.

***Oben:** Hessischer Filmpreis mit meinen Söhnen Ben und Timo*
***Rechte Seite:** Links oben Ulrich Dausien, Gründer von Jack Wolfskin, der meine erste Expedition und Tropica Verde unterstützt hat. Daneben: Paul Watson, Kämpfer für die Meere. Zweite Reihe, links Segler und Umweltaktivist Boris Herrmann, daneben Weggefährte in vielen Projekten Daniel Chaverria und rechts Botschafter von Costa Rica Antonio Lehmann. Darunter links mit Ehemann Stephan Werner vor der alten Lagarta-Terrasse, gebaut von Familienfreund Roland Lelin, rechts daneben. Unten links mit Tourismusminister a. D. Wilhelm von Breymann. Rechts daneben Studienkollege, Mitbegründer und Vorsitzender von Tropica Verde, Prof. Martin Scholz mit Familie. Unten links mit Schauspieler und Umweltaktivist Hannes Jaenicke und rechts mit Präsidentin a.D. von Costa Rica Laura Chinchilla*

Malizia

Danksagung

Eine jahrzehntelange Arbeit auf einem fernen Kontinent lässt sich ohne die Unterstützung von Familie, Freunden und Weggefährten nicht realisieren, ebenso wenig Expeditionen in entlegene Regionen, die ich für dieses Buch und weitere wissenschaftliche Arbeiten noch einmal besucht habe. Allen voran gilt mein Dank meinen Kindern Timo und Ben, die mich schon im Säuglingsalter auf meinen Reisen begleitet haben. Ben und seine Freundin Helen Fuchs haben bei ergänzenden Fotoexpeditionen in La Tigra und an der Karibikküste mitgewirkt. Ebenso mein Lebensgefährte Stephan, der mit mir an die abgeschiedensten Orte gereist ist und zusätzliche Aufnahmen beigesteuert hat.

Ein ganz großer Dank für die Unterstützung geht an Freddy Lizano und Rocio Guido vom ICT Costa Rica, die einige Teile der Expedition erst ermöglicht haben. Mein langjähriger Weggefährte Daniel Chavarria von Enchanting Hotels hat uns immer wieder bei der Suche nach Locations und Unterkünften geholfen, ebenso Hans Pfister mit seiner wunderbaren Cayuga Collection und ihren einzigartigen Ressorts. Ganz besonders beeindruckt haben mich die nachhaltigen Lodges von Roberto Fernandez, mit dem ich vor Jahrzehnten im Forschungsinstitut zusammengearbeitet habe, und seiner Frau Luz sowie dem ganzen Team von Böëna. Sie bieten Ökotourismus bis zur letzten Konsequenz auf allerhöchstem Niveau an. Das Gleiche gilt für Rainer Stoll mit seinem La-Tigra-Projekt und Travel for Nature.

Ohne Roland Lelin hätte es all die Abenteuer und das Engagement in dieser Form nicht gegeben, gemeinsam mit seiner Frau Enilda hütet er immer noch den Wald, an beide mein ganz besonderer Dank, ebenso an Tropica Verde, vor allem Martin Scholz und Michael Ott, die die von mir begonnene Arbeit so wundervoll fortsetzen. Ebenso dankbar bin ich allen anderen »Hütern des Walds«. Hier sind an erster Stelle Menschen aus der indigenen Bevölkerung von Costa Rica zu nennen, die mir – wie auch Don Candido – oft geholfen haben.

Und nicht zuletzt gilt mein Dank Joachim Hellmuth und Dorothea Sipilä von National Geographic, die sofort an das Projekt geglaubt und mich großartig unterstützt haben.

Wenn Nicolas Herrlich von Leica nicht ebenfalls von dem Buchprojekt überzeugt gewesen wäre und eine nagelneue Kamera für die Expedition geliehen hätte, wären nicht so tolle Fotos dabei herausgekommen. Herzlichen Dank auch dafür!

Bild- und Textnachweis

Textnachweis: Alle Texte aus diesem Band stammen von Ina Knobloch.

Bildnachweis: Die Fotos, auf denen die Autorin Ina Knobloch abgebildet ist, stammen von Stephan Werner. Alle anderen Bilder in diesem Band stammen von Ina Knobloch mit Ausnahme von

S. 2/3, 176, 177 li.o. und re.u., 178, 179, 201 u. (Helen Fuchs), 15 li.u. (Dziubak, Christine und Franck), 177 re.o. (Stephan Werner), 201 mi.o. und re.o.

Folgende Fotos wurden über die Bildagentur lookphotos Deutschland bezogen:
S. 8/9, 57 re., 70 o., 80 li.u., 134 o., 135 li.u., 168 li.u., 190 re.u. (age footstock), 14, 41 o., 41 li.u., 69 o., 76 re.mi., 106 o., 113 o., 115 li.o., 194 (robertharding), 21 u., 22 li., 57 li.o., 85, 94 u., 163, 171 li.u. (Thomas Stankiewicz), 42, 44, 45, 66, 68, 69 u., 116/117, 129 li.u. re.o, 129 li.u., 131, 134 u., 136 (Minden Pictures), 74 (Delimont, Danita), 91 u. (Franz Marc Frei), 10, 92 o., 93, 127 re., 146-148, 150, 151 li.o., (Konrad Wothe), 97 re.u. (Cavan Images), 115 re. (Avalon.red2), 120 (Jalag / Tim Langlotz), 121 li., 173 o. (Visions from Earth), 130 li., 196 (Hemis), 137 re.o. (DesignPics), 143 li.u. (Reinhard Dirscherl), 169 (Jürgen Richter).

Die nachfolgenden Bilder wurden über shutterstock bezogen:
S. 4/5, 151 li.u. (Petr Salinger), 10 u., 75, 156 (Teo Tarras), 18 (Andrzej Rostek), 19 o. (Ibenk_88), 19 u. (Omri Eliyahu), 21 o. (SergaFomin), 31 li.u. (pisces2386), 34 (pattyphotoart), 36, 76 re.o., 152 u. (Martin Pelanek), 37 re. (esteller), 41 re.u. (Gualberto Becerra), 46 re.o. (Jarib), 48/49 (Monika Gregussova), 51 o. (Salparadis), 57 u. (Victor Koval), 53 (Pep Manz), 54 (Mardoz), 55 (Gianfranco Vivi), 57 li.u. (Serge Goujon), 58 u. (frerd), 61, 83 (Saintdags), 72 (FSG), 76 li.o. und li.mi. (FotoRequest), 76 li.u. (petrdd), 77, 78 re.o. (Vaclav Sebek), 78 li.o. (Seda Yalova), 80 o. (Chase D'animulls), 80 re.u. (Young Swee Ming), 81 (Margus Vilbas), 82, 96 (Leo. leonc), 84 (Rawndall), 86 (Fabienne Kunz), 90 (Visions from Earth), 91 o. (UlisesFLocas), 94 o. (Elena Berd), 95 o., 195 re. (Kevin Wells Photography), 95u., 97 o., 114 (Tanguy de Saint-Cyr), 97 li.u. (Artush), 101 li.o. (Nature's Charm), 101 re. o. (Frenchman_in_Spain), 101 u. (Freedom_wanted), 110 (nikcnka1), 118 (Wim Hoek), 127 li., 130 re. (Dirk Ercken), 129 re.u. (Allen Lara Gonzalez), 137 u. (Ondrej Prosicky), 138/139 (Duarte Dellarole), 140 o. (Michael Bogner), 140 re.u., 149 (Jiri Stoklaska), 162 (crbellette), 164 (J. Niens), 165 o. (Lukas Kovarik), 166/167 (Nick Fox), 170 l. (bleung), 170 re. (Nicola Pulham), 171 o. (Rob Bratsch), 171 re.u. (Jeroen Mikkers), 173 li. u. (SL-Photography), 174/175 (Simon Dannhauer), 177 u. (Marvin Minder), 181 re.o. (Katarzyna Drazek), 183 (Kenneth Vargas Torres), 185 re.u., 187 u. (Massimiliano Finzi), 187 o. (Cris Young), 188 (CL-Medien), 190 (Bas van den Heuvel), 195 li. (iacomino FRiMAGES), 197 li. (Lucinda J Ringer), 197 re. (Ondrej Prosicky), 198 o. (Lesleyanne Ryan), 198 li.u. (techmaz), 198 re.u. (Juan Aceituno), 201 li.o. (Martin Mecnarowski).

Umschlagvorderseite: Ina Knobloch inmitten der costa-ricanischen Fauna umgeben von Ozelot (li.o, shutterstock/Ondrey Prosicky), Tukan (li.u., shutterstock/Martin Pelanek), Kletteraffe (mi., Stephan Werner), Faultier (re.o. shutterstock/Lukas Kovaric), Meeresschildkröte und Rotaugenlaubfrosch (re.u. und ganz re.u., Ina Knobloch).
Umschlagrückseite: Ina Knobloch zur Besuch in der Río Pacuare Lodge (oben, Stepahn Werner) ein Scharlachara-Paar (li.u., lookphotos/age foto), wunderschöne violette Passionsblume (mi.u.) und Blick auf die Strände nahe des Nationalparks Manuel Antonio (re.u., beide von Ina Knobloch)

S. 2/3: Ina Knobloch vor ihrem Baumhaus.
S. 4/5: Der grün und scharlachrot gefiederte Quetzal ist ein echter Blickfang.
S. 8/9: Traumhafter Blick auf den Pazifikstrand im Nationalpark Corcovado

Das Buch der

GARTEN VÖGEL

KOSMOS

KATRIN UND FRANK HECKER

Das Buch der GARTEN VÖGEL

DEIN BEGLEITER FÜR GARTEN UND BALKON – EIN LEBENDIGER STREIFZUG FÜR DIE GANZE FAMILIE

MIT ILLUSTRATIONEN VON HENRIKE KELSCH

KOSMOS

INHALT

Das kostenlose Extra:
Die App KOSMOS-PLUS
Anleitung auf Seite 221

ZU DIESEM BUCH

VON STARENTÖPFEN UND MUSIKLIEBHABERN

Unser Wunsch, Vögel in den Garten zu locken, ist nicht neu: Schon vor über 500 Jahren bemühte man sich, mit tönernen „Starentöpfen“ Stare vom Brüten im Garten zu überzeugen. Damals ging die Liebe zu Gartenvögeln allerdings noch „durch den Magen“, wie man so schön sagt: In der Rückwand dieser Ur-Nistkästen waren Löcher, groß genug für eine Kinderhand zum Hineingreifen. So landete mancher Jungstar in der Sonntagssuppe, aber die Stare nahmen es nicht allzu krumm und legten erneut Eier in den Kasten. Die Beobachtung, dass Stare und andere Singvögel Obstbäume von gefräßigen Insekten befreiten, gab den Startschuss zur natürlichen Schädlingsbekämpfung: Gezielt hängte man Hunderte Nistkästen für Meisen auf.

Natürlich gab es auch damals schon Menschen, die sich einfach an den schönen Liedern erfreuen wollten: So gab es Vogelfänger, wie den berühmten Papageno aus Mozart's Zauberflöte: „Weiß mit dem Locken umzugehn und mich aufs Pfeifen zu verstehn. Drum kann ich froh und lustig sein, denn alle Vögel sind ja mein.“ So landeten Tausende wilde Stieglitze, Bluthänflinge und Zeisige unverschuldet lebenslänglich in winzigen Vogelkäfigen, um Menschen mit ihrer Schönheit und ihren Gesängen zu erfreuen.

WAS VÖGEL ÜBER UNSEREN GARTEN VERRATEN

An unserer Liebe zu Gartenvögeln hat sich zum Glück für die Vögel und auch für uns inzwischen einiges geändert. Es ist ihre pure Anwesenheit, die uns berührt

und erfreut, ihr Zwitschern und ihre schönen Gesänge. Wenn dann im Sommer zudem noch die breitschnäbeligen Küken durch das Geäst hüpfen, ist es um uns geschehen. Das schönste Lob für unseren Garten ist, wenn sich darin plötzlich eine neue Vogelart wohlfühlt, die auch gerne wiederkommt. Das ist für uns immer wieder ein Ansporn, noch etwas genauer hinzuschauen, um die Bedürfnisse der einzelnen Arten kennenzulernen und danach zu handeln. Denn jeder hat es ein Stück weit in der Hand, ob sich bestimmte Vogelarten in den eigenen Garten locken lassen. Dazu geben wir in diesem Buch sehr gerne unser jahrelang erprobtes Wissen auf den Seiten 22 bis 33 weiter.

AMSEL, SPATZ UND MÖNCHSGRASMÜCKE

Damit Sie Ihre Gartenvögel auch wirklich in diesem Buch wiederfinden, stellen wir hier viel mehr Arten vor, als jemals in einem einzelnen Garten anzutreffen sein werden. Denn wer kommt, das hängt vom Garten selbst ab, aber auch von seiner Lage in der umgebenden Landschaft und natürlich von der Jahreszeit. Auf den Seiten 10 bis 21 können Sie nachschlagen, welcher Vogel zu welcher Jahreszeit in Ihrem Garten vorkommen könnte. Etwa die Hälfte unserer Vögel geht im Winter auf die Reise: Langstreckenzieher überwintern südlich der Sahara, Kurzstreckenzieher ziehen meist in den Mittelmeerraum, Teilzieher überwintern nur zum Teil bei uns, ein Teil von ihnen zieht in den milderen Süden.

Katrin und Frank Hecker

DAS VOGELJAHR IM GARTEN

IM JAHRESLAUF

Unsere Gärten sind dynamische Lebensräume: Pflanzen verändern sich fast täglich – genauso die Vogelgesellschaft, da ist ständig Bewegung drin, auch noch mitten im Winter.

Typisch Sommer: der schmetternde Gesang vom Buchfink (oben). Der Buntspecht fliegt im Winter auf Leckereien am Futterplatz.

WAS SICH SO IM GARTEN TUT: DIE PFLANZEN ZEIGEN DIE VÖGEL AN

Wenn die Kätzchen der Salweide blühen, dann kehrt auch der Zilpzalp zu uns zurück. Reifen dann die Früchte vom Schwarzen Holunder, versammeln sich unsere Schwalben schon wieder zu Schwärmen, um bald ihre lange Reise nach Afrika anzutreten. Diese Ereignisse finden natürlich nicht überall gleichzeitig statt. So blühen die Salweiden viel früher in Süddeutschland als im Norden und auch heimkehrende Zugvögel sind eher wieder in südlicheren Gefilden zu beobachten, weshalb es schwierig ist, hierfür genaue Termine oder Monate zu nennen.

DER PHÄNOLOGISCHE KALENDER

Um verlässlichere Aussagen über bestimmte Naturereignisse treffen zu können, entwickelte man deshalb schon vor über tausend Jahren den sogenannten „Phänologischen Kalender". Darin geht es nicht um Monate und Daten, sondern die Natur selbst zeigt uns, in welcher Jahreszeit wir uns aktuell befinden. Bestimmte, häufige und bekannte Zeigerarten aus Garten, Natur und Landwirtschaft läuten dabei jeweils die nächste der insgesamt zehn Jahreszeiten ein. Egal, ob es noch April ist oder schon Mai: Blühen die Apfelbäume, dann ist die Brutzeit unserer Gartenvögel in vollem Gange.

WINTER
Nordische Wintergäste und heimische Überwinterer am Futterplatz.

VORFRÜHLING
Amsel, Rotkehlchen und Singdrossel singen wieder.

ERSTFRÜHLING
Erste Zugvögel kehren zurück in den Garten.

VOLLFRÜHLING
Hauptbrutzeit der meisten Gartenvögel. Kuckuck und Schwalben kehren zurück.

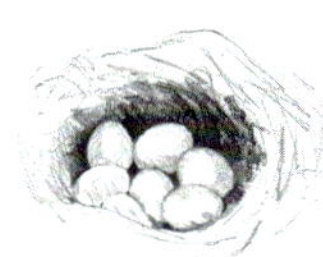

FRÜHSOMMER
Zeit der vielstimmigsten Vogelgesänge.

HOCHSOMMER
Ausgeflogene Jungvögel betteln im Gebüsch.

SPÄTSOMMER
Gartenvögel mausern; Langstreckenzieher verlassen uns wieder.

FRÜHHERBST
Schwalben und Stare versammeln sich zu Schwärmen.

VOLLHERBST
Überwinterer legen Nahrungsvorräte an.

SPÄTHERBST
Gemischte Finken- und Meisenschwärme streifen umher.

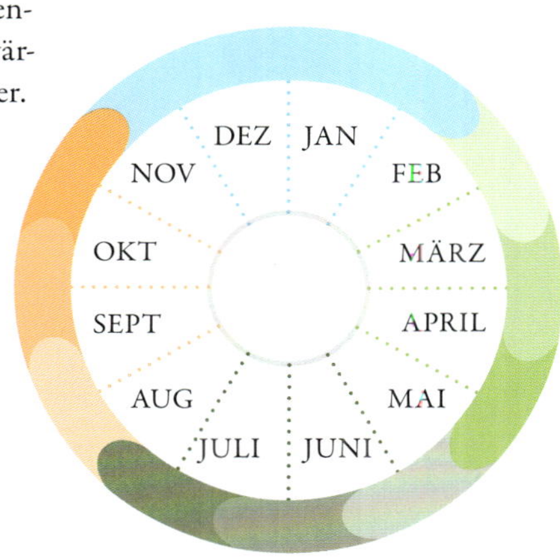

WAS BLÜHT, SINGT UND BRÜTET?

Wann kommen die ersten Zugvögel zurück in unsere Gärten? Welche sind die Spätheimkehrer und wann brütet wer? Es ist ständig was los bei unseren Gartenvögeln. Schauen Sie selbst.

JAHRESZEIT	WAS IST LOS BEI DEN PFLANZEN?	WAS MACHEN ZUR GLEICHEN ZEIT DIE VÖGEL?
Vorfrühling ≈ Febr.–März	Kornelkirsche, Schneeglöckchen, Krokusse, Scharbockskraut, Huflattich und Pestwurz blühen.	- Star, Singdrossel und Bachstelze kehren zurück. - Frühe Sänger im Garten sind Amsel, Rotkehlchen, Misteldrossel, Gartenbaumläufer, Buntspecht, Singdrossel, Buchfink, Grünfink und Kleiber.
Erstfrühling ≈ März–Apr.	Salweiden, Schlehen, Vogelkirschen und Forsythien blühen. Frühblüher im Garten sind Traubenhyazinthe, Blaustern, Frühlings-Gedenkemein, Veilchen, Narzissen, Schlüsselblumen (Primeln), Lungenkraut und Beinwell.	- Zilpzalp, Weißstorch und Mönchsgrasmücken kehren zurück. - Ziehende Rotdrosseln-Schwärme machen bei uns Station. - Amseln, Meisen und Finken bauen Nester oder brüten bereits. - Goldammern singen in dornigen Hecken.
Vollfrühling ≈ Apr.–Mai	Apfelbäume, Flieder, Rosskastanie, Vogelbeere und Weißdorn blühen. Im Garten blühen Garten-Silberblatt, Storchschnäbel, Akeleien, Rote Lichtnelke, Taubnesseln sowie der heimische Günsel und die Knoblauchsrauke, Vergissmeinnicht und Löwenzahn.	- Klappergrasmücke, Fitis, Rauchschwalbe, Hausrotschwanz, Gartenrotschwanz, Gartengrasmücke, Nachtigall, Trauerschnäpper und Kuckuck kehren zurück und besetzen singend ihre Reviere. - Brutbeginn der zurückgekehrten Zugvögel. - Erste Küken von Meisen, Finken, Drosseln und Staren. - Zeit der meisten Vogelgesänge.
Frühsommer ≈ Mitte Mai–Juni	Blütezeit Schwarzer Holunder und Wildrosen, die Bäume sind jetzt wieder belaubt. Im Garten blühen erste Rosen, Rhododendron, Falscher Jasmin, Schnittlauch, Katzenminze, Flockenblumen, Salbei, Fingerhut, Kaskadenthymian, Wiesen-Margeriten und Mohn, Akeleien stehen in voller Blüte.	- Vielstimmige Vogelkonzerte in den frühen Morgenstunden mit Rotkehlchen, Amsel, Zaunkönig, Singdrossel, Nachtigall, Gartenrotschwanz, Hausrotschwanz, Gelbspötter, Trauerschnäpper und vielen anderen Gartenvögeln. - Brut- und Fütterungszeit ist in vollem Gange.

JAHRESZEIT	WAS IST LOS BEI DEN PFLANZEN?	WAS MACHEN ZUR GLEICHEN ZEIT DIE VÖGEL?
Hochsommer ≈ Mitte Juni–Juli	Linden, Hartriegel und Wilde Möhren blühen. Im Garten blühen Skabiosen, Natternkopf, Wilder Dost, Königskerze, Nachtkerze, Wegwarte, Gilbweiderich, Ringelblumen, Malven, Rosenbüsche, Mutterkraut, Lichtnelken und Heilziest, Johannisbeeren werden reif.	- Die Vogelgesänge werden langsam wieder weniger. - Überall werden jetzt Jungvögel mit Insekten gefüttert. - Frisch ausgeflogene Jungvögel hocken im Gebüsch. - Gartenvögel freuen sich über frisches Wasser in Trinkschalen.
Spätsommer ≈ Juli–Aug.	Vogelbeeren werden jetzt schon reif, Rainfarn und Goldrute blühen. Im Garten blühen noch Wegwarte, Nachtkerze, Königskerze und Wilder Dost, erste Obstsorten werden reif.	- Gartenvögel mausern (blasses, lückiges Gefieder). - Vogelfamilien verlassen den Garten. - Langstreckenzieher wie Kuckuck, Mauersegler und Gelbspötter starten ihre Reise nach Afrika.
Frühherbst ≈ Mitte Aug.–Sept.	Viele Heckensträucher und Bäume tragen jetzt reife Früchte. Für Vögel besonders wichtig sind jetzt die Früchte von Schwarzem Holunder, Brombeere, Kornelkirsche, Hartriegel, Weißdorn, Haselnuss, Pfaffenhütchen und Wildrosen.	- Rauchschwalben versammeln sich zu Schwärmen, um bald nach Südafrika aufzubrechen. - Langstreckenzieher wie Nachtigall, Gartengrasmücke und Trauerschnäpper machen sich eher unbemerkt auf den Weg in ihre Winterquartiere südlich der Sahara. - Auffällig sind große Starenschwärme, die meist nur kurze Strecken fliegen.
Vollherbst ≈ Mitte Sept.–Okt.	Die Blätter der Bäume färben sich bunt, Eicheln, Bucheckern und Rosskastanien werden reif.	- Eichelhäher, Kleiber und Meisen legen Nahrungsvorräte an. - Nordische Bergfinken-Schwärme kommen zum Überwintern nach Mitteleuropa.
Spätherbst ≈ Mitte Okt.–Nov.	Wenn das Eichenlaub sich gelborange verfärbt, beginnt der Spätherbst. Zu dieser Zeit werden auch allmählich die Schlehen in der Hecke reif.	- Viele Gartenvögel geben ihre Brutreviere auf und streifen in kleinen Schwärmen in der Umgebung umher. - Häufig sieht man jetzt auch gemischte Finkenschwärme mit Grünfinken, Hänflingen und Stieglitzen. - Schwärme von Wacholderdrosseln suchen nach Fallobst und reifen Früchten. - Aus dem hohen Norden erreichen uns hungrige Rotdrossel-Schwärme.
Winter ≈ Nov.–Febr. 	Unsere Laubbäume haben fast alle ihre Blätter abgeworfen, eine Ausnahme bilden manche Buchen und Eichen, die ihr welkes Laub auch über den Winter tragen.	- Meisen, Spatzen und Zaunkönige nutzen ihre ehemaligen Nistplätze in eisigen Nächten als Schlafhöhlen. - Baumläufer kuscheln sich in kalten Nächten zu mehreren hinter abstehender Rinde zusammen. - Beerentragende Wildsträucher locken nordische Rotdrosseln und samentragende Stauden Stieglitze in den Garten. - Am Futterhaus finden sich neben daheimgebliebenen Amseln, Kleibern, Gimpeln, Rotkehlchen, Spatzen, Meisen und Finken auch nordische Gäste wie Erlen- und Birkenzeisige. - Ansonsten eher scheue Waldvögel wie Kernbeißer, Wintergoldhähnchen und Spechte kommen im Winter in den Garten, wenn dort Nahrung zu finden ist.

IM FRÜHLING

Sehnsüchtig erwartet, sprießen im Februar endlich erste Frühblüher und mit jedem Tag nehmen auch die Vogelgesänge wieder zu. Nach und nach kehren jetzt die Zugvögel wieder zurück in unsere Gärten.

Als erster kehrt der Star (Foto oben) wieder zu uns zurück, der bunte Gartenrotschwanz ist ein später Heimkehrer.

VORFRÜHLING (≈ FEBR.–MÄRZ)
Wenn Kornelkirschen und Schneeglöckchen im Februar ihre Blüten öffnen, singen Amseln schon wieder ihre ersten, leisen Lieder vom Hausdach. Früh im Jahr kehren Kurzstreckenzieher wie Star, Singdrossel und Bachstelze zurück und Buntspechte markieren jetzt ihr Brutrevier mit langen Trommelwirbeln.

Auch der bei uns überwinternde Gartenbaumläufer (Seite 56) besetzt früh im Jahr lautstark singend sein Brutrevier und mit den Gesängen von Rotkehlchen, Kleiber, Buchfink, Grünfink und Singdrossel ist die stille Winterzeit endgültig vorüber.

ERSTFRÜHLING (≈ MÄRZ–APR.)
Die gelben Blüten von Sal-Weiden und Forsythien läuten etwa Mitte März den Erstfrühling ein und mit ihm kehren Weißstorch und Zilpzalp (Seite 106) aus ihren Winterquartieren zu uns zurück. Zu dieser Zeit sind „Daheimgebliebene" wie Amseln, Meisen und Finken schon mit dem Nestbau beschäftigt oder sie brüten sogar bereits.

Aus blühenden Schlehenhecken singen die Goldammern und neben heimkehrenden Mönchsgrasmücken stärken sich auch Schwärme hungriger, in Richtung Norden ziehender Rotdrosseln an den erst jetzt reifenden Efeubeeren.

VOLLFRÜHLING (≈ APR.-MAI)
Der Vollfrühling beginnt mit einem Blühspektakel in unseren Ortschaften. Die Apfelbaumblüte läutet die wohl blütenreichste Zeit im Jahr ein und gleich zu Beginn kehren Klappergrasmücken und der farbenprächtige Hausrotschwanz (Seite 76) zu uns zurück. Während die eine eher unauffällig im Gebüsch klappert, sitzt das Rotschwänzchen gerne exponiert auf Dachfirsten und beschallt noch vor Sonnenaufgang schlafende Ortschaften mit seinem knisternden Gesang.
Als nächstes öffnen Flieder und Rosskastanie ihre üppige Blütenpracht, unsere Gartenbeete sind wieder bunt getupft und die Bäume werden wieder grün. Wintergäste und Durchzügler wie Rotdrosseln haben unsere Gärten wieder verlassen und, während die Neuankömmlinge mit dem Nestbau beginnen, piepsen in Nistkästen bereits erste Küken von Staren und Meisen. Auch im Gebüsch gibt es ersten Nachwuchs von Finken und Drosseln. Egal, ob Meise, Drossel oder Fink: Alle Küken benötigen in dieser Zeit Unmengen eiweißreicher Insekten – je insektenfreundlicher unser Garten, desto besser ist ihre Überlebenschance. Schließlich kehren die Langstreckenzieher aus ihren Winterquartieren südlich der Sahara zu uns zurück: Nachtigall und Gartenrotschwanz liefern sich noch vor Sonnenaufgang unglaubliche Klang-Duelle, die ersten Rauchschwalben sind zurück und tagsüber hört man jetzt auch wieder den Kuckuck rufen.

Reife Efeubeeren gibt's nur im Frühjahr – die Mönchsgrasmücke freut sich.

IM SOMMER

Mit der Blütezeit vom Schwarzen Holunder beginnt nach dem Phänologischen Kalender je nach Region schon ab Mitte Mai der Sommer und damit sind auch die letzten Zugvögel zu uns zurückgekehrt.

Frisches Wasser im Garten lockt junge Rotkehlchen zum Badespaß, junge Grauschnäpper (Foto oben) werden jetzt noch im Nest gefüttert.

FRÜHSOMMER (≈ MITTE MAI–JUNI)

Zu keiner anderen Jahreszeit erklingen die Vogellieder so vielstimmig wie jetzt. In den Morgenstunden wetteifern kürzlich zurückgekehrte Langstreckenzieher wie Nachtigall, Gelbspötter, Trauerschnäpper und Gartenrotschwanz mit ihren Gesängen um Brutreviere und Nistplätzchen im Garten. Viele sind nicht mehr übrig, denn die besten Stellen sind bereits von daheimgebliebenen Meisen, Finken und Drosseln besetzt. Schwalben wissen sich zu helfen. Sie kleben sich Nester aus Lehmklümpchen an unsere Wände und Stallungen.

HOCHSOMMER (≈ MITTE JUNI–JULI)

Wenn im Juni die Linden blühen, sind die Vögel im Garten schon wieder stiller. Denn jetzt haben die Vogeleltern alle Schnäbel voll damit zu tun, ihre geschlüpften Küken satt zu füttern: 500 Flüge pro Tag müssen Meisen-Eltern im Schnitt absolvieren, um ihre Küken satt zu bekommen. Je weniger Insekten die Umgebung bietet, desto kräftezehrender die Nahrungsbeschaffung. In Gebüschen hopsen jetzt noch nicht flugfähige, unerfahrene Jungvögel umher. Deshalb in dieser Zeit unbedingt den Stubentiger im Haus beschäftigen.

SPÄTSOMMER (≈ JULI–AUG.)
Mit den reifen Früchten der Vogelbeere und frühen Obstsorten beginnt bei uns der Spätsommer und damit wird es im Garten nach und nach wieder stiller. Die Brutzeit ist bei den meisten vorüber und deshalb muss das Revier jetzt nicht mehr mit lauten Gesängen markiert und verteidigt werden. Im Gegenteil: Solange noch nicht voll flugfähige Jungvögel im Gebüsch hocken, zieht man besser nicht allzu viel Aufmerksamkeit auf sich. In den heißen Monaten wissen Gartenvögel eine Wasserstelle zum Trinken und Baden übrigens sehr zu schätzen (Seite 27), an heißen Tagen wird aus einer kleinen Tränke im Nu ein richtiges kleines Freibad für planschlustige Jungvögel.
Häufig kann man jetzt im Garten Vögel mit blassem und schütterem Gefieder beobachten. Diese Tiere sind aber keineswegs krank, sie wechseln nur ihr Gefieder, das nach dem Winter und der kräftezehrenden Brutzeit weitgehend abgenutzt ist. Dieser Kleiderwechsel dauert bei kleineren Vögeln etwa zwei Wochen und nennt sich Mauser. Besonders fällt die Mauser bei fliegenden Vögeln auf, wenn im Flügel Lücken durch herausgefallene Flügelfedern klaffen.
Nach und nach leert sich nun unser Garten. Einige Vögel ziehen auf umliegende Wiesen und Felder, um nach Sämereien, Insekten und ersten reifen Früchten zu suchen. Langstreckenzieher wie Mauersegler, Kuckuck, Gelbspötter und Pirol machen sich bei uns nach nur 3 Monaten schon wieder auf den Rückweg in ihre afrikanischen Winterquartiere.

Ausgeflogen, aber noch nicht flügge: Viele Jungvögel wie diese Singdrossel flattern nach Verlassen des Nests noch unbeholfen umher und werden so zur leichten Beute, z. B. von Katzen.

IM HERBST

Im Herbst ist der Himmel voller Vögel: Schwärme von Kranichen, Wildgänsen und Watvögeln ziehen jetzt in den Süden. Eher still und heimlich verlassen uns im Herbst aber auch viele Gartenvögel.

Vorräte horten: Eichelhäher (Foto links) sammeln und verstecken jetzt Eicheln für den Winter und auch der Kleiber (Foto oben) hortet Nahrung in kleinen Ritzen.

FRÜHHERBST (≈ MITTE AUG.–SEPT.)

Dass der Sommer sich nun verabschiedet, zeigen uns in der Natur die reifen, schwarzen Früchte vom Holunder. Auch im Garten werden jetzt viele Obstsorten reif, Schwärme von Staren und Schwalben ziehen umher und Langstreckenzieher wie Nachtigall, Gartengrasmücke und Trauerschnäpper verlassen uns schon jetzt. Bevor es aber auf die lange Reise geht, müssen Vögel noch Fettreserven als Energiereservoir anlegen. Dazu benötigen sie vor allem Früchte wie Holunderbeeren, aber auch Vogelbeeren und die Früchte von Weißdorn, Holunder, Hartriegel und Wildrosen (Seite 22).

VOLLHERBST (≈ MITTE SEPT.–OKT.)

Wenn das Laub sich zu verfärben beginnt und die Eicheln reifen, ist der Herbst in vollem Gange. Manche Vögel, die über Winter bei uns ausharren, legen jetzt gezielt Nahrungsvorräte für schlechte Zeiten an. Kleiber verstecken Sämereien in Baumritzen und Höhlen, Tannenmeisen stopfen Nadelbaumsamen hoch oben in dichte Fichtenzweige und Eichelhäher verbuddeln kiloweise Eicheln in der Erde.

In dieser Zeit kommen auch Bergfinken-Schwärme aus nordischen Wäldern zu uns. Sie suchen nach Bucheckern in unseren Laubwäldern.

SPÄTHERBST (≈ MITTE OKT.–NOV.)

Eigentlich ist es kein Wunder, dass man früher glaubte, Schwalben würden in einer Art „Schlafstarre" am Grunde unserer Teiche und Seen überwintern – ähnlich wie starre Frösche im kalten Schlamm. Schließlich sah man im Herbst Schwalben noch in Schwärmen am Schilfsaum der Gewässer – und dann waren sie weg, um im nächsten Frühjahr plötzlich wieder Insekten hinterherjagend über Teichen und Seen aufzutauchen. Vogelforscher fanden heraus, dass unsere Rauchschwalben in dieser Zeit tatsächlich über 10.000 Kilometer in ihre südafrikanischen, insektenreichen Winterquartiere fliegen. Bis zum Ende vom Spätherbst haben uns auch Zilpzalp, Hausrotschwanz, Bachstelze, Singdrossel und Girlitz verlassen, um in der milderen Mittelmeerregion zu überwintern. In der näheren Umgebung unserer Gärten streifen jetzt kleine Finkenschwärme umher: Hänflinge, Grünfinken und Stieglitze werden nach der Brutzeit gesellig und suchen gemeinsam nach Flächen mit samentragenden Wildkräutern und Disteln. In der Gruppe ist man besser vor Feinden geschützt und viele Augen entdecken eher ergiebige Nahrungsquellen. Auffällig sind jetzt auch Schwärme umherziehender, laut tschackernder Wacholderdrosseln, unter die sich auch die deutlich kleineren nordischen Rotdrosseln mit ihren rostroten Unterflügeln mischen.

Stare schließen sich zu Schwärmen zusammen, streifen gemeinsam umher und suchen nach Nahrung und sicheren Schlafplätzen.

IM WINTER

Für spannende Abwechslung im Garten sorgen in den Wintermonaten neben daheimgebliebenen Meisen, Rotkehlchen und Amseln auch scheuere Waldvögel sowie Zugvögel aus dem hohen Norden.

Wenig Scheu zeigen der heimliche Gimpel (Foto links) und auch der Kleiber im Winter am Futterplätzchen im Garten.

HOCHNORDISCHE FINKEN

Im Winter lohnt ein genauerer Blick in Finkenschwärme: Unter die häufigen Buchfinken mischen sich jetzt Bergfinken aus skandinavischen Birkenwäldern. Für sie ist Mitteleuropa das Winterdomizil. Vor allem trifft man sie in Wäldern mit reichlich Bucheckern, aber auch Futterhäuschen im Garten besuchen sie regelmäßig. Nordische Erlenzeisige (Seite 144) streifen im Winter in Schwärmen umher und landen auch an Futterplätzen. Nordische Gimpel (Seite 148) sind kräftiger und leuchtender rot. Man erkennt sie an ihren ungewöhnlichen, trompetenden Rufen.

ROTDROSSEL UND SEIDENSCHWANZ

Sträucher mit Früchten locken im Winter nordische Rotdrosseln an (Seite 92). Sie machen bei uns Rast auf ihrem Weg in den Süden und einige bleiben den ganzen Winter über. In manchen Wintern kommt es in Mitteleuropa zu invasionsartigen Einflügen hocharktischer Seidenschwänze (Seite 120). Ihr Brutgebiet erstreckt sich von Alaska bis Kamtschatka. Zu uns kommen sie nur, wenn die Nahrung im Norden knapp wird. Dann sieht man sie in Schwärmen auf beerentragenden Sträuchern, nicht selten sogar wenig scheu mitten im Stadtpark.

KLEIBER, SPECHTE, MEISEN

Wer ein Futterplätzchen für Vögel im Garten einrichtet, kennt bald seine „Stammkundschaft“ ganz genau. Je nach Region und Lage – ob mitten in der Stadt oder eher ländlich – variiert die Zusammensetzung der Vogelarten von Garten zu Garten natürlich. Doch die ersten am Futterhäuschen sind meist die wenig scheuen Kohl- und Blaumeisen, dazu gesellen sich Tannen-, Sumpf- und Haubenmeisen und nicht selten auch das winzige Wintergoldhähnchen. Unübersehbar sind die zierlichen Schwanzmeisen mit ihren überlangen Schwänzen. Hier lohnt ein genauerer Blick: Schwanzmeisen mit reinweißen Köpfen sind eine eigene Unterart aus dem hohen Norden, bei uns sind sie nur im Winter zu beobachten. Unter den Finken fällt am Futterhaus der plumpe, durchsetzungsstarke Grünfink sofort ins Auge. Auch Spatzen zählen zu den ersten am Futterplatz. In gemischten Finkentrupps am Boden kann man neben Buchfinken auch Bergfinken, Bluthänflinge, Kernbeißer, Erlen- und Birkenzeisige beobachten. Der Gimpel kommt eher einzeln oder paarweise zu Besuch. Während Amseln, Rotkehlchen und Heckenbraunellen ihr Futter auch im Winter am liebsten bodennah aufpicken, sieht man den Kleiber jetzt pausenlos zwischen Futterhaus und kleinen Verstecken hin- und herfliegen: Er hortet Leckerbissen, auch Nisthöhlen dienen ihm im Winter oft als Vorratskammer. Neben dem großen Buntspecht lässt sich im Garten jetzt auch der kleinere Mittelspecht beobachten.

Samentragende Stauden und Kräuter locken den Stieglitz auch im Winter in den Garten.

NÜTZLICHE STRÄUCHER UND BLUMEN

Als ursprüngliche Waldbewohner brauchen die meisten Vögel auch im Garten Büsche und Bäume. Weniger bekannt ist, dass Gartenvögeln tatsächlich auch mit bestimmten Blumen geholfen werden kann.

Weißdornbeeren gibt es auch noch im Winter. Im Efeu findet das Rotkehlchen ein sicheres Versteck.

TISCHLEIN DECK' DICH

Praktisch alles, was unsere Gartenvögel brauchen, finden sie im Schutz von Büschen und Bäumen: sichere Plätzchen, hohe Sing- und Sitzwarten und einen reich gedeckten Tisch. Theoretisch jedenfalls, denn da hapert es schon bei vielen Ziergehölzen. Die Blüten vom Rhododendron und Sommerflieder locken zwar Hummeln und Schmetterlinge zum Nektartrinken, für blattfressende Räupchen, Käfer und Co sind sie aber praktisch wertlos. Genau diese Tierchen aber benötigen Gartenvögel, um ihre Küken großziehen zu können, abgesehen davon, dass heimische Insekten natürlich auch einen Wert für sich haben und nicht nur als Vogelfutter. Und während Wildrosen oder naturnahe Gartenrosen im Herbst leckere Hagebutten ausbilden, bleibt der Tisch bei gefüllten Gartenrosen leer: Wo es keine Staubblätter, Narben und Griffel mehr in den Blüten gibt, da reifen auch keine Früchte. Das bedeutet sicher nicht, dass nun alle nicht heimischen Sträucher für den Garten tabu sein sollten. Warum soll man nicht ein harmonisches und nützliches Nebeneinander von liebgewonnenen Zierpflanzen zusammen mit insekten- und vogelfreundlichen Gewächsen pflegen können?

GEHÖLZE FÜR KLEINE GÄRTEN

Auch mit wenig Platz lässt sich der Garten in eine richtige Vogeloase verwandeln. Entscheidend ist hier die richtige Auswahl kleinbleibender, vogelfreundlicher Sträucher (s. Kasten) und eine möglichst geschickte Ausnutzung des limitierten Raumangebots. Wo rechts und links kein Platz mehr ist, da können wir mit Spalieren oder an Wänden Rankgewächse als „Ersatzbäume" in die Höhe schicken. Ein flachwüchsiger, heimischer Insektenmagnet ist die heimische Gewöhnliche Zwergmispel *(Cotoneaster integerrimus)*, ihre Beeren werden sehr gerne von Finken, Drosseln und Rotkehlchen gefressen. Nicht heimisch, aber dennoch ein gutes Vogelnährgehölz ist die Runzelige Zwergmispel *(C. bullatus)*, die deshalb auch den Namen „Amselbrotbaum" trägt. Auch Züchtungen heimischer Sträucher in Säulenform wie Säulen-Eberesche und Säulen-Weißdorn passen gut in kleine Gärten sowie der strauchförmig wachsende, nicht kletternde Strauch-Efeu „Arborescens". Als Kletter- und Spalierpflanzen für kleinere Gärten eignen sich besonders Platzkünstler wie Wilder Wein, Geißblatt, Efeu und Kletterrosen.

DIE 10 BESTEN GARTENSTRÄUCHER FÜR VÖGEL

Mit heimischen Sträuchern helfen Sie Gartenvögeln das ganze Jahr über. Und auch einige Zuchtformen heimischer Sträucher sind wertvoll für Vögel.

- **Vogelbeere** (Eberesche) *Sorbus aucuparia* auch als Säulen-Eberesche „Fastigiata"
- **Efeu** *Hedera helix* auch als Strauch-Efeu „Arborescens"
- **Schwarzer Holunder** *Sambucus nigra* auch als Gartenform „Black Lace" und „Black Beauty"
- **Brombeere** *Rubus fructicosus* auch als stachellose Zuchtform wie „Loch Ness"
- **Himbeere** *Rubus idaeus* auch als ertragreiche Zuchtform wie „Elida"
- **Vogelkirsche** *Prunus avium* auch als alte Zuchtform „Rote Knorpelkirsche"
- **Weißdorn** *Crataegus monogyna* auch als Säulen-Weißdorn „Stricta"
- **Hartriegel** *Cornus sanguinea* auch als Zuchtform „Midwinter Fire"
- **Kulturapfel** *Malus domestica* zahlreiche Zuchtformen
- **Hechtrose** *Rosa glauca* und weitere heimische Rosensträucher

Im Weißdorn finden Vögel sichere Verstecke, außerdem Insektennahrung und im Herbst nahrhafte Früchte.

Das winzige Wintergoldhähnchen braucht Gärten mit Fichten.

IMMERGRÜNE DÜRFEN SEIN

Immergrüne Bäume und Sträucher haben in unseren Gärten durchaus ihre Daseinsberechtigung. Es müssen ja nicht in Form geschnittene Thujahecken, Kirschlorbeer oder Buchsbäume sein, die für Insekten und Vögel kaum etwas zu bieten haben. Dafür gibt es gute Alternativen. Vier attraktive heimische Immergrüne sind Eibe *(Taxus baccata)*, Stechpalme *(Ilex aquifolium)*, Efeu *(Hedera helix)* und Liguster *(Ligustrum vulgare)*. Sie alle sind wertvoll für Insekten und bieten Vögeln mit ihren immergrünen Blättern Schutz zu jeder Jahreszeit.
Im Herbst oder Winter reifen an ihren Zweigen Früchte, die von Vögeln gerne genommen werden, für uns Menschen sind sie allerdings giftig. Zwischen den stachelbewehrten Blättern der Stechpalme finden Vögel im Winter sichere Schlafplätze, beliebt sind sie auch als kurzfristiger Landeplatz neben der Futterstation im Garten. Im Rankgewirr des Efeus wird gerne gebrütet. Besonders Amseln, Rotkehlchen und Grauschnäpper bauen hier ihre Nester. Einige Singvögel wie Haubenmeise, Tannenmeise, Wintergoldhähnchen und Gimpel brüten überhaupt nur in Gärten mit immergrünen Gehölzen.
Der heimische Liguster ist allerdings nicht komplett wintergrün, hier könnte man auch auf die Zuchtsorte „Atrovirens“ ausweichen, die im Winter länger grün bleibt. Wichtig zu wissen ist auch, dass sich nur dann Blüten und Beeren am Liguster bilden können, wenn er nicht jährlich geschnitten wird. Ein unglaublicher Insektenmagnet mit ungewöhnlicher Blütezeit ist der Efeu. Er öffnet seine duftenden gelben Blütenkugeln von Spätsommer bis Herbst und seine schwarzen Beeren reifen im Frühjahr, wenn es in der Natur kaum noch andere Früchte zu finden gibt. Solange es noch Beeren gibt, kann man wirklich täglich verschiedene Vögel am Efeu beobachten: Amseln und Singdrosseln lieben die Beeren ebenso wie durchziehende Rot- und Wacholderdrosseln und auch die früh heimkehrenden Mönchsgrasmücken. Wer keine Wand für den Kletterer übrig hat, kann auf den Strauch-Efeu „Arborescens“ ausweichen, er wird nicht höher als 1,50 m und bildet garantiert keine Ranken.

WILDE BLUMEN FÜR GARTENVÖGEL

Dass Vögel Blumen brauchen, erscheint zunächst nicht schlüssig. Mit den häufigen Zierblumen im Garten können wir ihnen auch tatsächlich nicht viel Gutes tun, wohl aber mit heimischen Wildpflanzen. Denn an den Blättern, Wurzeln und Blüten unserer heimischen Flora finden unzählige Insekten und deren Larven Nahrung – und genau diese brauchen alle Gartenvögel besonders im Frühjahr und Sommer zur Aufzucht ihrer Küken. Könnten diese Insekten nicht stattdessen auf chinesische oder nordamerikanische Pflanzen ausweichen? Das können sie leider nicht, ihre Jahrtausende lange Evolution macht dies schlicht unmöglich.

Besonders spezialisiert sind dabei die blattfressenden Raupen und andere Insektenlarven, die wir meist gar nicht wahrnehmen. Sie haben aber die größte Bedeutung für die Versorgung der Vogelküken mit proteinreichen Insekten und für den Lebensraum Garten generell, denn ohne Raupe auch kein Schmetterling.

Wer heimische Wildpflanzen in seinen Garten setzt, tut in jedem Fall etwas Gutes für die tierischer Bewohner. Perfekt wird es, wenn für Blütenbesucher wie Wildbienen, Schwebfliegen, Bockkäfer und Schmetterlinge immer etwas blüht, also vom Frühjahr bis zum Spätsommer. Im Serviceteil (Seite 216) finden Sie empfehlenswerte Internetseiten zu Wildblumen für den eigenen Garten. Attraktive Insektenmagneten sind unter anderem Natternkopf *(Echium vulgare)*, Wilder Dost *(Origanum vulgare)*, Glockenblumen *(Campanula)*, Flockenblumen *(Centaurea)*, Königskerzen *(Verbascum)*, Geflecktes Lungenkraut *(Pulmonaria officinalis)*, Wiesen-Margerite *(Leucanthemum vulgare)*, Wegwarte *(Cichorium intybus)*, Wilde Möhre *(Daucus carota)*, Wiesensalbei *(Salvia pratensis)*, Gelbe Resede *(Reseda lutea)*, Klatschmohn *(Papaver rhoeas)*, Wiesen-Witwenblume *(Knautia arvensis)*, Schmalblättriges Weidenröschen *(Epilobium angustifolium)* und Duft-Skabiose *(Scabiosa canescens)*.

Wichtige Samenlieferanten für Gartenvögel sind Karden, Kugel- und Kratzdisteln, Wegwarte, Nachtkerzen, Flockenblumen, Vogel-Wicke und natürlich samentragende Gräser in der Wiese.

EIN APFELBAUM IM GARTEN …

… ist eine Schatzkammer für Vögel: Gimpel lieben die Knospen im Frühjahr. Seine Blätter und Blüten ernähren unzählige Insekten, die Gartenvögel zur Aufzucht ihrer Küken brauchen. Im Herbst sorgen seine Äpfel für gefüllte Bäuche bei Drosseln und Staren. Im Geäst älterer Apfelbäume finden Vögel zudem gute Verstecke und Nischen für ihr Nest.

AUS VOGELPERSPEKTIVE

Wo wir wohnen, ist es oftmals so aufgeräumt, dass Vögel kaum noch Pfützen, Sitzwarten und Nistmaterial finden. Das alles brauchen sie aber, um sich bei uns wohlfühlen und brüten zu können.

Must-haves für Vögel: Sitzwarten und täglich frisches Wasser.

LEBENDIGE VIELFALT

Wie können wir erreichen, dass sich möglichst viele verschiedene Singvögel bei uns niederlassen, ihre Lieder zwitschern und Küken großziehen? Das Geheimnis eines attraktiven Gartens für Vögel liegt in seiner Vielgestaltigkeit, seinen kleinen Nischen (Seite 29), einer abwechslungsreichen, üppigen Bepflanzung, die Schutz und Nahrung über's Jahr bietet (Seite 22), dem selbstverständlichen Verzicht auf Pestizide, Kunstdünger und Schneckenkorn und dann noch ein bisschen „Unordnung“ wie ungemähte Rasenstücke, angehäufeltes Laub und Reisig.

HYGGELIGE GÄRTEN

Kennen und erfüllen wir die Bedürfnisse unserer Gartenvögel in der unmittelbaren Umgebung ihres Reviers, dann ersparen wir ihnen damit zeit- und energieaufwendige Flüge in die Umgebung, um an Nistmaterial, Wasser und Nahrung zu kommen. Je besser wir darin werden, unseren Garten abwechslungsreich und behaglich zu gestalten, desto mehr verschiedene und auch seltene Vogelarten werden wir entdecken. Und dann gibt es noch ein paar Kleinigkeiten, die für uns nur wenige Handgriffe bedeuten, für zarte Vogelwesen aber einen großen Unterschied machen können.

NISTMATERIAL ANBIETEN

Ist die Entscheidung für einen Nistplatz gefallen, sind Vögel als nächstes auf der Suche nach passendem Baumaterial für ihr Nest. Für den „Rohbau" brauchen sie je nach Nestgröße kleine Zweige oder trockene Halme, außerdem Moos zum Ausstopfen der Ritzen. Für den isolierenden Innenausbau sind sie auf der Suche nach feinen Haaren oder Wolle. Schwalben und Singdrosseln brauchen außerdem Lehm oder feuchte Erde, um ihren Nestern Stabilität zu verleihen, und die zierlichen Schwanzmeisen verkleben die Nestwände mit Spinnweben. Umso besser, wenn sich das passende Baumaterial einfach im Garten finden lässt. Falls nicht, können wir ein wenig nachhelfen und trockenes Nistmaterial geschützt vor Regen in einem Nistmaterialspender anbieten. Hierfür eignet sich z. B. ein umgedrehter, aufgehängter Blumentopf oder einfach ein umfunktionierter Futterspender mit Drahtgeflecht (Erdnussspender).

FÜR FRISCHES WASSER SORGEN

Wer Tiere in seinem Garten liebt, sollte unbedingt frisches Wasser anbieten. Gerade Körnerfresser wie Grünfinken sind häufig durstig und müssen ggf. weit fliegen, um trinken zu können. An heißen Tagen suchen viele Gartenvögel Wasser, um ihren Durst zu löschen und ihr Gefieder abzukühlen. Gerade flache Tränken können an warmen Tagen zu Keimschleudern werden. Das Wasser sollte mindestens einmal täglich erneuert und die Schale ausgebürstet werden. Damit kleine Tiere nicht ertrinken, bitte kleine Steine zum Rauskrabbeln hineinlegen.

SITZWARTEN SCHAFFEN

Ein guter Überblick ist für Vögel sehr wichtig. Von oben können Feinde und Beute schnell erspäht werden. Fehlen im Garten Bäume und höhere Sträucher, können Sie Zaunpfähle, Harken und Haselstecken als Ersatz anbieten. Sie werden schnell entdeckt und immer wieder angeflogen.

Für den Nestbau im Frühling: trockene Halme, Moos und Wolle

SPATZEN LIEBEN SANDBÄDER

Dazu genügt ihnen schon eine flache Schale oder eine einfache Kuhle, die mit möglichst feinem, staubigem Sand und etwas Kieselgur gefüllt wird. Der feine Sand verteilt sich wie Puder im Gefieder und bekämpft juckende Plagegeister wie Milben.

NISTHÖHLEN UND NISCHEN

Gartenvögel lieben Nistkästen – aber nur solche, die wirklich was taugen. Und manche können damit überhaupt nichts anfangen. Sie brauchen unbeobachtete Nischen oder sogenannte Halbhöhlen.

Ein gutes Raumklima und reichlich Platz für Familie Spatz bieten solche Tonröhren. Der Zaunkönig baut sein Nest lieber im Geäst.

NISTKÄSTEN FÜR HÖHLENBRÜTER

Meisen brüten gern in dunklen Höhlen, hier fühlen sie sich sicher und ihr Nachwuchs ist geschützt vor Nässe und den meisten Räubern. Ursprünglich waren das Baumhöhlen, denn Meisen sind eigentlich Waldbewohner. Unsere Gärten und Nistkästen sind für sie Ersatzlebensräume. Auch der Star, Spatzen, Kleiber, Gartenrotschwanz und Trauerschnäpper freuen sich über solche Nisthöhlen, vorausgesetzt, die nähere Umgebung bietet genügend Insektennahrung für ihren Nachwuchs. Entscheidend für den Bruterfolg sind Material und Maße der Nisthöhlen.

Welche Größe passt?

Zu kleine und zu dünnwandige Nistkästen werden im Sommer regelrecht zu Backöfen, da spielen sich so manche Tragödien im Verborgenen ab. Daher auf eine Wandstärke von 18 bis 20 mm achten, die Grundfläche sollte innen 12 mal 12 cm betragen (für den Star 14 mal 14 cm). Das Einflugloch für kleinere Meisen sollte 2,7 bis 2,8 cm betragen, für Kohlmeise, Spatzen und

Halbhöhle für's Rotkehlchen: Die weite Öffnung unterscheidet Halbhöhlen von klassischen Meisen-Nistkästen.

Die Eier von Rotkehlchen, Spatzen und Finken sind gerade mal 2 cm groß.

Kleiber 3,2 bis 3,6 cm und für den Star 4,5 bis 5,0 cm. Der Gartenrotschwanz bevorzugt hochovale Eingänge von 4,8 bis 6,2 cm. Nistkästen nie in praller Sonne aufhängen.

PLÄTZCHEN FÜR FREIBRÜTER

Mit reich verzweigten Büschen, üppigen Rankgewächsen und dicht wachsenden, hohen Staudensäumen machen wir unseren Garten für eine bunte Schar von Finken attraktiv: Stieglitz, Gimpel, Girlitz, Bluthänfling, Grün- und Buchfink verstecken ihre Nester im schützenden Gewirr von Zweigen und Ranken. Auch die Nester der kleinen Grasmücken, Zilpzalp, Heckenbraunelle, Zaunkönig, Singdrossel und Amsel finden sich geborgen im Geäst. Wichtig für alle „Freibrüter": Büsche, Staudensäume und Kletterpflanzen nie so stark ausdünnen, dass man hindurchsehen kann. Von mäßigen Rückschnitten im Herbst profitieren sie aber, denn wo richtig gestutzt wird, da entstehen dichte Gebüsche und Astquirle, perfekt zum Bau der Nester.

NISCHEN UND HALBHÖHLEN

Manche Gartenvögel beziehen weder Nisthöhlen noch bauen sie ihre Nester frei im Geäst. Diese Spezialisten kommen ursprünglich nicht aus dichten Wäldern, sondern eher aus offenen, deckungsarmen Landstrichen wie aus baumarmen Felsregionen, von Flussufern oder Felswänden. Hier haben sie gelernt, ihre Nester in Nischen und Ritzen zu verstecken und das tun sie bis heute. Für den Hausrotschwanz sind unsere Häuser sozusagen Ersatzfelsen und ihm genügen schon kleine Mauervorsprünge oder Dachbalken zum Brüten. Grauschnäpper und Bachstelze sind dafür bekannt, dass sie die bizarrsten Untergründe am Haus als Nestunterlage benutzen und hier auch erfolgreich brüten können. Auch das Rotkehlchen liebt halboffene Höhlen und Nischen.

GARTENVÖGEL FÜTTERN

Mit einem Futterplätzchen im Garten erleichtern wir Vögeln den Winter und schaffen uns selber tolle Beobachtungen. Aber dürfen Vögel auch im Sommer gefüttert werden und wenn ja, womit?

Für den Balkon gibt es Futterspender, die sich am Geländer befestigen lassen. Im Winter verliert auch der prächtige Gimpel (links) seine Scheu und kommt ganz nah ans Haus.

FÜR KERN-KNACKER

Welches Futter für welchen Gartenvogel? Das kommt auf den Schnabel an: Finken mit ihren kräftigen Schnäbeln, auch Spechte, Kleiber und die Goldammer fliegen auf Sonnenblumenkerne, denn sie sind ölreich und liefern deshalb schnelle Energie. Ob die Schale gestreift oder schwarz ist, spielt dabei keine große Rolle, die schwarzen sind nur etwas weicher und deshalb leichter zu knacken. Generell ist es vorteilhafter, Sonnenblumen mit Schale anzubieten (keine geschälten), denn in ihrer „Naturverpackung" halten sie länger und werden nicht so schnell ranzig.

Geschälte Sonnenblumenkerne haben den Vorteil, dass sich unter dem Futterhaus keine Häufchen von Schalen ansammeln. Bei kalter Witterung können sich die Vögel daran schneller satt futtern. Beliebt sind auch Hanfsamen, ungesalzene Erdnüsse, Haselnüsse und vor allem Bucheckern, die man auf Herbstspaziergängen im Wald sammeln kann. Ganze Getreidekörner, die häufig einen Anteil in günstigeren Futtermischungen ausmachen, werden von den meisten Futterbesuchern verschmäht und landen aussortiert am Boden.

FÜR ZARTE SCHNÄBEL

Gartenvögel mit zarten Schnäbeln wie Rotkehlchen, Zaunkönig, Stieglitz, Hänfling und Heckenbraunelle mögen zwar auch Sonnenblumenkerne und Nüsse, sie können sie nur nicht aufknacken. Im Ganzen verschluckt wären die großen Brocken für sie schlecht verdaulich. Ihnen können wir mit geschälten, ganz fein gehackten Sonnenblumenkernen und Nüssen eine Freude machen. Gut geeignet sind für sie vor allem aber feinere Saaten wie Mohn aus dem Zoofachmarkt oder einfacher Backmohn aus dem Supermarkt, Hirse aus dem Supermarkt oder auch als Hirsekolben zum selber Abpflücken aus dem Zoofachmarkt und die ölhaltigen Ramtill-Samen. Sie stammen von dem in Äthiopien heimischen Ramtillkraut und werden häufig an Ziervögel verfüttert. Da feine Sämereien aus normalen Hängesilos allzu leicht herausrieseln, lohnt sich die Anschaffung eines geschlossenen Futtersilos (z. B. aus Plexiglas) mit kleinen Futteröffnungen. Oder Sie streuen die feinen Saaten ins Vogelfutterhaus und bringen ringsherum Leisten an, damit die Samen bei stürmischem Wetter nicht einfach herausgeweht werden können.

INFOBOX

Für die Fütterung von Vögeln ungeeignet sind

- Speisefette wie Butter und Margarine,
- Rasen-Saat, da chemisch vorbehandelt,
- Backwaren, sie bilden den Nährboden für schädliche Bakterien, und
- salzige Essensreste wie Käse, Kartoffeln und Wurstwaren.

BELIEBT UND SCHNELL GEMACHT

Wir verfüttern im Winter sehr gerne geölte Haferflocken, denn die zwei Zutaten dafür haben wir immer im Haus, sie sind ruckzuck fertig, können gleich verfüttert werden und Vögel mit feineren Schnäbeln lieben sie. „Unser" Rotkehlchen, das im Winter Unterschlupf im Offenstall bei unserer kleinen Schafherde sucht, kommt jedenfalls jeden Morgen zur Heufütterung und hüpft solange dicht um uns herum, bis es seine mitgebrachte Portion geölter Haferflocken bekommt. Auch Zaunkönig, Schwanzmeisen, Heckenbraunellen und Baumläufer mögen diese geölten Flocken sehr gerne.
Sie brauchen dazu nur 500 g Haferflocken, 150 ml Sonnenblumenöl, Kochtopf und Rührlöffel. Erwärmen Sie zuerst das Öl auf kleiner Flamme, bis es gut handwarm ist. Dann geben Sie die Flocken dazu und rühren, bis alles Öl von den Flocken aufgesogen wurde. Breiten Sie die Mischung auf einem Backpapier aus, bis sie abgekühlt ist. Die geölten Flocken können Sie im Futtersilo oder im Futterhäuschen anbieten.

Rotkehlchen suchen ihre Nahrung gerne in Bodennähe.

MEISENKNÖDEL & CO.

Der Klassiker unter der Vielfalt im Fachmarkt angebotener Vogelfutter-Sorten sind die beliebten Meisenknödel. Da lohnt unbedingt ein Vergleich, denn die Unterschiede in der Qualität sind gerade hier enorm. Manche Knödel bestehen nur aus billigen, minderwertigen Fetten und Kleie, der Nährwert für die Vögel ist hier eher gering. Wirklich hochwertiges Fettfutter bekommen Sie im Zoofachhandel vor Ort oder auch online (empfehlenswerte Shops finden Sie auf Seite 216). Wenn Sie Freude am Selbermachen, Köcheln, Kneten und Befüllen haben, dann ist vielleicht unser Rezept für selbstgemachtes Fettfutter etwas für Sie. Es ist einfach herzustellen, Sie wissen dann wirklich, was drin ist und haben noch dazu viele kreative Gestaltungsmöglichkeiten.

FETTFUTTER SELBER MACHEN

Zuerst 1 kg hochwertiges Kokosfett (z. B. „Palmin") auf kleiner Flamme schmelzen, dann 1 kg Körnermischung (z. B. Sonnenblumenkerne, Haferflocken, Hirse und Mohn) und 3 Esslöffel Sonnenblumenöl hineinrühren. Die Mischung abkühlen lassen, bis sie fast ganz ausgehärtet ist. Dann daraus Knödel formen oder sie in Töpfchen, Tassen oder Keksförmchen streichen und aufhängen. Selbstgemachtes Vogelfutter ist übrigens auch ein schönes Mitbringsel für gute „Vogel"-Freunde.

VOGELHÄUSCHEN ODER FUTTERSILO?

Wichtiger als die Optik ist, dass das Futter wirklich trocken bleibt (Schimmelgefahr) und möglichst wenig mit Vogelkot in Berührung kommt (Keimgefahr). In klassischen Vogelhäuschen hüpfen die Vögel im Futter herum, das ist nicht so optimal. Es gibt mittlerweile aber auch Vogelhäuschen, wo das Futter in der Mitte durch ein Silo nach unten rutscht. Aber auch klassische Vogelhäuschen funktionieren, wenn man den Futterplatz z. B. mit einem Set auslegt, das gut abwischbar ist. Der Nachteil an fast allen gängigen Futtersilos ist, dass die Überdachung zu klein ist und so das Futter an den Öffnungen feucht wird und dann schimmeln kann.

Die zierlichen Schwanzmeisen mit ihren überlangen Schwanzfedern tauchen am Futterplatz meist in kleinen Trupps auf.

Selbstgemachtes Fettfutter kann in Förmchen gestrichen oder auch zu Kugeln gerollt und in kleinen Tontöpfchen angeboten werden.

Ein toller Besucher am Futterplatz ist der Kernbeißer mit seinem mächtigen Nussknacker-Schnabel.

WANN DARF MAN WAS FÜTTERN?

Dürfen Gartenvögel im Sommer gefüttert werden oder richtet man damit womöglich sogar Schaden an? Dieses Thema wird unter namhaften Ornithologen ebenso heiß diskutiert wie unter Vogelliebhabern in den Sozialen Medien.

Die Frage ist dabei, ob Vogeleltern durch angebotene Körner- und Fettnahrung im Garten womöglich ungeeignetes Futter an ihre Küken verfüttern könnten. Oder wissen Vogeleltern, dass sie selbst zwar ihre eigenen Energiereserven am Futterplatz auftanken können, ihren Küken aber dennoch Insekten fangen und verfüttern müssen? Denn die meisten Nestlinge sind nicht in der Lage, solches Futter zu verdauen und würden daran qualvoll sterben. Für ihren noch empfindlichen Verdauungstrakt sind in den ersten Lebenswochen vor allem Insekten verwertbar.

Der bekannte Ornithologe Professor Berthold hält diese Bedenken für unbegründet und plädiert für eine Ganzjahresfütterung, wo den Vögeln auch im Sommer die ganze Bandbreite an Futter – von Erdnüssen bis Fettfutter – angeboten werden darf und sollte.

Der Landesbund für Vogel- und Naturschutz in Bayern (LBV) empfiehlt hingegen, Vögeln im Sommer nur in Notsituationen spezielles, mit Insekten angereichertes Futter auszulegen. Der Naturschutzbund Deutschland (NABU) rät dazu, im Sommer nur feine, eiweißreiche Samenmischungen, z. B. Waldvogel-Mischungen, zu verfüttern, die dem, was Vögel natürlicherweise zu dieser Zeit auch in freier Natur finden sollten, am Ähnlichsten ist.

DIE VOGELARTEN IM GARTEN

BLAUMEISE

Cyanistes caeruleus

GRÖSSE: 11–12 cm

BEI UNS: Ganzjährig; Brutzeit Apr.–Juni, Altvögel sind meist standorttreu, Jungvögel ziehen auch umher. Im Winter häufig in Trupps an Futterplätzen zu beobachten.

BRUT: Legebeginn meist Mitte Apr. in Baumhöhlen und Nistkästen; meist 9–11 Eier; Brutdauer 13–17 Tage; Nestlingszeit bis zur Flugfähigkeit 19–21 Tage. Die Familie bleibt noch 2–3 Wochen lang zusammen. Meist nur 1 Jahresbrut.

TYPISCH: Mit ihrem Himmelblau auf Kopf, Flügeln und Schwanz ist die Blaumeise mit keiner anderen Meise zu verwechseln.

GARTENTIPP: Heimische Sträucher beherbergen unzählige Insekten und machen Blaumeisen satt. In Wildkräuterecken und ungespritzten Gemüsegärten finden sie die für ihre Jungenaufzucht dringend benötigten Raupen, Insektenlarven und Käfer.

SÜSS UND STREITBAR

Klein, bunt, niedlich – über Blaumeisen im Garten freut sich wohl jeder. Dabei lassen sich die zierlichen Meisen durchaus nicht die Butter vom Brot nehmen. Am Futterplatz verteidigen sie ihre Ressourcen entschieden gegenüber anderen Vögeln.

001

Sie singt hoch und silberhell. Der Gesang beginnt mit 2 bis 3 Einzeltönen, darauf folgt ein tieferer Triller, etwa wie „tii-tti-ti-tirrrrrrrr". Die Blaumeise schimpft zeternd „tscherretetetet".

GARTENPARADIES MIT TÜCKEN

Ursprüngliche sind Blaumeisen in alten Eichenwäldern zu Hause. Hier brüten sie in ausgemorschten Asthöhlen und finden in den äußersten Zweigen der Baumkrone reichlich Insektennahrung. Winterfütterung und Nistkästen locken sie regelmäßig auch in Gärten. Wegen der fehlenden Insekten ist der Bruterfolg hier aber oft nur gering.

BALD AUF SICH GESTELLT

Nach dem Verlassen ihrer Höhle werden die Küken zuerst noch von den Eltern gefüttert. Für die noch nicht flugsicheren Jungvögel ist es besonders wichtig, bald selbst ausreichend energiereiche Insektennahrung in ihrem direkten Umfeld finden zu können.

BEETGESTALTUNG FÜR DIE KLEINEN

Bis zu 15 Eier legt eine Blaumeise in künstliche Nistkästen – weit mehr als in die kleineren, natürlichen Baumhöhlen. Der Bruterfolg im Garten ist dennoch weitaus niedriger als im Wald, denn die Eltern finden in aufgeräumten Gärten mit Ziersträuchern meist nicht ausreichend Insekten für all die hungrigen Schnäbel.

SAUBERE KINDERSTUBE

Sind die hungrigen Schnäbel gestopft, sammeln die Eltern sorgfältig die Kotbällchen ihrer Küken ein und tragen sie im Schnabel nach draußen.

BLATTLAUS-SPEZIALISTIN

Mit ihren nur 8–15 g Körpergewicht hangeln Blaumeisen häufig an den äußersten Zweigspitzen und erbeuten dabei winzige Blattläuse und Spinnen.

WAS KÜKEN BRAUCHEN

Anders als ihre Eltern benötigen Blaumeisen-Küken Raupen und andere größere Insekten als Babykost, dazu braucht es heimische Sträucher und Kräuter.

KLEINE KULTURFOLGER

Im Garten nehmen Blaumeisen gerne Nistkästen mit möglichst kleinem Einflugloch in Beschlag (Durchmesser 26–27 mm). Hier kommt es nicht zu Streitigkeiten mit der größeren Kohlmeise, sie passt nicht durch das kleine Schlupfloch.

Ölhaltige Sämereien wie Sonnenblumenkerne werden sehr geschätzt. In Buchenwäldern picken sie jetzt die fettreichen Bucheckern.

Im Winter schließen sich Blaumeisen zu kleineren Trupps zusammen und sind dann häufige Gäste an Futterplätzen.

Gehaltvolles Fettfutter nehmen sie besonders gerne, denn es liefert schnell kostbare Energie.

KOHLMEISE

Parus major

GRÖSSE: 14 cm

BEI UNS: Ganzjährig; Brutzeit Apr.–Juli (Aug.). Jungvögel ziehen im Herbst zum Teil in südliche Regionen.

BRUT: Legebeginn meist Anfang Apr., etwas früher als Blaumeise, in Baumhöhlen und Nistkästen, auch in Briefkästen und Mauernischen; meist 7–10 Eier; Brutdauer 12–17 Tage; Nestlingszeit 15–22 Tage. Die Familie bleibt nach Verlassen der Höhle noch 3 Wochen lang zusammen. 1–2 Jahresbruten.

TYPISCH: Sucht anders als die Blaumeise bevorzugt auf stammnahen Ästen und Zweigen nach Insekten, häufig auch in der Laubstreu am Boden unter Büschen.

IM WINTER und Frühjahr sind Kohlmeisen kontrastreich schwarz, weiß und gelb gezeichnet. Im Sommer erneuern sie dann ihr Federkleid (Mauser, S. 17) und sind dann deutlich blasser gefärbt.

LEBEN IM WINTER

Nach der Brutzeit schließen sich Kohlmeisen zu gemischten Meisentrupps mit Blau-, Sumpf- und Tannenmeisen zusammen. Gern besuchen sie Futterstellen, wo Kohlmeisen Fett- und Körnerfutter picken, aber eine besondere Vorliebe für Erdnüsse haben.

002

Der Gesang ist schon im Vorfrühling zu hören, er wird auch als Glockenläuten umschrieben: Ein- bis vier glockenhelle Töne werden dabei rhythmisch wiederholt „zizibebe-zizibebe" oder auch „zii-bä-zii-bä".

WOHLFÜHLOASE

Abwechslungsreiche Gärten mit heimischen Sträuchern, Kletterpflanzen, Bäumen und ungefüllten Kräutern und Blumen locken unzählige Insekten – und damit auch Kohlmeisen.

LEBEN IM SOMMER

Im Garten brüten sie fast ausschließlich in künstlichen Nisthöhlen. In Eichenwäldern und Obstgärten beziehen sie Höhlen in dickeren Ästen und Stämmen. Untersuchungen zeigten, dass eine einzige Eiche Kohlmeisen meist mehr Insektennahrung bietet, insbesondere Rüsselkäfer und Raupen, als mehrere Gärten zusammen.

GARTENTIPP:
Kohlmeisen bevorzugen Nistkästen mit einem Einschlupfloch von 3,2–3,6 cm Durchmesser. In abwechslungsreichen Gärten konkurrieren sie mit den ähnlich großen Kleibern und mit Haus- und Feldspatzen um diese künstlichen Höhlen.

RUND 500 FLÜGE pro Tag müssen Meiseneltern absolvieren, um ihren hungrigen Nachwuchs satt zu bekommen.

BLASS = KRANK?
Ab Juni, oft während der Zeit der Jungenfütterung, beobachtet man blasse Kohlmeisen mit stumpfem Gefieder. Diese Tiere sind aber nicht krank, sie erneuern bloß ihr Federkleid. Diese Mauser zieht sich bis in den September.

GUTE PARTNERSCHAFT
Sind die Küken geschlüpft, werden sie von beiden Elternteilen abwechselnd gefüttert. Aber nur das Weibchen hudert die Kleinen, um sie zu wärmen.

TOD IM KASTEN
Die Gründe für das Sterben fast flügger Kohlmeisen im Nistkasten können ungünstige Witterung, Parasiten oder der Tod eines Elternteils sein. Insbesondere auch durch Insektizide, zum Beispiel gegen den Buchsbaumzünsler, vergiftete Raupen werden Jungvögeln nicht selten zum Verhängnis.

DAS BESTE FÜR DEN NACHWUCHS
Altvögel sind für sich selbst keine wählerischen Kostgänger. Sie futtern verschiedenste Insekten und ihre Larven. Zum Füttern ihrer Küken suchen sie aber bevorzugt nahrhafte Raupen und größere Insekten.

Von erhöhten Sitzwarten lassen sich Insekten besonders gut erspähen. Hier dient eine ausgediente Harke „kopfüber“ im Blumenbeet als Aussichtsplattform.

SUMPFMEISE

Poecile palustris

SUMPFMEISEN sind „Graumeisen“ ohne jegliches Gelb oder Blau.

GARTENTIPP:
Samentragende Stauden und Kräuter über den Winter stehen lassen. Sumpfmeisen finden sich hier sehr gerne ein, um die nahrhaften Sämereien zu picken.

003

Anhand ihres Gesangs und ihrer Rufe ist sie am ehesten von der sehr ähnlichen Weidenmeise (Seite 40) zu unterscheiden: Typisch für die Sumpfmeise ist ihr peitschendes „Piees-tjä-tjä-tjä“, die Weidenmeise ruft dagegen breit gedehnt „dähh-dähh-dähh“.

BRÜTET IN HÖHLEN

Sumpfmeisen brüten bevorzugt in natürlichen Baumhöhlen, häufig erweitern sie alte Spechtlöcher oder Fäulnishöhlen mit dem Schnabel, bis die Höhle ihren Ansprüchen genügt. In Gärten besiedeln sie auch Nistkästen mit einem Einschlupfloch von 2,6–2,8 cm.

TREUE PARTNER

Sumpfmeisen sind über viele Jahre mit ihrem Partner zusammen. Auch nach dem Tod des Partners bleiben sie ihrem Brutrevier treu.

AUCH IN DER STADT

Ihr ursprünglicher Lebensraum sind feuchte Auwälder und reich strukturierte Laubwälder. Mittlerweile brüten Sumpfmeisen aber regelmäßig in Gärten, Parks und auf Friedhöfen.

NAHRUNG IM SOMMER UND WINTER

Im Frühling und Sommer erbeutet sie kleine Insekten wie Pflanzenläuse, Käfer, Ohrenkneifer und auch Spinnen. Ab Herbst und im Winter machen Sämereien von Kräutern und Bäumen etwa die Hälfte ihrer Nahrung aus. Im Gegensatz zur Weidenmeise kommt die Sumpfmeise im Winter gern an Futterhäuschen.

GRÖSSE: 11,5 cm

BEI UNS: Ganzjährig; Brutzeit Apr.– Juni (Juli). Die Brutpaare überwintern in ihrem Brutgebiet und besuchen gerne Futterhäuschen.

BRUT: Legebeginn meist Mitte Apr. in natürliche Baumhöhlen oder Nistkästen; meist 7–9 Eier; Brutdauer 12–13 Tage; Nestlingszeit 16–21 Tage. Nach Verlassen der Höhle bleibt die Familie noch 1–2 Wochen zusammen. 1 Jahresbrut.

TYPISCH: Haben Sumpfmeisen eine gute Futterquelle aufgetan, legen sie das ganze Jahr über kleine Vorratskammern unter Moos und in Rindenritzen an.

WEIDENMEISE

Poecile montanus

GRÖSSE: 11,5 cm

BEI UNS: Ganzjährig häufig, regelmäßiger Brutvogel.

BRUT: Apr.–Juli; meist 7–9 Eier auf spärlich gepolstertem Nest in selbst gezimmerter Bruthöhle; Brutdauer 13–15 Tage; Nestlingszeit 17–20 Tage. 1 Jahresbrut.

004

Der Gesang beinhaltet die typischen, breit gedehnten „dähh-dähh-dähh"-Strophen.

ZIMMERN SELBST HÖHLEN

Mit ihren kurzen, kräftigen Schnäbeln hacken Weidenmeisen 15–16 cm tiefe Bruthöhlen in Äste oder Stämme – hierfür sind sie auf das Vorhandensein morscher Laubhölzer angewiesen. In „aufgeräumten" Wäldern kommen sie nicht vor. Der Bau dauert knapp zwei Wochen, beide Partner sind daran beteiligt.

SCHLICHTE WALDMEISE

Weidenmeisen sind die Zwillinge der Sumpfmeise, kommen aber eher selten in Gärten vor. Es sei denn, diese grenzen an Wälder mit Erlen, Weiden oder Birken. In der nordischen Taiga und in südlicheren Gebirgen leben Weidenmeisen auch in Nadelwäldern.

HAUBENMEISE

Lophophanes cristatus

GRÖSSE: 11,5 cm

BEI UNS: Ganzjährig sehr standorttreu, häufiger Brutvogel.

BRUT: März–Juni; meist 6–8 Eier in vom Weibchen selbst gezimmerter Bruthöhle; Brutdauer 13–16 Tage; Nestlingszeit 18–23 Tage. 1 (–2) Jahresbruten.

005

Der Gesang ist ein sehr hohes, monoton wiederholtes „Wie-wie-dürr – wie-wie-dürr" und rollende „dürrrrrrr"-Laute.

GARTENTIPP:
Im Winter kommt sie gerne ans Futterhäuschen. Vorausgesetzt, es befinden sich Nadelbäume in der Nähe.

NÖTIGE NADELBÄUME

Nicht nur in freier Natur, sondern auch in Gärten, Parks und Friedhöfen sind Haubenmeisen auf das Vorhandensein immergrüner Koniferen angewiesen. Ihre Nahrung, wie kleine Insekten, Larven, Spinnen, suchen sie in den obersten Zweigen. Im Winter sind Nadelbaum-Samen für Haubenmeisen eine wichtige Nahrungsquelle.

TANNENMEISE

Periparus ater

GRÖSSE: 10,5 cm

BEI UNS: Ganzjährig; Brutzeit Apr.–Juli (Aug.); überwintert im Brutgebiet, wandert bei Nahrungsknappheit aber auch ab.

BRUT: Legebeginn meist im Apr. in Baumhöhlen oder Nistkästen, deren Innenraum mit reichlich Moos verkleinert wird; meist 8–9 Eier; Brutdauer 14–15 Tage; Nestlingszeit 18–21 Tage. 1–2 (3) Jahresbruten.

TYPISCH: Ist sie aufgeregt, stellt sie ihre schwarzen Kopffedern zu einer kleinen, spitzen Haube auf.

LEBEN IM SOMMER

Tannenmeisen sind rastlose, kleine Meisen, die meist unbemerkt hoch oben in Nadelbäumen herumturnen. Ihr Nest bauen sie in Höhlen am Stamm oder unten am Boden in alten Baumstümpfen oder Mäusegängen. Nach der Brutzeit schließen sie sich mit anderen Meisen und Goldhähnchen zu gemischten Trupps zusammen.

006

Der Gesang ist ein monotones, absteigendes „wiet-ze wiet-ze wiet-ze" oder auch aufsteigend „ze-wiet ze-wiet ze-wiet".

INVASIONEN AUS DEM NORDEN

Im Winter sind Fichtensamen eine wichtige Nahrungsquelle für Tannenmeisen. Werden diese knapp, begeben sich nordische Tannenmeisen in Schwärmen auf Wanderschaft und tauchen dann häufig auch vermehrt in unseren Gärten mit Nadelbäumen auf.

NAHRUNG IM SOMMER

Im Sommerhalbjahr ernähren sich Tannenmeisen hauptsächlich von kleinen Insekten und Spinnen, auch zur Fütterung ihrer Küken schleppen sie unermüdlich Insekten heran.

GARTENTIPP:
Mit einem Futterplatz im Winter und zeitig im März aufgehängten Nistkästen mit engem Einschlupfloch (Durchmesser 2,6 cm) lassen sich Tannenmeisen in den Garten locken.

SCHWANZMEISE

Aegithalos caudatus

GRÖSSE: 14 cm (davon 9 cm Schwanz)

BEI UNS: Ganzjährig; Brutzeit März–Aug. Im Herbst schließen sie sich zu Schwärmen zusammen und streifen gemeinsam auf der Suche nach Nahrungsquellen umher.

BRUT: Legebeginn oft schon im März; meist 4–6 Eier in kunstvoll geflochtenem Kugelnest; Brutdauer 10–13 Tage; Nestlingszeit 11–13 Tage. Nach dem Ausfliegen bleiben die Familien noch 2 Wochen zusammen. 2–3 (4) Jahresbruten.

TYPISCH: Hangelt an dünnsten Zweigen und Schilfhalmen.

BALANCIERSCHWANZ
Wie eine Balancierstange hilft der lange Schwanz dabei, ihren kugeligen Körper in der Luft und auch auf feinsten Zweigen im Gleichgewicht zu halten.

007

Der Gesang besteht aus trockenen, tschirpenden Tönen „prrt-prrt-prrt", die man häufig bei der Nahrungssuche im Schwarm hört. Überfliegende Trupps rufen mehrsilbig „sri-sri-sri".

IM SOMMER ernähren sich Schwanzmeisen hauptsächlich von Blattläusen, kleinen Spinnen, Mücken und Räupchen.

HARTE WINTER
Andauernder Frost, Eisüberzüge auf Sträuchern und Bäumen und dicke Schneelagen verursachen hohe Verluste in den Winterschwärmen. Nicht, weil es den Schwanzmeisen zu kalt ist – sie finden dann keine Nahrung mehr und verbrauchen dennoch viel Energie mit der vergeblichen Suche nach Fressbarem.

WÄRMEN SICH GEGENSEITIG
Schwanzmeisen sind gesellig und sozial. Hat ein Paar seine Brut verloren, hilft es anderen beim Füttern der Jungvögel. In kalten Winternächten halten sich Schwanzmeisen gegenseitig warm. Dazu bilden sie Schlafkugeln, in denen sie so eng wie möglich zusammenrücken. Ihre langen Schwänze zeigen dabei nach außen.

GARTENTIPP:
Mit Fettfutter und feinen Sämereien kann man Schwanzmeisen gut über den Winter helfen.

KUNSTVOLLE NESTER
Ihre dickwandigen, sackartigen Nester mit kleinem Einschlupfloch bestehen aus über 6000 Einzelteilchen: Moos, Flechten, Halmen, Pflanzenwolle, Federn und klebrigen Spinnfäden zum Verweben.

KLEIBER

Sitta europaea

GÄRTEN MIT ALTEN BÄUMEN
Im Sommer läuft der Kleiber stundenlang an dicken, grobborkigen Baumstämmen auf und ab, denn hier findet er seine Nahrung. In den Ritzen und hinter loser Borke verstecken sich unzählige Insekten und Spinnen, die er mit seinem kräftigen Schnabel herausstochert.

NISTKÄSTEN
Wo Baumhöhlen fehlen, nimmt der Kleiber gerne Nistkästen an, selber zimmern tut er nicht.

GROSSE BRUTHÖHLEN
Der Kleiber hat es zum Brüten gern geräumig und wählt oft Nisthöhlen, in denen auch die großen Stare, Marder und Spechte Platz finden. Damit sie ihn und seinen Nachwuchs nicht behelligen, kleistert er fleißig das Einschlupfloch mit feuchtem Lehm zu, quasi „auf Maß“, sodass gerade noch er selbst hindurchpasst.

GARTENTIPP:
Feuchter, klebriger Lehm ist für viele Gartenvögel ein wichtiger Baustoff; den Vögeln einfach in einem Blumenuntersetzer anbieten.

008

Der Gesang besteht aus Reihen gedehnter Pfeiftöne „tuii-tuii-tuii-tuii“ und schnelleren Trillerstrophen „wiwiwiwi“.

LEBEN IM WINTER
Kleiber bleiben im Winter gern in ihrem Revier, vorausgesetzt, es gibt hier genug Nahrung für sie zu finden. Zu Nahrungsengpässen kommt es in Kälteperioden, wenn Borken und Äste vereisen. Der Kleiber besucht mit Vorliebe Futterplätze.

IM HERBST sucht der Kleiber auch am Boden nach Baumsamen und -früchten wie Bucheckern und Nüssen, die er in Borkenritzen einklemmt, um sie aufzuhämmern.

GRÖSSE: 13–15 cm

BEI UNS: Ganzjährig; häufiger Brutvogel.

BRUT Mitte Apr.– Mitte Juni; meist nur 1 Jahresbrut; Nest aus Halmen und Rindenstückchen in Baumhöhlen oder Nistkästen; 5–9 Eier; Nestlingszeit bis zur Flugfähigkeit 3–4 Wochen, beide Partner füttern.

TYPISCH: Durchdringende Pfiffe aus älteren Bäumen lohnen immer einen Blick nach oben – häufig steckt ein Kleiber dahinter, der nicht sonderlich scheu ist und sich bereitwillig bestaunen lässt.

Fett macht satt und liefert schnell Energie an klirrend kalten Tagen und Nächten. Beliebt bei Kleibern ist besonders tierisches Fett wie Rindertalg oder Lammfett. Hochwertigen Talg bekommt man in Blöcken im Fachhandel.

Winterfütterung
Im Winter verlieren Kleiber ihre Scheu vor dem Menschen und kommen ganz nah ans Haus, wenn es hier energiereiche Nahrung für sie zu holen gibt.

Sonnenblumenkerne sind für Kleiber der Renner am Buffet. Pausenlos flitzen sie hin und her und horten ihre kostbare Beute auf Vorrat in Rindenritzen.

WALDBAUMLÄUFER

Certhia familiaris

GRÖSSE: 12–13 cm

BEI UNS: Ganzjährig; recht häufig, im Winter zusätzlich nordische Waldbaumläufer als Gäste.

BRUT: Apr.–Juni, 1–2×; bei Verlust Ersatzgelege; meist 5–6 Eier; nach gut 2 Wochen schlüpfen die Küken, beide Partner füttern.

009

Der Gesang besteht aus leisen, hohen Trillerstrophen, die in der Tonhöhe abfallen.

GARTENTIPP: Alte und morsche Bäume nach Möglichkeit stehen lassen. Hier findet er Nahrung und Nistmöglichkeiten (links).

SOMMER WIE WINTER lebt der Waldbaumläufer an Bäumen. Spitze Krallen halten ihn wie Steigeisen auf der Rinde, mit dem feinen Schnabel stochert er in Ritzen nach Insekten und Spinnen. Sein Nest versteckt er hinter abgeplatzter Borke, in Baumhöhlen oder Holzstößen. Anders als sein Zwilling, der Gartenbaumläufer (S. 56), bewohnt er auch Nadelwälder.

GARTENBAUMLÄUFER

Certhia brachydactyla

GRÖSSE: 12–13 cm

BEI UNS: Ganzjährig und häufig, zieht im Winter gelegentlich auch kurze Strecken.

BRUT: Apr.–Juni, 1–2×; napfförmiges Nest aus Halmen und Moos hinter abstehender Rinde, in Holzstößen und Ritzen an Mauern; Nest ausgekleidet mit isolierenden Federn oder Tierhaaren; meist 5–6 Eier. Das Weibchen brütet 13–15 Tage. Beide Partner füttern die Nestlinge 2–3 Wochen lang.

TYPISCH: Im Winter kommen Gartenbaumläufer sehr gerne ans Futterhäuschen, die kleinen Insektenfresser lieben Fettfuttergemische.

010

Sein Gesang, ein erstaunlich lautstarkes, sich wiederholendes „Titü-titüruisri", ist leicht nachzupfeifen und unterscheidet ihn vom ähnlichen Waldbaumläufer.

RITZEN UND NISCHEN am Haus, die uns möglicherweise eher unschön erscheinen, sind die perfekte, gut geschützte Kinderstube für kleine Baumläufer.

LEBEN ALS BAUMKLETTERER
Mit langen Krallen, seiner Rindentarnung und dem stabilen Stützschwanz ist er perfekt ans Leben an Baumstämmen angepasst. Am liebsten baut er sogar sein Nest hinter einem Stückchen abgeplatzter Rinde. Sein langer Schnabel dient dazu, Spinnen, Insekten und deren Larven in Ritzen zu erspüren und daraus hervorzuziehen.

IN SPIRALEN VON BAUM ZU BAUM
Baumläufer starten ihre Nahrungssuche am Fuß älterer, grobborkiger Baumstämme: Von hier aus hüpfen und klettern sie mausartig in Spiralen um den Stamm herum in die Höhe. Oben angelangt, fliegen sie zum Fuß des nächsten Baums. Auf diese Weise klettern sie an einem Tag Strecken bis zu drei Kilometer.

GARTENTIPP: Alte Obstbäume mit Ritzen und Nischen stehen lassen, auch Holzstöße und Reisighaufen helfen ihm.

IN KALTEN NÄCHTEN halten sich Baumläufer gegenseitig warm.

GRAUSCHNÄPPER

Muscipata striata

GRÖSSE: 14–15 cm

BEI UNS: Sommervogel, Mai–Sept.; Langstreckenzieher, überwintert südlich der Sahara bis nach Südafrika.

BRUT: Legebeginn meist Ende Mai, napfförmiges Nest in Nischen und Halbhöhlen; 3–5 Eier; Brutdauer 11–16 Tage; Nestlingszeit bis zur Flugfähigkeit 12–16 Tage. Brütet ein zweites Mal bis spätestens Ende Juli.

TYPISCH: Ähnlich graubraun wie ein Hausspatz (Seite 124), aber achten Sie auf den Schnabel: Beim körnerfressenden Spatz ist er kegelförmig und kräftig, der Grauschnäpper hat einen feinen Insektenfresserschnabel.

GARTENTIPP: Reichlich Sitzwarten zum Ausspähen von Fluginsekten locken Grauschnäpper in den Garten. Hier nutzt der charmante Gartengast einen ausgedienten Rechen, der kopfüber in einer von Insekten umschwärmten, blütenreichen Wiese am Haus steckt.

FLIEGENDE NAHRUNG
Grauschnäpper und ihr Nachwuchs leben im Sommer ausschließlich von Insekten. Lebensräume, in denen es summt, flattert und brummt sind deshalb für ihn überlebenswichtig.

ALS ANSITZJÄGER hält der Grauschnäpper von erhöhten Warten Ausschau nach Fluginsekten: Hat er ein Insekt erspäht, spurtet er los und kehrt danach wieder zu seiner Sitzwarte zurück. Das ist ein typisches Schnäpper-Verhalten.

EINMAL AFRIKA UND ZURÜCK
Den Winter verbringen Grauschnäpper südlich der Sahara, sogar bis Südafrika. Dafür fliegen die nur knapp 20 g leichten Vögel eine Strecke von rund 13.000 km.

IN HAUSNÄHE ist der Grauschnäpper bekannt für außergewöhnliche Neststandorte. Ob in Türkränzen, Blumentöpfen oder Lampen: Am liebsten hat er Nischen aller Art unter Dachvorsprüngen. In diesem Weidenkörbchen an der Schuppenwand brüten die Grauschnäpper bereits im vierten Jahr erfolgreich.

011

Der Gesang besteht nur aus hohen Einzel- und Doppeltönen wie „züü-zji -züi-zizi" ohne Strophenbildung. Warnt in Nestnähe scharf „zih-tik-tik".

IHREM BRUTPLATZ TREU
Grauschnäpper werden bis zu elf Jahre alt und kehren oft wieder an denselben Nistplatz zurück.

FETTE BEUTE
Je größer, desto besser, denn große Insekten liefern die meiste Energie. Sperrige Flügel werden mit verspeist.

FLIEGEN, LIBELLEN, KÄFER, WESPEN
Auch stechende Insekten erbeuten sie geschickt. Vor dem Verzehr rupfen sie den gefährlichen Stachel heraus.

KLEINER VOGEL AUS DEM WALD
Ursprünglich bewohnt der Grauschnäpper lichte Laubwälder mit angrenzenden Lichtungen. Die Nischen in unseren Gärten wählt er nach dem Vorbild seiner ursprünglichen Neststandorte: halboffene Höhlen, die gleichzeitig Schutz und eine gute Aussicht gewährleisten, um nahende Feinde rechtzeitig zu bemerken.

KAHLE ÄSTE in der Baumkrone sind die natürlichen Sitzwarten von Grauschnäppern im Wald. Auch im Siedlungsbereich bevorzugen sie Gärten mit älteren Bäumen und Büschen und morschen Zweigen – zwischen dem Laub fällt der kleine Vogel kaum auf und ist damit sicherer vor Räubern.

INSEKTEN
Grauschnäppern kann man nicht mit Vogelfutter-Mischungen helfen, denn die können sie nicht verdauen. Was sie brauchen, sind insektenreiche Gärten.

Im Nest aus Halmen, Moos und feinen Tierhaaren liegen bis zu fünf blass-grüne Eier mit rostroten Flecken. Wo Grauschnäpper erfolgreich brüten, kehren sie oft jahrelang wieder zurück zu ihrer Nische.

Brüten Zwei Wochen lang brütet das Weibchen Tag und Nacht auf seinem Gelege. Dabei wird es regelmäßig von seinem Partner mit Nahrung versorgt.

Nach dem Schlupf bleiben die Küken noch etwa zwei Wochen im Nest. So lange, bis sie richtige Federn ausgebildet haben und fliegen können. Bis dahin werden sie von beiden Eltern abwechselnd gefüttert.

TRAUERSCHNÄPPER

Ficedula hypoleuca

GRÖSSE: 13 cm

BEI UNS: Sommervogel, Ende Apr.–Mitte Juli; Langstreckenzieher, überwintert in Westafrika südlich der Sahara.

BRUT: Legebeginn im Mai in Baumhöhlen oder Nistkästen; meist 4–8 Eier; Brutdauer 12–17 Tage; Nestlingszeit 13–17 Tage. Nach dem Ausfliegen bleibt die Familie noch etwa 6 Wochen zusammen. 1 Jahresbrut.

TYPISCH: Gebietsweise sind die Männchen kontrastreich schwarz-weiß gefärbt oder auch dunkelbraun-weiß.

HELLBRAUNE WEIBCHEN

Trauerschnäpper-Weibchen sind heller braun mit cremefarbener Unterseite, die weiße Flügelbinde ist nur schwach ausgebildet und es fehlen die weißen Punkte oberhalb des Schnabels.

GARTENTIPP: Trauerschnäpper kehren erst Ende April aus ihren afrikanischen Winterquartieren zurück. Die meisten Nistkästen sind dann bereits von Meisen besetzt. Abhilfe schafft, wer einige Nistkästen (Einflugloch 3,2–3,6 cm) erst Ende April aufhängt, so kommt es nicht zu Auseinandersetzungen mit der Kohlmeise.

012

Der Gesang dient hauptsächlich zum Anlocken der Weibchen und ist am häufigsten im Mai zu hören. Seine Strophen sind kurz und reißend mit betonten Elementen „psi-tschi-tschu-tschi-tschu-tschi-tschu“.

HAUPTSACHE HÖHLEN

Der ursprüngliche Waldbewohner ist wenig wählerisch in Bezug auf seine Insektennahrung, aber komplett abhängig vom Angebot an guten Nisthöhlen.

NAHRUNG IM SOMMER

Trauerschnäpper erbeuten bevorzugt Fliegen, Ameisen, Bienen, Käfer und Wespen, die Küken werden außerdem mit Spinnen, Mücken und kleinen Faltern gefüttert.

KONTRASTREICHE DURCHZÜGLER

Wer Ende April bis Mitte Mai kontrastreich schwarz-weiße Männchen im Garten antrifft, hat vermutlich ein Trauerschnäpper-Männchen auf dem Weg nach Skandinavien zu Besuch. Unsere mitteleuropäischen Männchen sind eher dunkelbraun und weiß gezeichnet und manchmal nicht so leicht von den braunen Weibchen zu unterscheiden.

NONSTOP ÜBER DIE SAHARA

Bis zu 60 Stunden fliegen Trauerschnäpper zweimal im Jahr nonstop, um die Sahara zu überqueren. Mit Sendern ausgestattete Trauerschnäpper lieferten die Beweisdaten.

OBSTGÄRTEN OHNE GIFT

Auf Wiesen mit alten Obstbäumen findet der Trauerschnäpper natürliche Bruthöhlen und reichlich Insektennahrung – vorausgesetzt, hier wurde nicht gespritzt.

UNTYPISCHER FLIEGENSCHNÄPPER

Von Mai bis Juni erbeutet er Insekten, wie für Schnäpper typisch, hauptsächlich im Flug. Im Juli und August aber pickt er sie bevorzugt von Ästen oder vom Boden.

HALSBANDSCHNÄPPER

Ficedula albicollis

GRÖSSE: 13 cm

BEI UNS: Sommervogel im südlichen Mitteleuropa, im Winter in Südafrika.

BRUT: Ende Apr.–Mitte Juli; 4–7 Eier in Baumhöhlen oder Nistkästen; Nestlingszeit 15–19 Tage. Die Familie verlässt kurz nach dem Schlupf ihr Revier.

DIE ZWILLINGSART vom Trauerschnäpper (Seite 62) hat ihren Verbreitungsschwerpunkt von Osteuropa bis Asien. In Deutschland ist der Halsbandschnäpper Brutvogel mit zersplittertem Areal in Bayern und Baden-Württemberg, im nördlichen Deutschland fehlt er. In Mitteleuropa brütet er außerdem in Österreich und in der Schweiz.

013

Der Gesang besteht aus einzelnen, sehr hohen und wehmütig klingenden Tönen in bedächtigem Tempo.

Das Weibchen ist schlicht graubraun.

HÖHLENREICHE BÄUME in Laubwäldern, Parks und Streuobstwiesen sind ein Muss für den Halsbandschnäpper, auch Nistkästen nimmt er gerne an. Als spezialisierter Insektenjäger braucht er ungespritzte Gärten und Wiesen mit vielen Raupen, Fliegen, Käfern und Spinnen.

ROTKEHLCHEN

Erithacus rubecula

GRÖSSE: 14 cm

BEI UNS: Sommer- und Jahresvogel; Brutzeit Apr.–Aug.

BRUT: Legebeginn meist Anfang April. In Nischen und Halbhöhlen; meist 4–6 Eier; Brutdauer 12–15 Tage; Nestlingszeit 13–15 Tage. Nach dem Ausfliegen bleibt die Familie noch bis zu 3 Wochen zusammen. 2 Jahresbruten.

TYPISCH: Rotkehlchen, die wir im Winter im Garten beobachten, sind überwiegend Gäste aus Nordeuropa. „Unsere" Rotkehlchen ziehen nach Westen in Richtung Mittelmeer.

DIE ROTE BRUST hat eine starke Signalwirkung auf Artgenossen und wirkt wie eine Art Stoppschild: „Achtung! Hier geht's nicht weiter, denn dies ist unser Revier!"

ZUTRAULICH

In menschlicher Nähe werden Rotkehlchen und ihr Nachwuchs oft sehr zutraulich, Jungvögel erkennt man an ihrem rindenartig gemusterten Tarngefieder, die rote Brust entwickeln sie erst im nächsten Sommer.

JUGENDZEIT

Frisch ausgeflogene Rotkehlchen hocken in bodennahen Verstecken, wo sie zunächst noch von ihren Eltern mit Nahrung versorgt werden. In dieser Zeit werden sie oft zur leichten Beute für Hauskatzen.

GARTENTIPP:
Rotkehlchen brauchen unaufgeräumte Gärten mit versteckten Schlupfwinkeln, Gebüschen, Falllaub und Reisighaufen. Bitte keine Insektizide spritzen!

014

Der Gesang ist so schön und ergreifend, dass man Rotkehlchen deswegen früher zu Tausenden fing und als Käfigvögel hielt. Typisch sind seine langen, hohen, „schluchzenden" und „perlenden" Strophen.

IM GARTEN kann man Rotkehlchen mit solchen halboffenen Nisthöhlen helfen. In reich strukturierten Wäldern und Hecken suchen sie sich Verstecke im Wurzelbereich der Bäume, im Mauerwerk, unter Gestrüpp oder in Kletterpflanzen.

SIEHT GUT IN DER DÄMMERUNG

Rotkehlchen singen gern in der frühen Morgen- und späteren Abenddämmerung. Mit ihren großen Augen können sie auch im nachlassenden Licht noch gut sehen und so frühzeitig heranschleichende Räuber erspähen.

SITZWARTEN, erhöht auf Bäumen, Zäunen und Büschen, sind besonders beliebt, um das Brutrevier mit dem weithin hörbaren Gesang zu beschallen.

KLEINE GARTENBEGLEITER
Besonders beim Umgraben von Beeten sind die wenig scheuen Rotkehlchen oft schnell zur Stelle. Interessiert schauen sie zu, was unser Spaten da ans Tageslicht befördert und schnappen sich blitzschnell Würmer und Insektenlarven.

ZUGVÖGEL?
Ja und nein: Unsere Garten-Rotkehlchen ziehen nach der Brutzeit in südlichere Gefilde, was aber kaum auffällt, da Rotkehlchen aus Skandinavien in dieser Zeit zu uns kommen.

NAHRUNG IM SOMMER UND HERBST Rotkehlchen erbeuten vielerlei Kleingetier: Fliegen, Käfer, Würmer, Asseln, Spinnen, Läuse, Wanzen, Tausendfüßer und Schmetterlingsraupen, die sie bevorzugt an ihre Jungvögel verfüttern. Im Herbst futtern sie reichlich Beeren von Holunder, Liguster, Pfaffenhütchen und anderen Sträuchern.

Emsiges Bodenpersonal Rotkehlchen suchen ihre Nahrung bevorzugt bodennah: In der Laubstreu unter Büschen und Bäumen finden sie Käfer, Spinnen und Tausendfüßler. Auch bei der Winterfütterung fliegen sie sehr gern Futterschalen am Boden an.

Im Winter wirken die ansonsten schlanken Vögel oft rund und kompakt: Um nicht zu frieren, plustern sie ihr Gefieder auf. Die in den Zwischenräumen gespeicherte Luft isoliert gegen die Kälte.

Reisig & Beeren Reichlich gute Verstecke im Unterholz, früchtetragende Büsche, Reisighecken und -haufen locken Rotkehlchen in den Garten.

NACHTIGALL

Luscinia megarhynchos

GRÖSSE: 16–17 cm

BEI UNS: Sommervogel, Apr.–Juli; Langstreckenzieher, überwintert südlich der Sahara.

BRUT: Legebeginn im Mai; meist 4–6 Eier; Brutdauer 13–14 Tage; Nestlingszeit 10–11 Tage. Die Familie bleibt noch bis zu 3 Wochen zusammen. 1 Jahresbrut, bei Verlust Nachgelege.

TYPISCH: Huscht ähnlich wie Rotkehlchen und Zaunkönig mausartig durchs Geäst.

VERSTECKT IN DER HECKE
Nachtigallen sind nicht wirklich scheu und man kann sich den singenden Männchen ohne Weiteres auf einige Meter nähern. Wer ihren Gesang nicht kennt, könnte sie dennoch leicht übersehen, denn sie bewegen sich immer versteckt in guter Deckung und fallen im Gezweig mit ihrer schlichten Färbung kaum ins Auge.

IHRE NAHRUNG besteht aus Insekten und deren Larven, Spinnen und Würmern, im Herbst sammelt sie auch Beeren.

FÜ … tes, bo … wobe- ne … sie es mit fe … irekt am B … ln oder in A …

… **RVERHALTEN** … e und auch bei … rsetzungen stelzen … ig ihren rotbraunen

De … si … of … E … 2 … ge …

… **SBRUDER** … seln ähnlich … r. Er ist in Ost- … opa verbreitet, … ns aber auch in N … Ostdeutschland neben der Nachtigall vor.

GARTENTIPP: Nicht alles mähen und harken. Nachtigallen brauchen für ihr Nest Schichten aus Falllaub und eine höhere, dichte Krautschicht aus Gräsern und Stauden vor Hecken und Büschen.

GARTENROTSCHWANZ

Phoenicurus phoenicurus

IM FLUG sticht der leuchtend orangerote Schwanz ins Auge.

GARTENTIPP:
Wissenschaftler fanden heraus, dass Gartenrotschwänze mehr Insekten erbeuten können, wenn die Wiese unter den Obstbäumen gemäht oder gelegentlich beweidet wird. Optimal sind reichlich Saumstrukturen zwischen kurz gehaltener und wildwachsender Wiese. Hier leben unzählige Insekten und sind dennoch leicht zu erbeuten.

017

Der Gesang beginnt mit einer typischen „jieeeehhhh-jück-jück-jück"-Strophe. Darauf folgen verschiedene gepresste und knisternde Töne, die an den Gesang vom Hausrotschwanz erinnern. Auch Imitationen anderer Vogelarten finden sich häufig darin.

DAS WEIBCHEN ist schlicht hellbraun, hat aber wie das Männchen einen orangeroten Schwanz. Dadurch ist es eigentlich nur mit dem Hausrotschwanz-Weibchen zu verwechseln (Seite 76).

VON ERHÖHTEN ANSITZWARTEN
scannen Rotschwänzchen aufmerksam ihr Umfeld nach fliegenden und hüpfenden Insekten ab, um plötzlich aufzufliegen und sich ihre Beute aus der Luft oder vom Boden zu schnappen.

ALTE OBSTGÄRTEN
In unserer Kulturlandschaft sind ungespritzte Obstgärten und -wiesen die wichtigsten Lebensräume für Gartenrotschwänze. In alten Obstbäumen finden sie ausgemorschte Höhlen zum Brüten, und Insektennahrung gibt es hoch oben auf den Bäumen ebenso wie in der darunterliegenden Wiese.

GRÖSSE: 14 cm

BEI UNS: Sommervogel, von Apr.–Aug.; Langstreckenzieher, überwintert in West- und Zentralafrika.

BRUT: Legebeginn meist Ende Apr. in Baumhöhlen, Nistkästen, Halbhöhlen und Nischen; meist 5–7 Eier; Brutdauer 12–14 Tage; Nestlingszeit 13–15 Tage. Familien bleiben nach dem Ausfliegen noch 4 Wochen zusammen. 1 (2) Jahresbruten.

TYPISCH: Trotz seiner bunten Färbung leicht zu übersehen, wer den Gesang kennt, findet den Vogel.

UNGEFÜLLTE ROSENSTRÄUCHER und Blumen machen mit ihrem Nektar und Pollen unzählige Insekten satt – gut für Familie Gartenrotschwanz, die sich fast ausschließlich von Insekten ernährt.

ERFOLGREICH GEBRÜTET hat das Paar in dieser Naturhöhle. Seine Küken sind gefleckt und kurz davor, das Nest zu verlassen.

HALBHÖHLEN-NISTKÄSTEN (Seite 29) werden ebenfalls gerne von Gartenrotschwänzen angenommen.

NISTKÄSTEN FÜR ROTSCHWÄNZCHEN
Wo natürliche Baumhöhlen fehlen, das Angebot an Insekten aber gut ist, lohnt es sich, Gartenrotschwänzen einen Nistkasten anzubieten. Sie bevorzugen solche mit hochovalem Eingang (Seite 28). Aber erst Ende April aufhängen, damit ihn nicht vorher Kohlmeisen besetzen.

GEHEIMNIS BLAUER EIER
Das Gartenrotschwanz-Weibchen legt leuchtend türkisblaue Eier – aber wozu? Außer seinem Partner bekommt in der Regel niemand anders seine Eier zu Gesicht. Wissenschaftler spekulieren, dass die Intensität der Eifärbung möglicherweise dem Männchen Auskunft über die Fitness seiner Partnerin gibt.

Hochovale Schlupflöcher sind beim Gartenrotschwanz besonders beliebt, denn sie hüpfen gern in aufrechter Haltung in ihre Höhle.

HAUSROTSCHWANZ

Phoenicurus ochruros

GRÖSSE: 14–15 cm

BEI UNS: Sommervogel, März–Sept. (Okt.); Kurz- und Mittelstreckenzieher, überwintert im Mittelmeerraum bis zum Nordrand der Sahara.

BRUT: Legebeginn im Apr. in Nischen und Halbhöhlen an Gebäuden; meist 4–6 Eier; Brutdauer 12–17 Tage; Nestlingszeit 15–17 Tage. Familien bleiben nach dem Ausfliegen noch bis zu 4 Wochen zusammen. 2 Jahresbruten.

TYPISCH: Bei erfolgreicher Brut sehr nistplatz- und partnertreu.

IN NISCHEN AN HÄUSERN bauen Hausrotschwänze ihr Nest in oft schwindelerregender Höhe. Dazu genügen ihnen kleine Mauervorsprünge, herausgefallene Steine, Balken oder Stahlträger. Straßenlärm, Abgase und Menschengemenge stören sie dabei erstaunlich wenig. Entscheidender ist eine Überdachung und ein guter Schutz vor Nestfeinden.

GARTENTIPP: Oft verlieren Hausrotschwänze ihre Nistplätze an Häusern durch bauliche Maßnahmen. Die Fassade soll schön aussehen. Fehlende Steine werden ergänzt oder eine Wärmedämmerung davorgesetzt. Bei Renovierungen hier und da ein wenig „Shabby-Charme" für Gartenvögel bedenken.

NOCH VOR SONNENAUFGANG schmettert der Hausrotschwanz seinen Gesang hoch oben von Hausdächern. So schallt er schön weit über die Häuserschluchten. Am frühen Morgen ist er der erste Sänger in Städten und Dörfern.

ALS AUSGUCK zum Erspähen von Insekten nutzen Hausrotschwänze nur selten Sträucher oder Bäume. Sie bevorzugen dazu eher Zäune, Pfosten, Steine oder Dekostecker in Gartenbeeten. Hier hat das schlicht graubraun gefärbte Weibchen Beute gemacht.

018

Der Gesang besteht aus einer ansteigenden Frage: „Prrrr- wie-wie-wie?" und einer abfallenden Antwort „krrrsch-trü-li-li" aus knisternden und kratzig-fauchenden-Tönen.

NISTKASTEN FÜR ROTSCHWÄNZCHEN
Wo am Haus natürliche Nischen fehlen, können spezielle Halbhöhlen-Nistkästen (Seite 29) Hausrotschwänzen helfen.

Bühne frei
Singende Männchen stellen sich gern zur Schau. Wer den Sänger sucht, findet ihn meist gut exponiert mit weitem Überblick.

Kleine Insekten unter 6 mm Länge machen über 80 % ihrer Beute aus, darunter hauptsächlich Rüsselkäfer, Ameisen und Larven von Fliegen, Mücken und Schmetterlingen. Ab August sammeln Hausrotschwänzchen bevorzugt Holunderbeeren.

Natürliche Felswände im Hochgebirge und Steinbrüche sind ihr ursprünglicher Lebensraum. Hier ist das Weibchen dabei, seine Jungen im Felsspalt zu füttern. Unsere Häuser sind für Hausrotschwänze praktisch „Ersatzfelsen“.

PIROL

Oriolus oriolus

GRÖSSE: 24 cm

BEI UNS: Lückenhaft verbreiteter Sommervogel; überwintert in Südafrika.

BRUT: Mai–Aug.; 2–5 Eier in kunstvollen Nestern hoch in Laubbäumen; Nestlingszeit 14–17 Tage. Die Familie bleibt noch 2–3 Wochen zusammen.

019

Sein laut flötender Gesang „düdlio" ist leicht nachzupfeifen.

GROSS WIE EIN BUNTSPECHT, leuchtend gelb und dennoch im Blattwerk meist übersehen: Am ehesten fällt der Pirol mit seinem typischen wellenförmigen Flug ins Auge. Brütet in wassernahen Wäldern, auf Streuobstwiesen und in Parks und Gärten mit Baumbestand. Erbeutet überwiegend Insekten und deren Larven, aber auch Beeren und andere Früchte.

GARTENTIPP: Für den Pirol auf Obstwiesen auf den Einsatz von Insektengiften verzichten.

STAR

Sturnus vulgaris

GRÖSSE: 20–22 cm

BEI UNS: Sehr häufiger Jahresvogel; Brutzeit Apr.–Juli; Teilzieher, manche Winterschwärme ziehen nur kurze Strecken.

BRUT: Legebeginn meist Anfang Apr.; meist 4–6 Eier in Höhlen und Nistkästen; Brutdauer 12–13 Tage; Nestlingszeit 18–21 Tage. Die Jungen werden nach Verlassen der Höhle nur noch wenige Tage gefüttert. 1–2 Jahresbruten.

TYPISCH: Jungstare haben noch kein schillerndes Gefieder, sie sind schlicht braun mit schwarzem Schnabel.

TYPISCHES FLUGBILD

Stare sind im Flug anhand ihrer dreieckigen, spitz zulaufenden Flügel, ihrem gedrungenen Körper mit dem spitz zulaufenden Kopf und dem kurzen Schwanz leicht zu erkennen.

020

Der Gesang ist ein abwechslungsreiches Geschwätz aus Pfiffen, nasalem Quietschen, Rätschen und Rasseln. Auch andere Vogelgesänge und Gartengeräusche werden imitiert bis hin zum Rasenmäher-Rattern. Beim Auffliegen ruft er heiser „ärr-wrr".

ÜBERFÄLLE

In Weinberge und Kirschplantagen einfallende Starenschwärme können hier zu nicht unerheblichen Ernteverlusten führen.

IMMER GESELLIG

Auch zur Brutzeit bevorzugen Stare die direkte Nachbarschaft zu anderen Starenfamilien. Sie haben es gern, wenn mehrere Starenkästen dicht beieinander hängen.

RASEN & REGENWÜRMER

Im Frühjahr und Frühsommer brauchen Stare tierische Kost. Dafür suchen sie in kurzrasigen Wiesen nach Regenwürmern, Schnakenlarven, Heuschrecken, Grillen, Spinnen und Schnecken. Im Gegensatz zu Amseln hüpfen sie dabei nicht, sondern schreiten und trippeln am Boden umher.

VITAMINREICHE KOST

Obstgärten mit Kirschen und Äpfeln sind bei Staren beliebt. Den Ursprung hat ihre Vorliebe für unser Obst in den Beeren wild wachsender Büsche wie Holunder, Hartriegel, Pfaffenhütchen und Efeu.

GARTENTIPP:
Staren-Nistkästen müssen groß sein: Die Bodenfläche sollte 14 × 14 cm betragen, das Einschlupfloch 4,5–5 cm im Durchmesser.

20 JAHRE UND ÄLTER

Von Wissenschaftlern beringte Stare erreichten nachweislich mehrfach ein Alter von 21 bis 22 Jahren.

SCHWARZE SONNE

Wenn Starenschwärme in der Abenddämmerung am Himmel erscheinen, verdunkeln sie dabei die tiefstehende Sonne. Hunderte bis über eine Million Stare kann man nach der Brutzeit mit ihren spektakulären Flugmanövern und synchronen Richtungswechseln an manchen Orten beobachten.

OFFENE LANDSCHAFTEN

Stare findet man nicht in geschlossenen Wäldern. Als echte Kulturfolger brauchen sie offene Wiesenlandschaften zur Nahrungssuche.

BEI WEIDETIEREN

Wo Rinder, Schafe oder Pferde grasen, da werden regelmäßig Insekten aus dem hohen Gras aufgeschreckt – eine leichte Beute für Stare, die vom Pferderücken aus nur schauen müssen, wo die nächste Heuschrecke auffliegt. Die Weidetiere selbst werden dabei von den Staren nicht verletzt.

Mit Äpfeln kann man Staren über den Winter helfen.

Wenig scheu
Stare und ihr Nachwuchs sind zutrauliche Gartenvögel. Jungstare tragen noch ein matt graubraunes Gefieder.

Heimische Sträucher sind mit ihren Früchten eine wichtige Winternahrung für Stare.

EXOTEN IN DER STADT

HALSBAND-SITTICH

O21

Psittacula krameri

GRÖSSE: 37–43 cm
In vielen unserer Städte, insbesondere entlang des Rheins, brüten heute bereits etliche, quietschgrüne Papageien. Halsbandsittiche stammen aus tropischen Gefilden und fanden aus Tierparks oder Privathaltung ihren Weg in die freie Natur. In städtischen Parks mit alten Bäumen finden sie Höhlen für ihre Nester, die milderen Temperaturen in der Stadt und das ganzjährig gute Futterangebot machen ihr Leben hier perfekt.

ALEXANDER-SITTICH

Psittacula eupatria

GRÖSSE: 48–62 cm
Roter Schnabel, grüne Federn, schwarzes Halsband: Der Alexandersittich ist die „große Ausführung" des Halsbandsittichs. Ursprünglich sind die Papageien im Süden Asiens beheimatet, Alexander der Große brachte von hier die ersten Vögel nach Mitteleuropa, daher rührt ihr Name. Unsere Brutvögel stammen alle von wenigen entflohenen Vögeln aus Zoos oder privaten Händen ab, in manchen Städten leben bereits mehrere Tausend der Papageien.

Wenn Sie in bestimmten Städten wohnen, ist es gut möglich, dass auch diese Vögel über Ihren Garten fliegen oder bei Ihnen Station machen.

MÖNCHS-SITTICH

Myiopsitta monachus

GRÖSSE: 28–30 cm

Die gesprächigen Papageien aus Südamerika sind dafür bekannt, große Reisignester in Bäumen zu bauen, mittlerweile auch inmitten unserer städtischen Parks. In solch einem Riesennest haben mehrere Paare ihre eigene Wohnung mit separatem Eingang. Mönchssittiche kamen als Zootiere zu uns, von denen einige den Weg in die Freiheit fanden, sie leben hauptsächlich vegetarisch von Knospen, Samen und Früchten.

GELBKOPF-AMAZONE

024

Amazona oratrix

GRÖSSE: 35–38 cm

Im wärmebegünstigten Stuttgart mit seinen vielen, uralten Platanen brütet seit mittlerweile über 30 Jahren eine kleine Population der bedrohten Papageien mit dem gelben Gesicht. Ihre Heimat liegt in Zentral- und Südamerika. Von hier brachte man die hübschen kleinen Papageien als Ziervögel nach Mitteleuropa. Aus zwei entflohenen bzw. ausgesetzten Vögeln wurden bis heute mehr als 60 Tiere.

AMSEL

Turdus merula

GRÖSSE: 24–29 cm

BEI UNS: Ganzjährig häufig; Brutzeit (Feb.) März–Juli (Aug.). Amseln aus Wäldern und höheren Lagen sind auch Teilzieher.

BRUT: Legebeginn meist ab März; errichten ihr Nest gerne in Asthaufen und immergrünen Kletterpflanzen; meist 4–5 Eier; Brutdauer 11–16 Tage; Nestlingszeit 12–19 Tage. Die Familien bleiben nach Verlassen des Nests noch bis zu 3 Wochen zusammen. 2–3 Jahresbruten.

TYPISCH: In den ersten Tagen nach Verlassen des Nests sitzen die Jungvögel häufig am Boden und werden hier zur leichten Beute für Katzen.

ZUR NAHRUNGSSUCHE
sieht man Amseln meist am Boden hüpfen und stochern: Auf kurzrasigen Wiesen erbeuten sie hauptsächlich Regenwürmer, kleine Schnecken und Ameisen. In der Laubstreu unter Büschen und Bäumen finden sie Tausendfüßler, Spinnen, Käfer und verschiedene Insektenlarven. Amseln im Gebüsch sind meist damit beschäftigt, Beeren zu futtern.

GARTENTIPP: Früchtetragende Wildsträucher wie Himbeere, Wildrose, Vogelbeere, Weißdorn und Efeu pflanzen und das Laub vom Rasen unter Büsche und Bäume kehren.

HEIMLICHE WALDAMSEL
Es ist noch nicht lange her, da kannte man Amseln nur als scheuen Waldvogel. Seit Mitte des 19. Jahrhunderts brüten sie auch in unseren Gärten und im 20. Jahrhundert trauten sie sich bis in die Zentren unserer Städte. Entscheidend ist das Angebot an Büschen und Bäumen.

025

Ihr Gesang ist ein feierliches, melodisches Flöten, das sie frühmorgens zum Sonnenaufgang und in der späten Abenddämmerung über Hausdächer und Baumkronen erklingen lässt. Warnende Amseln rufen durchdringend und ausdauernd „tsink-tsink-tsink-tsink“.

ZETERN IM FLUG
Fühlen Amseln sich gestört, fliegen sie mit einem plötzlich einsetzenden, laut tschackernden Zetern auf.

BRAUNE WEIBCHEN
Mit ihrem schokoladenbraunen Gefieder sind weibliche Amseln sehr gut auf ihren Reisignestern im Gebüsch getarnt. Nur Brust und Bauch sind heller gefärbt mit dunklen Stricheln, ihr Schnabel kann braun sein oder auch gelb.

NAHRUNG IM WINTER
Amseln sind perfekt an das jahreszeitliche Futterangebot in unseren Breiten angepasst. Schon im Herbst verspeisen sie wenig wählerisch das, was an Beeren aktuell reif ist, je süßer, desto besser. Häufig sieht man sie auch an Fallobst picken oder in der Laubstreu unter Büschen nach Kleintieren suchen.

BITTE NICHT STÖREN
Amseln bauen ihre Nester zwar gern in unserer unmittelbaren Nähe, reagieren aber dennoch sehr empfindlich auf wiederholte Störungen.

GEFAHR STUBENTIGER Für Freigänger-Katzen sind Amseln und ihre Küken eine besonders leichte und häufige Beute. Bitte Katzen zur Brutzeit gut beaufsichtigen.

ÜBERLEBENSWICHTIG
Wenn ab Januar kaum noch Früchte in den Hecken zu finden sind, werden die schwarzblauen Früchte vom Efeu reif, eine wichtige Nahrung auch für Wintergäste wie Rotdrosseln und die ersten zurückkehrenden Stare und Mönchsgrasmücken.

IM WINTERLICHEN GARTEN freuen sich Amseln über ausgelegte Äpfel oder Birnen, auch Fettfutter und Haferflocken nehmen sie gern, am liebsten vom Boden.

Gut getarnt
im Gewirr von Ästen hockt das Amsel-Weibchen starr und reglos auf ihrem Nest. Fühlt es sich aber entdeckt, fliegt es plötzlich auf.

Jungvogel
Junge Amseln sind bräunlich gefärbt und haben hellere Flecken an Rücken, Brust und Bauch.

Freibrüter
Amseln bauen ihre schweren, stabilen Nester aus Reisig und Lehm in Ästehaufen und in dichtem Gebüsch.

SINGDROSSEL

Turdus philomelos

IM FLUG oben einfarbig, unterseits hell mit schwarzen Flecken und rötlichen Unterflügeln. Häufig hört man dabei ihren feinen Flugruf „zipp", weshalb sie im Volksmund auch „Zippe" genannt wird. Diesen Ruf hört man auch in Herbstnächten von ziehenden Singdrosseln.

AUCH IN KLEINEN GÄRTEN fühlt sie sich wohl, solange gute Deckung und Nahrung zu finden sind.

GARTENTIPP: Neben offenen Rasen zur Futtersuche benötigt die Singdrossel als ursprünglicher Waldvogel auch dichte Gebüsche als Deckung.

MIT LEHM Das Nest baut die Singdrossel aus Zweigen und Halmen, innen kleidet sie es mit feuchtem Holzmulm oder Lehm aus.

NAHRUNG IM SOMMER Singdrosseln hüpfen und rennen auf kurzrasigen Wiesen und erbeuten dabei Regenwürmer, kleine Schnecken (keine Nacktschnecken), Käferlarven, Spinnen und Raupen. Ab Spätsommer ernähren sie sich auch von Beeren.

ZERTRÜMMERT SCHNECKEN Die Singdrossel ist Spezialistin im Öffnen von Gehäuseschnecken: Mit dem Schnabel gepackt, schlägt sie die Schnecke auf einen Stein, bis das Gehäuse zerspringt und sie den Weichkörper herauspicken kann.

026

Der Gesang ist zwar kräftig-flötend wie bei der Amsel, aber kein fließendes Lied: Er besteht aus einer Folge von Einzelelementen, die 2–3 Mal wiederholt werden: „Kuhdieb-Kuhdieb-Kuhdieb-ziditrü-ziditrü". Man hört den kräftigen Gesang häufig noch nach Anbruch der Dunkelheit, wenn kein anderer Vogel mehr singt.

GRÖSSE: 20–22 cm

BEI UNS: Sommervogel, März–Okt.; überwintert im gesamten Mittelmeerraum bis Nordafrika, in milden Wintern aber besonders in Städten auch überwinternde Singdrosseln.

BRUT: Legebeginn meist ab Apr. in stabilem Lehmnest auf fester Unterlage in Sträuchern und Bäumen; meist 4–6 Eier; Brutdauer 12–14 Tage; Nestlingszeit 13–14 Tage. Familien bleiben nach dem Ausfliegen noch 2 Wochen zusammen. 2 (3) Jahresbruten.

TYPISCH: Deutlich kleiner und kurzschwänziger als eine Amsel.

ROTDROSSEL

Turdus iliacus

GRÖSSE: 19–23 cm

BEI UNS: Durchzügler und Wintergast von Sept.–Apr., vereinzelte Bruten in Deutschland und Österreich.

BRUT: Ab Mitte Apr.–Aug.; häufiger Brutvogel der Tundra und Taiga Skandinaviens, Nordosteuropas und Sibiriens.

027

Der Schwarmgesang im Winter ist fortlaufend schwätzend.

WINTERSCHWÄRME

Die kleinen Drosseln aus dem hohen Norden tauchen zur Zugzeit regelmäßig in Schwärmen bei uns auf. Sie sind auf dem Weg ans Mittelmeer. Am ehesten bemerkt man sie durch ihre schwätzenden Gruppengesänge, die aus beerentragenden Bäumen erklingen. Beim Auffliegen sieht man deutlich ihre charakteristischen rostbraunen Unterflügel.

GARTENTIPP:
Beerentragende Sträucher wie Efeu, Vogelbeere, Weißdorn, Holunder und Schneeball pflanzen.

MISTELDROSSEL

Turdus viscivorus

GRÖSSE: 26–29 cm

BEI UNS: Jahresvogel, teilweise im Winter am Mittelmeer.

BRUT: März–Aug.; meist 4 Eier in Nest auf Bäumen; Brutdauer 13–15 Tage; Nestlingszeit 12–15 Tage. Die Familie bleibt nach dem Ausfliegen noch 2 Wochen zusammen.

HOHE BÄUME, KURZE WIESEN

Besiedelt zunehmend Parks, Friedhöfe und Gärten mit hohen Bäumen. Für ihr großes Nest aus Zweigen und nasser Erde braucht die Misteldrossel kräftige Äste, zur Nahrungssuche offene Wiesen mit reichlich Regenwürmern, Heuschrecken und Insektenlarven. Ab Spätsommer stehen Wildfrüchte auf ihrem Speiseplan.

O28

Der Gesang besteht aus kurzen Strophen wie „dü-dü-rüh-di“.

SINGT AUCH MITTAGS

Sie ist unsere größte Drossel, wird aber meist übersehen, denn Misteldrosseln sind eher scheue Einzelgänger. Am ehesten wird man durch ihren weit hallenden, melancholischen Flötengesang auf sie aufmerksam. Ihre einfachen Strophen sind sehr einprägsam.

WACHOLDERDROSSEL

Turdus pilaris

GRÖSSE: 24–28 cm

BEI UNS: Ganzjährig; Brutzeit (März) Apr.–Juli (Aug.); in strengen Wintern Teilzieher ans Mittelmeer.

BRUT: Legebeginn meist im Apr.; errichtet ihr Nest in Bäumen; meist 5–6 Eier; Brutdauer 10–13 Tage; Nestlingszeit 12–16 Tage. Die Familien bleiben nach Verlassen des Nests noch mindestens 4 Wochen zusammen. 1–2 Jahresbruten.

TYPISCH: Meist in Schwärmen auf Nahrungssuche unterwegs.

GARTENTIPP:
Im Obstgarten das Fallobst für überwinternde Drosseln liegen lassen und Hecken aus früchtetragenden Wildsträuchern pflanzen.

TEILZIEHER
Ist der Winter kalt und das Nahrungsangebot knapp, ziehen Wacholderdrosseln in Trupps in Richtung Süden. Bei uns finden sich dann gebietsweise große Schwärme nordischer Wacholderdrosseln ein und freuen sich über beerentragende Sträucher und Bäume.

WINTERSCHWÄRME
Nach der Brutzeit schließen sie sich zu Trupps zusammen und streifen gemeinsam auf Nahrungssuche umher.

IHRE NAHRUNG
finden Wacholderdrosseln häufig am Boden. Auf kurzrasigen Wiesen stochern sie im Frühling und Sommer nach Regenwürmern und Insektenlarven, im Herbst picken sie hier gern Fallobst, wie kleine Beeren und vor allem Äpfel. Im Winter macht Beerenobst einen Großteil ihrer Nahrung aus.

029

Der Gesang ist eher unauffällig schwatzend. Nicht zu überhören dagegen sind die tschackernden Rufe der Wacholderdrossel-Trupps „tschak-ak-ak-ak".

STABILE NESTER
Zum Bau ihrer großen Nester brauchen sie kräftige, stammnahe Zweige oder Astgabeln in Bäumen.

ZUM SCHUTZ DER BRUT
Wacholderdrosseln bilden kleine Kolonien aus 3–6 Brutpaaren. So sind sie in der Lage, nahende Bruträuber wie Krähen, Greifvögel und Eichhörnchen effektiv von den Nestern zu vertreiben. Mit aggressiven Sturzflügen, Scheinangriffen und Kotspritzen traktieren sie ihre Feinde, bis diese wieder abziehen.

MÖNCHSGRASMÜCKE

Sylvia atricapilla

GRÖSSE: 13–15 cm

BEI UNS: Sommervogel (März–Okt.); einzelne Überwinterer.

BRUT: Legebeginn ab Mitte Apr.; napfförmiges Nest in Stauden und niedrigem Gebüsch; 3–6 Eier; Brutdauer 10–16 Tage; Nestlingszeit bis zur Flugfähigkeit 10–14 Tage. Die Familien bleiben nach dem Ausfliegen noch 2–3 Wochen zusammen. 1–2 Jahresbruten.

TYPISCH: Die schwarze Kopfkappe reicht nicht bis unters Auge wie bei der ähnlichen Weiden- und Sumpfmeise.

SCHWARZKÄPPCHEN

Der Name „Grasmücke" soll auf einem Übersetzungsfehler aus dem Althochdeutschen beruhen: aus „Gra-smücka", den „grauen Duckern" oder „grauen Schlüpfern", wurde die „Gras-mücke". Im Englischen heißt sie schlicht „the blackcap", das Schwarzkäppchen.

030

Der Gesang besteht aus zwei ganz unterschiedlichen Teilen: Zunächst beiläufig schwätzend-plaudernd, wechselt er unvermittelt in laute, klare Flötentöne. Gegen Ende der Brutsaison wird der plaudernde Vorgesang gerne weggelassen.

Das Weibchen hat eine rostbraune Kopfkappe.

BESTE PARTNER

Mönchsgrasmücken-Paare sind ein perfektes Team. Vom Nestbau bis zum Versorgen ihrer Jungvögel kümmern sie sich um alles gemeinsam.

BLATTLÄUSE IM FRÜHJAHR

Mönchsgrasmücken hüpfen unermüdlich durch dichtes Gebüsch und suchen auf Zweigen, Knospen und Blättern nach tierischer Nahrung. Im Frühjahr erbeuten sie hauptsächlich winzige Blattläuse, aber auch Fliegen, Raupen, Käfer und Spinnen. Sie benötigen jetzt viel tierisches Protein für die Entwicklung von Eiern und zum Füttern ihrer Küken.

BEERENKOST IM SOMMER

Ab Juli machen Wildfrüchte einen wichtigen Bestandteil ihrer Nahrung aus. Der Fruchtzucker baut schnell Fettreserven für den Zug in den Süden auf.

GARTENTIPP: Wer ihren flötenden Gesang im Garten hören möchte, sollte heimische, beerentragende Sträucher pflanzen und Bereiche mit Brennnesseln und Brombeeren erlauben.

ERSTE HEIMKEHRER aus ihren Überwinterungsquartieren sieht man schon im März wieder im Garten.

IM HERBST spielen viele verschiedene Beeren eine große Rolle bei der Ernährung. Besonders beliebt sind die Früchte von Holunder, Vogelbeere, Heckenkirsche, Hartriegel und Faulbaum. Im Garten nehmen Mönchsgrasmücken auch gerne die Beeren verschiedener Cotoneaster-Arten (Zwergmispeln, Seite 23).

MANCHE BLEIBEN DA
Nicht alle Mönchsgrasmücken ziehen weg. Immer wieder überwintern einzelne Vögel und kommen dann auch ans Futterhäuschen.

EFEU-BEEREN
Der Efeu (Seite 24) macht es genau anders herum als andere Pflanzen. Er blüht im Herbst und seine Früchte reifen erst ab Januar bis März. Das ist eine hochwillkommene, einzigartige Nahrungsquelle für überwinternde Vögel und auch für die frühen Heimkehrer.

ÜBERWINTERER IN ENGLAND
Englische Gartenbesitzer füttern so ausdauernd, dass dort nicht nur die heimischen Mönchsgrasmücken überwintern, sondern auch Vögel vom Festland im Winter dorthin ziehen. In den Gärten ernähren sie sich hauptsächlich von Fettfutter, ausgelegten Äpfeln und den Beeren von Efeu und Cotoneaster.

Für ihr Nest verweben beide Partner Halme und kleine Zweige mit der Vegetation. Meist bauer sie es in niedrigem, dornigem Gebüsch wie in Weißdorr, Brombeeren und in Brennnesseln.

Der Nachwuchs wird von beiden Eltern gehudert und gefüttert.

Gute Deckung ist für Mönchsgrasmücken wichtig. Auch ihren Gesang tragen sie gut geschützt im Gezweig von Büschen und Bäumen vor.

GARTENGRASMÜCKE

Sylvia borin

SING', WER DU BIST
Wegen ihres eher unscheinbaren Aussehens ohne besondere Merkmale wird die Gartengrasmücke nicht selten mit Fitis (Seite 105) und Zilpzalp (Seite 106) verwechselt. Unverwechselbar und vollkommen unterschiedlich sind dagegen die Gesänge der drei Arten.

031

Der Gesang besteht aus langen, flötenden und orgelnden Strophen. Sie ähneln dem Gesang von Amsel (aber schnellerer, schwatzenderer Rhythmus) und Mönchsgrasmücke (ohne ihrem plaudernd-schwätzenden Vorgesang).

SPÄTE HEIMKEHRER
Die Gartengrasmücke kommt erst ab Ende April mit den letzten Zugvögeln wie Nachtigall, Gartenrotschwanz und Trauerschnäpper zu uns zurück.

BEEREN UND RAUPEN
Während der Brutzeit sucht die Gartengrasmücke auf Blättern und im Gezweig nach Blattläusen, Spinnen und Raupen. Nach der Brutzeit pickt sie zunehmend Wildfrüchte.

„GARTENSÄNGER"
heißt sie schlicht aus dem Englischen übersetzt. Aber wer sie im eigenen Garten singen hört, kann sich freuen. Denn trotz ihres Namens kommt die Gartengrasmücke seltener in unseren Gärten vor als die anpassungsfähigere Mönchsgrasmücke. Die Gartengrasmücke benötigt große Gärten mit hohen, dichten Büschen und hohem Unterwuchs.

GARTENTIPP:
Hohe Stauden im Bereich von Hecken und Büschen stehen lassen und insektenfreundliche, heimische Wildstauden pflanzen.

GRÖSSE: 13–14 cm

BEI UNS: Sommervogel, von (Ende Apr.) Mai–Sept.; Langstreckenzieher, überwintert in Afrika südlich der Sahara.

BRUT: Legebeginn Mitte-Ende Mai in lockerem Nest in dichtem, hohem Gebüsch; meist 4–5 Eier; Brutdauer 11–15 Tage; Nestlingszeit 9–14 Tage. Die Familien bleiben nach dem Ausfliegen noch mindestens 2 Wochen zusammen. 1 (selten 2) Jahresbruten.

TYPISCH: Selten zu sehen, aber oft zu hören. Hält sich meist in der Deckung auf.

KLAPPERGRASMÜCKE

Curruca curruca

GRÖSSE: 12–14 cm

BEI UNS: Sommervogel, Apr.–Okt.; überwintert in Ostafrika.

BRUT: Legebeginn meist ab Anfang Mai; 3–7 Eier in lockerem Nest in niedrigen Dorn- und Ziersträuchern; Brutdauer 11–15 Tage; Nestlingszeit 11–13 Tage.

032

Der Gesang ist erst ein leises Schwätzen, darauf folgt das typische Klappern.

OSTROUTE

Anders als die meisten ziehenden Singvögel fliegt die kleinste unserer Grasmücken nicht im Westen ums Mittelmeer nach Afrika, sondern sie wählt die Ostroute und überwintert nach rund 5.000 Flugkilometern hauptsächlich im Sudan und in Äthiopien.

DAS MÜLLERCHEN

Der hölzern-klappernde Gesang gab ihr auch den Spitznamen „Müllerchen“, weil er an das Klappern von Mühlenrädern am Bach erinnert. Die Klappergrasmücke braucht abwechslungsreich strukturierte Gärten mit dichtem Gebüsch und Bäumen, in denen sie nach Blattläusen, Insektenlarven und kleinen Spinnen sucht.

DORNGRASMÜCKE

Curruca communis

GRÖSSE: 13–15 cm

BEI UNS: Sommervogel, Apr.–Okt.; Langstreckenzieher, überwintert südlich der Sahara.

BRUT: Legebeginn meist ab Anfang Mai; 3–6 Eier in lockerem Nest in niedrigem Gestrüpp; Brutdauer 10–15 Tage; Nestlingszeit 10–14 Tage.

AKROBATISCHE SINGFLÜGE

Sie leben nicht ganz so heimlich wie die meisten anderen Grasmücken. Typisch und eindrucksvoll ist der Singflug der Männchen. Er beginnt auf einer erhöhten Warte und wird dann in einer wellenförmigen Flugbahn vorgetragen. Dorngrasmücken suchen bevorzugt im Schutz dorniger Sträucher nach Insekten und Spinnen.

033

Der Gesang ist ein raues, kratzendes „Wanderer, wo gehst du hin?".

GARTENTIPP: Für ihr Nest benötigen Dorngrasmücken dichte, pieksige Gebüsche aus Brombeeren, Himbeeren und Brennnesseln.

GELBSPÖTTER

Hippolais icterina

GRÖSSE: 11,5–13,5 cm

BEI UNS: Sommervogel, Mai–Aug.; überwintert im tropischen Afrika.

BRUT: Legebeginn meist ab Mitte Mai; 4–5 Eier in Napfnest auf Astquirlen, gerne in Holunder und Hasel; Brutdauer 12–15 Tage; Nestlingszeit 14–16 Tage.

034

Der Gesang ist ein rhythmisches Schwätzen mit langgezogenen Tönen und Imitationen anderer Vogelgesänge.

GARTENTIPP: Der Gelbspötter ist ein natürlicher Schädlingsbekämpfer im Garten, er erbeutet hauptsächlich Blattläuse, Mücken und Fliegen.

SPOTTVOGEL

Der Gelbspötter ist dafür bekannt, dass er die Gesänge anderer Vögel nachahmt („spottet"). Seinen Gesang hört man immer aus höheren Baumkronen, nicht aus niedrigem Gebüsch. Als echter Langstreckenzieher kehrt er erst Anfang Mai wieder zu uns zurück, sein Nest baut er in stabilen Astgabeln höherer Sträucher und Bäume.

FITIS

Phylloscopus trochilus

GRÖSSE: 11–12,5 cm

BEI UNS: Sommervogel, Apr.–Sept.; überwintert im tropischen Afrika.

BRUT: Legebeginn meist ab Anfang Mai; 4–8 Eier in bodennahem Backofen-Nest zwischen Gräsern; Brutdauer 12–14 Tage; Nestlingszeit 12–14 Tage.

SAHARA-PENDLER

Der nur 15 g leichte und 12 cm kleine Fitis pendelt zweimal jährlich zwischen seinem Brutgebiet bei uns und seinem Winterquartier in einer vollkommen anderen Klimazone: dem tropischen Afrika. Dazu muss er zweimal jährlich die äußerst gefährliche Wüstenpassage über die Sahara überstehen.

035

Der Gesang des Fitis ist eine flötende Strophe, in der er die Tonleiter schwermütig abwärts singt.

KUGELNEST

Der Fitis baut aus Grashalmen, Moos und Laub eine hübsche Nestkugel mit seitlichem Einschlupfloch („Backofen-Nest"). Es liegt gut versteckt in Bodennähe zwischen Gräsern und Gebüsch, die Küken sind von oben aus der Luft nicht zu sehen.

ZILPZALP

Phylloscopus collybita

GRÖSSE: 10–12 cm

BEI UNS: Häufiger Sommervogel, März–Okt.; Kurz-, Mittel- und Langstreckenzieher, überwintert im Mittelmeerraum bis südlich der Sahara.

BRUT: Legebeginn meist Mitte Apr. in bodennahem Kugelnest; 4–6 Eier; Brutdauer 14–15 Tage; Nestlingszeit 14–15 Tage. Die Familien bleiben nach dem Ausfliegen noch 2 Wochen zusammen.

TYPISCH: Zuckt häufig rhythmisch mit Flügeln und Schwanz.

BACKOFEN-NEST
Das kugelige Nest mit seitlichem Eingang baut das Weibchen ganz allein, nah am Boden und gut versteckt zwischen Gräsern, Brombeeren, Brennnesseln oder Efeu. Bis zu 1.500 Flüge mit Nistmaterial im Schnabel benötigt es dafür.

GARTENTIPP: Der Zilpzalp braucht zum Verstecken seines Nests eine ungemähte, „unordentliche" Krautvegetation.

036

Der Gesang ist ein monotones „chip-chap-chap-chap-chip-chap-chip-chap". Ruft oft „huiiiiid".

SINGT „MEHRSPRACHIG"
Sein Gesang ist so einfach und einprägsam, dass man den kleinen Laubsänger in verschiedenen Sprachen danach benannte: auf Englisch heißt er „chiffchaff", auf Niederländisch „tjiftjaf" und bei uns auf Deutsch „Zilpzalp".

BLATTLAUS-JÄGER
Der Zilpzalp macht Jagd auf alles, was wir im Garten nicht unbedingt am meisten schätzen: Blattläuse, Blattflöhe, Ameisen, Fliegen, Spinnen und kleine Schnecken.

FRÜHLINGSBOTE
Schon im März können wir seinen rhythmischen Gesang wieder im Garten hören. Dann ist der Zilpzalp zurück aus dem Winterquartier. Für uns ist der Zilpzalp einer der liebsten Frühlingsboten im Garten.

IM WINTER
Unsere mitteleuropäischen Zilpzalpe sind, anders als der verwandte Fitis, keine Langstreckenzieher. Um dem insektenarmen Winter bei uns zu entkommen, fliegen die meisten in Richtung Südwesten bis ans Mittelmeer oder nach Nordafrika. Manche Zilpzalpe durchqueren aber auch die Sahara oder überwintern in einer Oase.

WINTERGOLDHÄHCHEN

Regulus regulus

GRÖSSE: 9 cm

BEI UNS: Ganzjährig; auch Durchzügler und Wintergäste aus dem Norden.

BRUT: Apr.–Sept.; 7–11 Eier in dickwandigem Napfnest; Brutdauer 14–17 Tage; Nestlingszeit ca. 3 Wochen. 2 Jahresbruten, bei Verlust Ersatzbruten

037

Der Gesang ist fein und hoch. Man hört ihn sehr häufig aus Fichtenspitzen.

GARTENTIPP: Kommt im Winter an den Futterplatz und pickt gern Fettfutter aus Baumritzen.

LIEBLINGSBAUM: FICHTE
Zwischen immergrünen Fichtennadeln finden die nur 5 g leichten Goldschöpfe ganzjährig Schutz und Nahrung. Immerzu hangeln und hüpfen sie flügelzuckend durch die obersten Zweige und sammeln dabei winzige Insekten und Spinnen vom Geäst. Ihr kunstvolles Hängenest bauen sie an den äußersten Zweigspitzen.

SOMMERGOLDHÄHNCHEN

Regulus ignicapilla

GRÖSSE: 9 cm

BEI UNS: Sommervogel; überwintert im Mittelmeerraum und in Nordafrika, vereinzelt auch in Mitteleuropa.

BRUT: Mai–Aug.; 7–10 Eier in dickwandigem Napfnest; Brutdauer 14–16 Tage; Nestlingszeit ca. 3 Wochen. 1–2 Jahresbruten.

IM SOMMER IM GARTEN

Die Zwillingsart vom Wintergoldhähnchen ist nicht so stark an Fichten gebunden. Das Sommergoldhähnchen brütet auch in Laubwäldern und höheren Sträuchern, auch in Parks, auf Friedhöfen und in Gärten, vorzugsweise, wenn dort vereinzelte Fichten stehen. Seine Nahrung besteht aus kleinen Insekten und Spinnen, die es von den Zweigen pickt.

038

Der Gesang ist fein und hoch, ein ansteigendes „Si-si-si-si si-si-sirrrrr".

ZIEHT IM WINTER FORT

Anders als Wintergoldhähnchen ziehen Sommergoldhähnchen im Winter fort. Ende September beginnt ihr Herbstzug in Richtung westliches Mittelmeer. Damit zählen sie zu den „Kurzstreckenziehern". Im März und April kehren sie wieder zu uns zurück.

ZAUNKÖNIG

Troglodytes troglodytes

GRÖSSE: 9–11 cm

BEI UNS: Jahresvogel; Brutzeit Apr.–Okt., Teilzieher. Manche wandern ins Mittelmeergebiet. Überwinterer halten sich gern in Gewässernähe auf.

BRUT: Legebeginn meist im Apr.; meist 5–7 Eier in dickwandigem Moosnest mit seitlichem Eingang; Brutdauer 13–16 Tage; Nestlingszeit 14–17 Tage. Die Nestgeschwister bleiben noch mehrere Wochen lang zusammen. Meist 2 Jahresbruten.

TYPISCH: Übernachtet im Winter gern im Schutz von Gebäuden.

GARTENTIPP:
Mit Reisighaufen, wilden Gartenecken, dichtem Gestrüpp und Efeubewuchs lockt man Zaunkönige in den Garten.

VOGELZWERG IM TIEFFLUG
Werden Zaunkönige aufgeschreckt, dann fliegen sie typischerweise kurze, gerade Strecken möglichst dicht über dem Boden. Auffällig sind dabei ihre rundlichen, schwirrenden Flügel und der kurze Schwanz.

SELTEN AM FUTTERHÄUSCHEN
Nur wenn sie wirklich gar keine tierische Nahrung mehr aufstöbern können, greifen Zaunkönige auf feine Sämereien zurück und sind dann ausnahmsweise auch am Futterhäuschen zu sehen.

039

Der Gesang ist kräftig schmetternd und trillernd. Der Zaunkönig trägt ihn gerne von erhöhten Sitzwarten wie Zäunen, Pfosten oder auch von Dachrinnen aus vor. So schallt er schön laut und möglichst weit.

AUCH IM WINTER DA
Zaunkönige kann man häufig in Bodennähe beobachten. Wie braune, flinke Mäuse huschen sie durch Gestrüpp und Stauden. Mit dem feinen, leicht abwärts gebogenen Schnabel stochern sie in feinsten Ritzen nach tierischer Beute und werden hier auch im Winter noch fündig. Um satt zu werden, streifen Zaunkönige im Winter weiträumiger umher.

SEINE NAHRUNG besteht aus kleinen Raupen von Tag- und Nachtfaltern, Larven von Käfern, Köcherfliegen und Fliegen, außerdem erbeutet er Blattläuse, Spinnen, Asseln und Weberknechte.

KUSCHELN FÜR WÄRME
In kalten Winternächten kuscheln sich Zaunkönige in Schlafgemeinschaften eng aneinander, um nicht zu erfrieren.

DAS ZAUNKÖNIG-REICH
Umso besser es ist, desto mehr Weibchen kann sich das Männchen leisten. In guten Revieren mit vielfältigen Strukturen und reichem Nahrungsangebot hat ein Zaunkönig bis zu fünf Weibchen gleichzeitig.

DIE KÖNIGINNEN
Der Innenausbau des Nests mit Federn, Haaren, Moos und Wolle ist allein Frauensache. Das Weibchen ist es auch, das zwei Wochen lang allein auf den Eiern sitzt und brütet.

VERTRÄGLICH
Die Weibchen stört es nicht, wenn die anderen Zaunköniginnen ihres Männchens in unmittelbarer Nähe zu ihnen brüten, sie sind äußerst friedfertig und tolerant.

EIN HAREM FÜR DEN KÖNIG
Das Zaunkönig-Männchen ist im April unermüdlich mit dem Bau von Nestern beschäftigt: Umso mehr Nester, desto größer die Chance, ein oder sogar mehrere Weibchen ins Revier zu locken. Flügelschlagend und mit lautem Gesang wirbt es für seine Nester und mit Glück werden davon gleich mehrere ausgewählt.

JUNGE ZAUNKÖNIGE leben gefährlich, sie werden häufig Opfer von Hauskatzen, Eichhörnchen und Mardern.

Imponiergesänge
Zaunkönige singen das ganze Jahr. Besonders beeindruckend sind ihre Imponiergesänge mit vibrierendem Körper, gespreizten Flügeln und steil aufgerichtetem, pendelndem Schwanz.

Kleiner König
Oben vom Zaun hat der Winzling einen guten Überblick.

Gewässernahe Lebensräume mag der Zaunkönig ebenso gern wie die heimische Traubenkirsche.

BACHSTELZE

Motacilla alba

GRÖSSE: 18 cm

BEI UNS: Sommervogel, Febr.–Sept.; Kurz- und Mittelstreckenzieher, überwintert im Mittelmeergebiet bis Nordafrika, einzelne Überwinterer auch in Mitteleuropa.

BRUT: Legebeginn Apr. in Halbhöhlen und Nischen, oft an Gebäuden; meist 5–6 Eier; Brutdauer 11–16 Tage; Nestlingszeit 13–14 Tage. Die Familie bleibt noch 1 Woche beisammen. 2 (3) Jahresbruten.

TYPISCH: Im Schlichtkleid sind Bachstelzen deutlich heller grau mit nur wenig Schwarz am Kopf.

TYPISCH ist ihr wellenförmiger Flug, dabei fällt besonders der überlange Schwanz auf.

AN BÄCHEN UND UFERN
Ihr Name verrät ihren ursprünglichen Lebensraum. Fließgewässer mit Schotterbänken und kiesigen Inseln sind ideal für die Bachstelze, denn hier ist es übersichtlich und es wimmelt nur so von kleinen, leicht zu erhaschenden Insekten. Für ihr Nest gibt es reichlich Verstecke an Böschungen und Abbruchkanten.

040

Der Gesang ist unauffällig schwätzend-plaudernd und eher seiten zu hören. Typisch ist ihr zweisilbiger Ruf „zi-wlitt".

AGGRESSIVE MÄNNCHEN
Manche Bachstelzen attackieren vehement Autofensterscheiben oder auch Terrassentüren. Dabei geht es den Vögeln tatsächlich um ihr eigenes Spiegelbild. Männliche Bachstelzen sind äußerst territorial und dulden keine Rivalen in ihrem Revier. Schon der Anblick ihres Spiegelbildes bringt sie auf die Palme.

ZUGEZOGEN
Sie kann auch ohne Wasser: Die meisten Bachstelzen leben heute bei uns in locker bebauten Siedlungen. Auf Rasen oder auch geschotterten Parkplätzen jagen sie nach winzigen Insekten. Das Nest versteckt die Bachstelze gerne in kleinen Mauernischen und an Ställen.

GARTENTIPP: Bachstelzen sind auf kleine, bodennah lebende Insekten angewiesen, daher bitte keinesfalls Pestizide (Insektengifte) im Garten einsetzen.

Auch kleine Wasserstellen werden gern von Bachstelzen besucht.

Hellgraue Jungvögel
Junge Bachstelzen sind noch nicht so kontrastreich gefärbt wie ihre Eltern, sind aber an ihrem langen; meist wippenden Schwanz („Wippsterzen“) schon gut zu erkennen.

Im Garten kann man Bachstelzen oft auf kurz gemähtem Rasen beobachten. Mit schnellen Trippelschritten spüren sie hier kleine Insekten auf.

GEBIRGSSTELZE

Motacilla cinerea

GRÖSSE: 17–20 cm

BEI UNS: Sommervogel; Teilzieher, einige ziehen ans Mittelmeer, andere überwintern.

BRUT: Ab März–Aug.; 4–6 Eier in Nischen nah am Wasser, Familie verlässt nach dem Ausfliegen gemeinsam das Brutrevier.

GARTENTIPP: Spezielle Nistkästen, räubersicher an Stauwehren montiert, helfen der Gebirgsstelze.

041

Der Gesang besteht aus spitzen, hohen Einzeltönen „ziss-ziss-ziss“.

AN FLIESSGEWÄSSERN

Die Gebirgsstelze ist eng an schnell fließende Bäche mit kiesig-steinigen Inseln gebunden, weshalb sie bei uns am häufigsten in den Bergen vorkommt. Im Flachland trifft man sie auch in Ortschaften an Stauwehren und Mühlenanlagen. Ihr Nest baut sie unter Brücken, in Felsnischen oder unter Baumwurzeln.

HECKENBRAUNELLE

Prunella modularis

SINGEN MIT AUSSICHT

Obwohl der Heckenbraunellen-Gesang eher hoch und fein ist, hört man ihn doch recht weit, denn das Männchen überwindet zum Singen seine Scheu und steht dabei exponiert auf offenen Warten. So lässt es sich besonders schön beobachten.

042

Der Gesang ist schon sehr früh im Jahr zu hören. Er besteht aus kurzen, silberhell-tirillierenden Strophen, die an den Gesang der Feldlerche erinnern (deren Strophen aber endlos erscheinen).

NAHRUNG IM SOMMER

Heckenbraunellen schlüpfen bei der Nahrungssuche mausartig durch dichtes Gebüsch und picken dabei alles mögliche Kleingetier wie Fliegen, Käfer, Ameisen und deren Puppen, Würmer, kleine Schnecken, Weberknechte und Spinnen, ab Sommer auch feine Sämereien von Brennnesseln und Gräsern.

VOM WALD IN DIE STADT

Die scheuen Waldvögel brüteten ursprünglich nur zwischen Nadelbäumen mit reichlich Unterwuchs, auf Lichtungen und an Waldrändern. Von hier aus sind sie nach und nach in Parks und Gärten mit dichtem Bewuchs eingewandert.

IN DECKUNG

Heckenbraunellen bauen ihr Nest gern in möglichst undurchdringlichem Gebüsch. Hier in der Deckung gehen sie auch bevorzugt auf Insektenfang. Wer ihnen etwas Gutes tun will, erlaubt Unterwuchs und schafft Reisighecken im Garten.

GARTENTIPP: Kommt im Winter gerne an den Futterplatz. Nimmt hier bevorzugt kleine Sämereien, Fettfutter und geölte Haferflocken vom Boden.

GRÖSSE: 13–14,5 cm

BEI UNS: Jahresvogel, zum Teil Kurzstrecken- und Teilzieher, die im Mittelmeergebiet überwintern.

BRUT: Legebeginn meist ab März in dichtem Gebüsch und Reisighaufen; meist 4–6 Eier; Brutdauer 11–13 Tage; Nestlingszeit 12–13 Tage. Familien bleiben nach dem Ausfliegen noch 2–3 Wochen zusammen. 2–3 Jahresbruten.

TYPISCH: Wird oft für einen Hausspatz gehalten, auf den feinen Schnabel und Gesang achten.

SEIDENSCHWANZ

Bombycilla garrulus

GRÖSSE: 18–21 cm

BEI UNS: Durchzügler und Wintergast, Okt.–März. In manchen Jahren kommt es zu invasionsartigen Einflügen.

BRUT: Ab Mai–Juli häufiger Brutvogel nordischer Nadelwälder, wo er gesellig in lockeren Gruppen brütet.

043

Der Gesang ist ein quietschendes Schwirren, ähnlich dem Gesang vom Girlitz.

SPORADISCHE GÄSTE

Seidenschwänze ziehen nicht in jedem Jahr zu uns. Nur wenn die Wildfrüchte in ihrem Brutgebiet, den nordischen Nadelwäldern, knapp werden, machen sie sich in Gruppen auf dem Weg nach Mitteleuropa, wo sie in manchen Jahren massenhaft auftreten.

SUCHE NACH WILDFRÜCHTEN

Im Winter tauchen die exotisch anmutenden Vögel mit seidigem Gefieder plötzlich scharenweise in Stadtparks, auf Friedhöfen und in Obstgärten auf – überall da, wo noch reichlich Wildfrüchte zu finden sind. Am liebsten nehmen sie Vogelbeeren, aber auch die Früchte von Liguster, Schneeball und Mistel.

HAUBENLERCHE

Galerida cristata

GRÖSSE: 17–19 cm

BEI UNS: Jahresvogel. Weiter nördlich brütende Haubenlerchen ziehen im Winter nach Südeuropa.

BRUT: Ab Apr.–Sept.; meist 3–5 Eier in Bodennest an trockenen Standorten; Brutdauer 12–13 Tage; meist 2 Jahresbruten.

044

Ruft wehmütig „di-di-düh", singt trillernd und flötend.

HAUBENLERCHEN HELFEN: Bevorzugen Sie Bio-Lebensmittel, die ohne Einsatz von Bioziden angebaut werden.

ZUFLUCHT IN STÄDTEN

Haubenlerchen finden in unserer überdüngten Agrarlandschaft heute kaum noch Brutplätze und Nahrung. Sie haben gelernt, in Städte auszuweichen, wo noch lückig bewachsene Flächen mit samenreichen Kräutern und Insekten zu finden sind. Oft an Bahndämmen, wo sie aber unter dem Einsatz von Pflanzengiften leiden.

IN DEN BERGEN

SCHNEESPERLING

Montifringilla nivalis

045

GRÖSSE: 16,5–19 cm
Dieser relativ große Spatz verirrt sich nur selten unter 1.500 Höhenmeter. Schneesperlinge sind echte Bergbewohner und halten sich das ganze Jahr über am liebsten in Höhen von 2.000 bis 5.000 Metern auf. Charakteristisch sind ihre großen, weißen Flügelfelder und der grau abgesetzte Kopf. Spatzentypisch lassen sich Schneesperlinge auch gerne von Menschen füttern.

ALPENBRAUNELLE

Prunella collaris

046

GRÖSSE: 15–17,5 cm
In Felsregionen oberhalb der Baumgrenze brütet die kräftige Alpenbraunelle. Sie trotzt hier eisigen, schneereichen Wintern, nur wenn die Nahrung knapp wird, kommt sie auch hinunter in die Täler. An Berghütten und Skistationen kann man sie regelmäßig aus nächster Nähe beobachten, denn Alpenbraunellen picken auch Abfälle und sind Menschen gegenüber wenig scheu.

RINGDROSSEL

Turdus torquatus

047

GRÖSSE: 24–27 cm
Von der ähnlichen und häufigen Amsel unterscheidet sie optisch hauptsächlich ein breiter, weißer Halbmond auf der Brust. Doch während Amseln Anpassungskünstler in vielen verschiedenen Lebensräumen sind, hat die Ringdrossel sich auf ein Leben in steilen Bergregionen spezialisiert. Im Winter ziehen Ringdrosseln in wärmere Gefilde am Mittelmeer.

Wenn Sie in den Bergen wohnen, ist es gut möglich, dass auch diese typischen Bergvögel über Ihren Garten fliegen oder bei Ihnen Station machen.

STEINSCHMÄTZER

048

Oenanthe oenanthe

GRÖSSE: 14–16,5 cm

Mit seiner schwarzen Maske und schwarzen Flügeln ist der Steinschmätzer ein auffälliger Charaktervogel offener Felslandschaften. Im Flug fällt außerdem eine schwarze T-Zeichnung auf dem weißen Schwanz auf. Das Weibchen ist schlichter beigebraun gefärbt und in schütterer Vegetation zwischen Steinen gut getarnt. Schnalzt laut „tschack".

TANNENHÄHER

049

Nucifraga caryocatactes

GRÖSSE: 32–35 cm

Er ist so groß wie der häufige Eichelhäher, hat aber ein schwarz-weiß getupftes Gefieder. Tannenhäher brüten in Nadelwäldern der Berge und des hohen Nordens. Im Winter sind sie dafür bekannt, in die Täler zu fliegen, um hier in Hecken und Gärten nach Haselnüssen zu suchen. Sitzen häufig auf Nadelbäumen und schnarren „krärr-krärr".

ALPENDOHLE

050

Pyrrhocorax graculus

GRÖSSE: 36–39 cm

Ihr leuchtend gelber, recht kurzer Schnabel und ihre pfeifend-zirpenden Rufe machen Alpendohlen im Gebirge unverwechselbar. Meist zeigen sie in großen Schwärmen ihre akrobatischen Flugkünste, um dann wenig scheu am menschlichen Picknick an Berghütten oder Skiliften teilzuhaben. Bei schlechtem Wetter und Nahrungsknappheit trifft man sie auch in Tälern.

HAUSSPERLING, HAUSSPATZ

Passer domesticus

GRÖSSE: 14–16 cm

BEI UNS: Jahresvogel. Verbleibt auch im Winter in seinem Brutrevier. Jungvögel ziehen auch kürzere Strecken fort.

BRUT: Apr.–Sept.; meist 4–6 Eier in Höhlen, Nischen oder auch als Freibrüter; Brutdauer 10–14 Tage; Nestlingszeit 14–16 Tage. Die Familien bleiben nach Verlassen des Nests noch 2 Wochen zusammen. 2–3 Jahresbruten.

TYPISCH: Spatzen leben fast immer in der Nähe menschlicher Gehöfte und Siedlungen.

NEST AN NEST
Zwar zanken Hausspatzen häufig, dennoch brüten sie am liebsten nah beieinander, manchmal sogar im Abstand von unter einem Meter zueinander. Viele Augen entdecken eher nahende Feine.

GARTENTIPP:
Für den Körnerfresser sind samentragende Gräser und Stauden wichtig, außerdem offene Sandflächen zum Staubbaden (Seite 27).

GESELLIG UND SOZIAL
Ein Hausspatz kommt selten allein. Hat man einen, dann folgt bald ein ganzer, zeternder Trupp in den Garten. Mit so einem Spatzenschwarm gibt es immer etwas zu beobachten, besonders, wenn dann die Jungspatzen wenig scheu durch's Gebüsch hüpfen.

SPATZENKINDER erkennt man an ihrem hellbraunen Gefieder mit beigen Streifen, im Garten werden die neugierigen Vogelkinder oft sehr zutraulich.

WEIBCHEN UND MÄNNCHEN sind leicht voneinander zu unterscheiden: Nur das Männchen hat einen auffallend kontrastreich grau, kastanienbraun und schwarz gezeichneten Kopf.

KULTURFOLGER
Spätestens seit der Mensch sesshaft wurde und Getreide anbaute, war der Spatz bereits zur Stelle. Als wenig scheuer, frecher Körnerfresser lernte er schnell, dass es in Siedlungsnähe immer etwas zu holen gibt. Als Getreideschädling war der Spatz allerdings nicht gern gesehen und wurde früher gezielt vergiftet und abgeschossen.

051

Der Gesang ist das bekannte „Tschilpen". Nähert sich ein Feind, rufen Spatzen aufgeregt „tet-tet-tet-tet".

NACH DEM VERLASSEN DES NESTS kümmern sich beide Eltern noch 2 Wochen lang um ihre Jungvögel. Hier ist Papa Hausspatz dabei, einen Leckerbissen zu verfüttern.

VIELSEITIGE NISTPLÄTZCHEN
Hausspatzen sind äußerst anpassungsfähig, wenn es um den Neststandort geht. Natürliche Bruthöhlen werden ebenso bezogen wie Nistkästen oder Nischen im Mauerwerk. Wo es an geeigneten Nischen und Höhlen mangelt, bauen sie auch freie Nester in Büschen und Bäumen.

INSEKTEN FÜR JUNGVÖGEL
Die Küken können noch keine Körner verdauen. Sie brauchen proteinreiche Insektennahrung.

TREUE PARTNER
Spatzen sind für ihre monogamen Dauerehen bekannt. In einer Brutkolonie bewachen die Männchen eifersüchtig ihre Weibchen beim Brüten.

SPATZEN LIEBEN STAUBBÄDER
An sonnigen Tagen kann man beobachten, wie im Sand Kuhlen gebuddelt, mit dem ganzen Körper gewackelt und die Flügel geschlagen werden, bis der Staub nur so wirbelt und jede Feder eingestäubt ist. Der feine Sand, die Trockenheit und Sonne sind die beste Medizin gegen juckende Plagegeister wie Milben.

Das ist ein guter Aussichtspunkt im Blütenbeet.

FELDSPERLING, FELDSPATZ

Passer montanus

GRÖSSE: 13–14 cm

BEI UNS: Jahresvogel, bleibt auch im Winter in seinem Brutrevier, wenn die Nahrungssituation es zulässt. Besonders Jungvögel streifen nach der Brutzeit auch weiter umher.

BRUT: Apr.-Sept.; 3–7 Eier in Baumhöhlen und Nistkästen; Brutdauer 11–14 Tage; Nestlingszeit 16–18 Tage. Die Familien bleiben nach Verlassen des Nests noch 2 Wochen zusammen. 2–3 Jahresbruten.

TYPISCH: Außerhalb der Brutzeit fast immer in kleineren Trupps oder größeren Schwärmen.

MANN UND FRAU sind, anders als beim Haussperling, nicht voneinander zu unterscheiden. Im Gegensatz zum geselligen Haussperling brüten Feldsperlinge nicht in Kolonien, sondern lieber als Einzelpaar. In Bezug auf ihren Brutplatz sind Feldspatzen spezieller. Höhlen sind ihnen am liebsten, eher selten bauen sie freistehende Nester.

GARTENTIPP:
Feldspatzen beziehen gern Nistkästen mit einer Einflugöffnung von 3,2–3,6 cm. Wichtig zur Aufzucht ihrer Küken ist ein insektenreicher Garten, denn die Kleinen können noch keine Körner verdauen. Sie werden mit Blattläusen, kleinen Käfern, Heuschrecken und Raupen gefüttert.

052

Sein Gesang ist ein monotones Tschilpen wie „tsipp-tsipp-tsipp".

NISTPLATZTREUE
Wo ein Feldspatzen-Paar erfolgreich gebrütet hat, kehrt es jedes Jahr wieder zurück. Oft sichern sich die Partner ihre Bruthöhle schon über Herbst und Winter und nutzen sie als gemütliches Schlafplätzchen.

GESUCHT: SAMEN UND GETREIDE
Feldspatzen brauchen Sämereien von Gräsern und Wildkräutern wie Beifuß, Brennnessel und Knöterich. Im Garten besuchen sie Trinkschalen und Futterplätze, wo sie mit ihrem kräftigen Schnabel Sonnenblumenkerne und Getreidekörner knacken.

IM SCHWARM AUF NAHRUNGSSUCHE
Während Feldspatzen ihr Brutrevier entschieden gegen andere Feldspatzen verteidigen, schließen sie sich zur Nahrungssuche gerne zu Schwärmen zusammen.

BUCHFINK

Fringilla coelebs

AM LIEBSTEN HOCH OBEN in der Baumkrone verankern Buchfinken ihr stabiles Nest aus Halmen und Moos in Astgabeln oder -quirlen. Von außen verkleben sie es sorgfältig mit Spinnfäden und Flechten, sodass es nur sehr schwierig zu entdecken ist.

IM WINTER sammeln sich Buchfinken in Schwärmen, oft auch gemeinsam mit nordischen Bergfinken, und gehen gemeinsam auf Nahrungssuche. Ihre wichtigste Winternahrung sind die ölhaltigen Bucheckern im Buchenwald.

GARTENTIPP: Statt in Baumkronen verstecken Buchfinken ihr Nest auch liebend gern in schön dicht rankenden Kletterpflanzen am Haus.

TARNFARBENE WEIBCHEN
Die schlichte Färbung der Weibchen ist ein klarer Vorteil. Denn das Weibchen ist es, das fast zwei Wochen lang im Nest hockt und die Eier bebrütet. So getarnt ist es dort für Feinde kaum auszumachen.

053

Seinen schmetternden, in der Tonhöhe abfallenden Gesang trägt das Männchen gern von hohen Singwarten vor. So schallt es schön weit.

FUTTERSUCHE AM BODEN
Am Futterplatz beobachtet man Buchfinken meist am Boden. Sie picken das auf, was anderen Vögeln herunterfällt. Nicht aus Bescheidenheit: Buchfinken sind einfach daran gewöhnt, ihr Futter hüpfend und trippelnd am Boden zu suchen.

NAHRUNG IM SOMMER
Im Frühjahr und Sommer brauchen Buchfinken viel Energie zum Nestbau und zum Versorgen ihrer Küken. In dieser Zeit stellen sie ihre vegetarische Körnerkost auf proteinreiche Insektennahrung um.

GRÖSSE: 14–16 cm

BEI UNS: Sehr häufiger Jahresvogel. Ab Herbst kommen Schwärme von Durchzüglern und Wintergästen aus weiter nördlich gelegenen Brutgebieten zu uns.

BRUT: Apr.–Sept. in halbkugeligem Nest in Astgabeln; meist 3–6 Eier; Brutdauer 10–14 Tage; Nestlingszeit 12–15 Tage. Nach dem Ausschlüpfen bleiben die Familien noch 4 Wochen lang zusammen. 1–2 Jahresbruten.

TYPISCH: Im Flug fallen bei beiden Geschlechtern doppelte, weiße Flügelbinden und die weißen Schwanzaußenkanten ins Auge.

BERGFINK

Fringilla montifringilla

GRÖSSE: 14–16 cm

BEI UNS: Wintergast aus nordischen Wäldern von Sept.–Mai. Winterschwärme können mehrere Millionen Bergfinken umfassen.

BRUT: Ab Mitte Apr. in Nadel- und Laubwäldern Skandinaviens und Sibiriens; Nest in Astgabeln; meist 5–7 Eier; Brutdauer 11–14 Tage; Nestlingszeit 12–14 Tage. 1 Jahresbrut, im Süden des Brutgebiets gelegentlich auch 2.

TYPISCH: Bei der Nahrungssuche halten sich Bergfinken im Winter bevorzugt am Boden auf.

DAS WEIBCHEN ist weniger kontrastreich gefärbt, seine Kopfseiten nicht schwarz gestrichelt wie beim Männchen und die Brust nicht so leuchtend orange. Typisch sind die hellgrauen Halsseiten und ein hellgrauer Nackenfleck.

054

Seine Rufe hört man häufig vielstimmig von auffliegenden Winterschwärmen, sie klingen nasal-quäkend wie „dschäh" und „quäig".

BEI SCHNEE
Bergfinken finden Bucheckern auch unter einer geschlossenen Schneedecke. Mit ihren Flügeln flattern sie den Schnee beiseite.

SCHLAFGEMEINSCHAFTEN im Wald können aus mehreren Millionen Bergfinken bestehen. Sie halten sich gegenseitig warm.

DAS MÄNNCHEN fällt im Winterkleid mit leuchtend orangefarbener Brust und Schultern auf, typisch ist auch der unregelmäßig schwarz gescheckte Kopf, ein Überbleibsel seiner schwarzen Kopfkappe, die er zur Brutzeit trägt. Sein Schnabel ist gelb mit schwarzer Spitze, im Sommer ist er schwarz.

GARTENTIPP: Kleinere Gruppen von Bergfinken besuchen gerne Futterhäuschen, am liebsten sind ihnen ölhaltige, größere Sämereien wie Sonnenblumenkerne.

DER NORDFINK
In skandinavischen Wäldern zählen Bergfinken zu den häufigsten Brutvögeln. Bei uns tauchen sie auf, wenn ihre Nahrungsvorräte im Norden über Winter knapp werden. Bucheckern sind dann ihr wichtigstes Winterfutter. In einem Buchenwald können sich mehrere Millionen Bergfinken versammeln. Typisch ist ihr im Flug aufblitzender weißer Bürzel.

BLUTHÄNFLING

Linaria cannabina

MIT GUTEM ÜBERBLICK
Als Brutreviere bevorzugen die kleinen Finken warme, offene, sonnige Landschaften mit nicht zu hohen Büschen und Hecken wie Weinberge, Ackerlandschaften mit Hecken, Wacholderheiden und große Gärten.

GARTENTIPP: Bluthänflinge brauchen dichte Hecken zum Brüten und samentragende Wildkräuter.

DAS WEIBCHEN ist so schlicht gefärbt, dass man es mit einem Hausspatz-Weibchen verwechseln könnte. Bei genauerem Hinsehen erkennt man aber die deutlich gestrichelte Brust und Kehle und den fein gestrichelten Rücken. Männchen im Schlichtkleid (ab August bis zum nächsten Frühjahr) können mit Weibchen verwechselt werden.

055

Der Gesang ist eine Aneinanderreihung abgehackter, zwitschernder Einzeltöne mit nasal-quäkenden Elementen.

VORVERDAUTE NAHRUNG FÜR DIE KÜKEN
Auch der Nachwuchs wird mit Sämereien gefüttert. Damit sie den Küken nicht schwer im Magen liegen, findet eine Vorverdauung in einem speziellen Nahrungsspeicher der Eltern, dem Kropf, statt.

SEINE NAHRUNG besteht fast ausschließlich aus Sämereien einer Vielzahl von Wildkräutern wie Ampfer, Disteln, Hirtentäschel, Beifuß, Knoblauchsrauke, Löwenzahn, Kletten und Wegeriche, auch die Samen von Birken, Erlen, Pappeln und Ulmen picken sie, wenn diese zu Boden fallen.

FRIEDLICHE FINKEN
Bluthänflinge sind besonders friedfertige und soziale Finken, die auch während der Brutzeit gerne gemeinsam in Schwärmen auf Nahrungssuche gehen. Das ist von Vorteil für alle, da so gute Standorte mit samentragenden Kräutern optimal genutzt werden können.

GRÖSSE: 12,5–14 cm

BEI UNS: Jahresvogel und Teilzieher, besonders aus nördlichen Brutgebieten, bis Südeuropa. Im Winter streifen Bluthänflinge in Trupps mit anderen samenfressenden Finken umher.

BRUT: Apr.–Aug. in dichtem, gerne dornigem oder immergrünem Gebüsch; meist 4–6 Eier; Brutdauer 10–14 Tage; Nestlingszeit 12–17 Tage. Die Familien bleiben nach Verlassen des Nests noch 1–2 Wochen zusammen. 1–2 (3) Jahresbruten.

TYPISCH: Das namengebende „Blutrot“ auf Brust und Stirn der Männchen ist unterschiedlich stark ausgeprägt.

BIRKENZEISIG

Acanthis flammea

KLEINER BAUMKLETTERER
Auf Nahrungssuche hangeln und turnen die Fliegengewichte unter den Finken geschickt auch kopfüber an feinem Gezweig: Hier knacken sie die Samen von Erlen, Birken, Weiden, Lärchen, Kiefern und Fichten. Im Sommer nutzen sie auch Sämereien verschiedener Gräser und Kräuter.

IM GARTEN bauen Birkenzeisige ihre Nester getreu ihrem Namen bevorzugt in Hänge-Birken, aber auch in Ziersträuchern, Hecken und Koniferen.

GARTENTIPP: Abgeblühte, samentragende Stauden wie hier den Beifuß stehen lassen – den Birkenzeisig freut's.

FINK DES NORDENS UND DER BERGE
Bis in die 1970er Jahre kannte man Birkenzeisige als Vögel der Alpen („Alpenbirkenzeisig") und des hohen Nordens („Taigabirkenzeisig"), seither hat der kleine, wenig scheue Fink sein Brutgebiet kontinuierlich weiter in die Tallagen Mitteleuropas ausgedehnt – bis hinein in unsere Parks, Gärten und Städte.

056

Der Gesang ist schwatzend und schwirrend mit gedehnten Elementen. Er wird im Singflug oder aus der Baumkrone vorgetragen. Typisch sind die Flugrufe „dsched-dsched-dsched".

IM FRÜHJAHR kann man Birkenzeisige dabei beobachten, wie sie an blühenden Weiden Blütenpollen, Nektar und kleine Insekten abpicken.

IM WINTER zieht es Schwärme nordischer Birkenzeisige in den Süden und auch zu uns nach Mitteleuropa. Sind die lokalen Nahrungsvorräte an Baumsamen aufgebraucht, ziehen sie weiter in Richtung Süden.

GRÖSSE: 11,5–14 cm

BEI UNS: Jahresvogel und Teilzieher, im Winter sind häufig Schwärme von Durchzüglern und Wintergästen zu beobachten, gerne in Gesellschaft von Erlenzeisigen.

BRUT: Apr.-Aug. in Napfnest aus feinen Zweigen und Halmen in Bäumen oder Sträuchern; meist 4–6 Eier; Brutdauer 10–13 Tage; Nestlingszeit 11–14 Tage. Die Familien bleiben nach Verlassen des Nests noch 2 Wochen lang zusammen. 2–3 Jahresbruten.

TYPISCH: Junge Birkenzeisige tragen noch keinen roten Stirnfleck und haben auch keine schwarze Kehle.

STIEGLITZ

Carduelis carduelis

GRÖSSE: 12–13,5 cm

BEI UNS: Jahres- und Sommervogel. Manche Stieglitze ziehen im Herbst in den Süden. Auch Überwinterer ziehen ab, wenn sie nicht mehr genügend Nahrung bei uns finden.

BRUT: Ab Ende Apr.–Sept. in sorgfältig gewobenem Nest aus Halmen, Moos und Flechten in Baumkronen und hohen Büschen; meist 4–6 Eier; Brutdauer 11–13 Tage; Nestlingszeit 13–18 Tage. 2–3 Jahresbruten.

TYPISCH: Am häufigsten in halboffenen Landschaften wie Obstgärten, Alleen und Parks.

„GOLDFINK"

Im Flug sieht man die breiten goldgelben Flügelbinden des Stieglitzes. Im Englischen nennt man ihn deshalb „Goldfink". Wegen ihres schönen Gefieders sind Stieglitze leider bis heute begehrte Käfigvögel und illegale Vogelfänger machen noch heute Jagd auf die schönen Vögel.

GARTENTIPP: Wilde Karden sehen im Garten nicht nur schön aus, sie locken mit ihren Blüten Wildbienen und ab Spätsommer mit nahrhaften Samen Stieglitze in den Garten. Unbedingt über den Winter stehen lassen.

SÄMEREIEN

Die Intensivlandwirtschaft macht Stieglitzen zu schaffen, ebenso wie häufig gemähte Wegränder und englische Rasen mit Zierpflanzen. In dieser Landschaft fehlt es den auf Sämereien angewiesenen Stieglitzen zunehmend an Nahrung.

WILDKRÄUTER-FANS

Auch die Küken werden fast ausschließlich vegetarisch mit den Samen von mehr als 150 verschiedenen Wildpflanzen ernährt.

FAMILIENCLANS

Nach der Brutzeit schließen sich die Eltern mit allen in diesem Jahr erfolgreich aufgezogenen Jungvögeln zusammen und bilden mit weiteren Familien große Schwärme.

057

Der Gesang ist ein eiliges Schwätzen, in dem immer wieder seine typischen „Stiege-litt"-Rufe zu hören sind. Sie gaben ihm den Namen Stieglitz.

KLEINER DISTELFINK

Seine Lieblingsnahrung sind die Samen von Distelgewächsen, weshalb er auch als Distelfink bekannt ist. Hier zupft ein Jungvogel Distelsamen, ihm fehlt noch die rote Gesichtsmaske der Eltern.

GRÜNFINK

Chloris chloris

IM WINTER schließen sich Grünfinken zu Schwärmen mit anderen Finken, Spatzen und Goldammern zusammen, gemeinsam suchen sie auf abgeernteten Äckern und Brachflächen nach übrig gebliebenen Sämereien.

058

Der Gesang ist lang anhaltend zwitschernd, trillernd und pfeifend mit typischen „Grüüüüüühhhh"-Elementen. Grünfinken singen gern von Baumkronen aus oder auch in eigenartig schmetterlingshaften Singflügen.

IM FLUG blitzen gelbe Felder auf Flügeln und Schwanz auf. Oft hört man Grünfinken im Flug trillern und rufen.

BRÜTEN IST FRAUENSACHE – doch beim Füttern der Jungvögel beteiligt sich auch das Männchen.

GRÜNFINKWEIBCHEN sind deutlich schlichter blassbraun mit schwachen dunkleren Streifen. Auch die gelben Felder in Flügeln und Schwanz sind nur undeutlich ausgeprägt.

STADTVOGEL

Im 20. Jahrhundert sind Grünfinken aus Feldgehölzen in unsere Siedlungsgebiete eingewandert und brüten mittlerweile sogar mitten in Großstadt-Zentren. Besonders im Winter profitieren sie von den Futterplätzen in Ortschaften und zählen neben Amseln und Haussperlingen heute zu den zahlreichsten Vögeln unserer Wohngebiete.

GARTENTIPP:
Grünfinken bauen ihr Nest gerne in Büschen oder Bäumen und in dicht rankenden Kletter- und Rankgewächsen. Wo diese in Großstädten fehlen, fanden sich sogar schon Nester der anpassungsfähigen Vögel in Balkonkästen.

GRÖSSE: 14–16 cm

BEI UNS: Sehr häufiger Jahresvogel und Teilzieher. In Städten neigen Grünfinken eher zum Überwintern. Im Winter ziehen Grünfinken aus nördlichen Brutgebieten nach Mitteleuropa.

BRUT: März/Apr.–Sept. in Büschen, Bäumen und auch an außergewöhnlichen Plätzen rund ums Haus; meist 3–7 Eier; Brutdauer 12–14 Tage; Nestlingszeit 14–18 Tage. Die Familien bleiben noch mindestens 2 Wochen lang zusammen. 2 Jahresbruten.

TYPISCH: Noch während die Jungen geführt werden, legt das Weibchen bereits Eier für die zweite Brut.

BABYBREI FÜR KÜKEN
Um schwer verdauliche Sämereien bekömmlicher zu machen, verarbeiten die Eltern sie zu einem gelblichen Brei. Das geschieht in einer sackartigen Ausstülpung ihrer Speiseröhre, dem sogenannten Kropf. Darin werden die Samen eingespeichelt und vorverdaut und erst dann verfüttert.

EIN „MÄUERCHEN"
aus Kot am Nestrand ist typisch für Grünfinken-Nester, denn die Eltern tragen den Kot ihrer Küken nicht fort.

GEFAHR TRINKSCHALE
Besonders an warmen Sommertagen vermehren sich Keime rasant in Vogeltränken: So kam es im Sommer 2009 zu einem Massensterben von Grünfinken infolge einer Infektion mit dem tödlichen Trichomonas-Erreger, deutschlandweit starben daran mehrere Zehntausend Vögel. Daher unbedingt täglich das Wasser erneuern.

NAHRUNG IM SOMMER
Grünfinken bevorzugen das ganze Jahr über pflanzliche Kost, nur für ihre Küken suchen sie zeitweise auch nach Blattläusen und anderen kleinen Insekten. Wenig wählerisch nehmen sie das an pflanzlichem Material auf, was sich gerade in der Natur anbietet: von Knospen über Blüten bis zu Sämereien und saftigen Früchten.

Häufige Futter-haus-Gäste
Grünfinken entdecken neue Futterquellen schnell und sind dann wenig scheu sofort zur Stelle.

Im Winter streifen Grünfinken in Trupps umher und bleiben so lange an einem Ort, wie es Futter gibt.

Kräftig und zänkisch
Selbst bei reichlichem Futterangebot verbringen Grünfinken am Futterplatz viel Zeit mit Zankereien um einzelne Sonnenblumenkerne, oft sogar mehr Zeit als mit der eigentlichen Nahrungsaufnahme.

ERLENZEISIG

Spinus spinus

GRÖSSE: 12 cm

BEI UNS: Jahresvogel, brütet aber nur gebietsweise. Im Herbst und Winter kommen Nomadenschwärme aus Nord- und Osteuropa.

BRUT: Legebeginn meist ab März in kleinem Reisignest in Fichten, Tannen oder Lärchen; meist 4–5 Eier; Brutdauer 11–14 Tage; Nestlingszeit 13–15 Tage. Die Familie bleibt nach dem Ausfliegen noch 3 Wochen zusammen.

TYPISCH: Brutbeginn und Brutdichte sind stark abhängig vom Angebot an Fichtensamen, ihrer Hauptnahrung.

059

Der Gesang ist ein eiliges, rhythmisches Schwätzen mit typischen Rufen wie „tetetet“, „düih“ und dem wehmütigen „tüli“.

WINTERSCHWÄRME
Im Winter ziehen Erlenzeisige in größeren Trupps umher. Meist trifft man sie auf Erlen an Gewässerufern, wo sie geschickt die kleinen Samen aus den Erlenzapfen herauspicken. Die Schwärme fallen durch ihre Gruppengesänge auf und wenn alle gleichzeitig auffliegen, um wieder in derselben Baumkrone zu landen.

DAS NEST bauen sie hoch oben auf Nadelbäumen, möglichst weit vom Stamm entfernt an den äußersten Zweigen.

NADELWÄLDER Im Sommer trifft man Erlenzeisige bei uns in Mitteleuropa hauptsächlich in den Nadelwäldern der Mittelgebirge und Alpen an, auch da, wo größere Fichtenwälder an Dörfer und Gärten angrenzen.

GARTENTIPP:
Futterhäuschen mit möglichst kleinen, ölhaltigen Saaten wie Mohn, Hanf und Hirse, fertige Waldvogelmischungen und Fettfutter-Gemische (s. Foto oben) locken Erlenzeisige in den winterlichen Garten.

ERLENZEISIG-WEIBCHEN
Das Weibchen ist schlichter und weniger kontrastreich gezeichnet als das Männchen. Sein Kopf ist oben grau, Brust und Bauch sind weißlich und kräftig gestrichelt. So ist es auf dem Nest gut getarnt.

NAHRUNG IM SOMMER
Mit ihren kegelförmigen, vorne sehr spitzen Schnäbeln sind Erlenzeisige darauf spezialisiert, kleine Samen aus Zapfen herauszupicken. Im Sommer sind die Samen aus Fichten- und Kiefernzapfen ihre Hauptnahrung.

GIRLITZ

Serinus serinus

GRÖSSE: 11–12 cm

BEI UNS: Sommervogel, Apr.–Aug. Mitteleuropäische Girlitze ziehen im Herbst ans Mittelmeer und ins südwestliche Europa.

BRUT: Ab Mitte Apr. in Nadelbäumen, Büschen und Rankgewächsen mit guter Deckung; meist 3–6 Eier; Brutdauer 12–14 Tage; Nestlingszeit 14–16 Tage. Die Jungvögel verlassen ihr Revier 2 Wochen nach dem Schlupf. 2 Jahresbruten.

TYPISCH: Nicht alle Girlitze verlassen uns im Herbst. Wo genügend Nahrung zu finden ist, bleiben manche auch über den Winter in Mitteleuropa.

FLATTERHAFTE SINGFLÜGE sind typisch für das Girlitz-Männchen: Mit seinem etwas plumpen Körper und den langsamen Flügelschlägen erinnert es an eine fliegende Fledermaus. Lauthals singend umkreist es dabei in großer Höhe Baumkronen und ist gar nicht so leicht auszumachen.

GARTENTIPP:
Ein Stückchen Wiese, auf der verschiedene Wildkräuter zur Samenreife kommen dürfen, ist ideal für den kleinen Pflanzenfresser.

060

Der Gesang ist eine lange Strophe sehr schnell aneinandergereihter, hoher Quietsch- und Zwitschertöne, ähnlich dem Quietschen eines angerosteten Rades.

IM WINTER
Girlitze aus Mitteleuropa ziehen im Herbst in Richtung Süden und überwintern rund ums Mittelmeer.

SPEISEZETTEL
Im Frühjahr sind Weiden- und Birkenknospen eine wichtige Nahrung für Girlitze. Sobald die ersten Samen reifen, nehmen sie diese auch schon im unreifen Zustand. Auf ihrem Speisezettel stehen die Sämereien vieler Gräser und verschiedener Wildkräuter wie Hirtentäschel, Beifuß, Löwenzahn, Wegwarte, Brennnessel und Ampfer.

DER KLEINSTE
Der Girlitz ist mit seiner Größe von nur 11,5 cm der Zwerg unter unseren Finken und nicht größer als eine Blaumeise.

WASSERSTELLEN im Garten werden von Girlitzen regelmäßig besucht, denn Sämereien enthalten nicht viel Wasser und machen durstig. Hier ist ein Weibchen mit seinem im Gegensatz zum Männchen nur ganz leicht gelb überhauchten Gefieder zu sehen. Typisch ist auch seine gestrichelte Brust.

GIMPEL, DOMPFAFF

Pyrrhula pyrrhula

LEBT ZURÜCKGEZOGEN
Im Sommer bekommt man Gimpel nur selten zu Gesicht, eher noch hört man ihre sanften „djüü"-Rufe aus der Deckung.

IM FLUG fallen die breiten Flügel und bei beiden Geschlechtern der leuchtend weiße Bürzel und der weiße Steiß auf.

O61

Der Gesang ist eine Aneinanderreihung einzelner, melancholisch klingender Pfeif- und Quietschtöne. Beim Gimpel singt auch das Weibchen. Der leise, bescheidene Gesang beider Partner dient hauptsächlich der Paarbindung und weniger der Revierverteidigung. Ein häufig zu hörender Kontaktruf ist ein wehmütiges „Djüü".

DAS WEIBCHEN trägt kein leuchtendes Rot im Gefieder. Damit würde sie beim Brüten Nesträubern zu leicht ins Auge fallen.

IM FRÜHJAHR
Nach dem Winter bieten anschwellende Knospen die erste frische Pflanzennahrung im Jahr. Jetzt sieht man Gimpel häufig an den Knospen von Obstbäumen picken. Sie nehmen aber auch Knospen von Weiden, Buchen und anderen Laubgehölzen.

GARTENTIPP:
Gimpel freuen sich besonders, wenn sie im winterlichen Garten noch samentragende Wildkräuter und -stauden finden, sie kommen aber auch wenig scheu an Futterplätze mit Sonnenblumenkernen und anderen Sämereien.

SÄMEREIEN
Sobald die ersten Wildkräuter wie Veilchen, Huflattich und Löwenzahn Samen tragen, werden sie – auch bereits im unreifen Zustand – von Gimpeln gefuttert.

GRÖSSE: 15,5–17 cm

BEI UNS: Jahresvogel, bleibt im Winter nach Möglichkeit in der Nähe seines Brutreviers, bei Nahrungsmangel wandern Gimpel auch ab.

BRUT: Apr.–Juli in Nadelbäumen und Gebüsch; meist 4–6 Eier; Brutdauer 13–14 Tage; Nestlingszeit 15–18 Tage. Die Jungvögel sind 3 Wochen nach Verlassen des Nests selbstständig.

TYPISCH: Gimpel sind für langjährige, innige Partnerschaften bekannt und treten fast immer paarweise auf.

GUTE TEAMPLAYER
Gimpel können sich aufeinander verlassen. Um die Aufzucht der Jungvögel kümmern sich beide gleichermaßen. Während das Weibchen dann schon die nächste Brut beginnt, versorgt ihr Partner weiter die erste Brut mit Nahrung.

IHR NEST versteckеn Gimpel bevorzugt in immergrünen Nadelbäumen wie Fichten, Tannen oder Lebensbäumen. Nur das Weibchen bebrütet die Eier, wird dabei aber regelmäßig vom Männchen mit Nahrung versorgt.

DAS WEIBCHEN BAUT NESTER
Dafür sucht es zuerst dürre Halme oder Zweiglein. Daraus wird der Rohbau für das eigentliche Nest aus feinen Halmen, Moos, Würzelchen und Tierhaaren.

ZÄRTLICHKEITS-FÜTTERN
Hat sich ein Paar das Jawort gegeben, bettelt das Weibchen das Männchen an wie ein Jungvogel. Daraufhin füttert das Männchen das Weibchen mit Nahrung aus seinem Kropf.

TROMPETERGIMPEL
Ab Oktober trifft man immer wieder Gimpel, die eigenartig metallisch-hupende Rufe von sich geben. Dabei handelt es sich um Durchzügler und Wintergäste aus nordischen Brutgebieten, wegen ihrer Rufe nennt man diese Unterart „Trompetergimpel“. In manchen Wintern kommt es zu regelrechten Invasionen.

Auch nach der Brutzeit bleiben viele Gimpel-Paare weiterhin eng verbunden und suchen über den Winter gemeinsam nach Sämereien und Körnern.

Futter am Boden wird sehr gern von Gimpeln aufgepickt, hier herrscht nicht so ein Gedränge wie am Vogelhaus.

Im Winter finden sich auch mehrere Gimpel-Paare am Futterhäuschen ein. Große Finkenschwärme sind nicht ihre Sache.

KERNBEISSER

Coccothraustes coccothraustes

GRÖSSE: 16,5–18 cm

BEI UNS: Jahresvogel, der bei Nahrungsengpässen aber auch fortzieht. Ab Oktober kommen Kernbeißer aus nördlichen Brutgebieten zu uns.

BRUT: Apr.–Sept. in Laubbäumen wie Hainbuche, Buche und hohen Obstbäumen; meist 4–6 Eier; Brutdauer 11–13 Tage; Nestlingszeit 11–13 Tage. Die Familien bleiben nach dem Ausfliegen noch 2 Wochen lang zusammen. 1 (2) Jahresbruten.

TYPISCH: Im Sommer ist sein dicker Schnabel blaugrau, im Winter verblasst er zu einem hellen Rosa.

SEIN GROSSES NEST errichtet das Weibchen in stabilen Astquirlen oder Astgabeln nah am Stamm. Zuerst schleppt das Männchen dürre Zweige heran und bricht sie auf Länge, das wird der Unterbau. Danach sammeln beide feinere Halme und Wurzeln, die das Weibchen zu einem feinen Nest verwebt. Der Nestbau nimmt im Schnitt 4–5 Tage in Anspruch.

IM ANFLUG aufs Futterhäuschen! Da rücken kleinere Vögel gerne beiseite.

SCHEUER FINKENKÖNIG
Trotz seiner imposanten Gestalt – er ist fast so groß wie ein Star – bekommen wir den Kernbeißer nicht oft zu Gesicht. Im Frühjahr und Sommer huscht er unbemerkt hoch oben in Baumkronen umher. Wer seine Rufe nicht kennt, wird ihn kaum wahrnehmen.

GARTENTIPP: Sonnenblumenkerne und Hanfsamen locken Kernbeißer im Winter in den Garten.

062

Der leise Gesang ist eine Aneinanderreihung kurzer, abgehackter Laute wie „zicks-pieh-tz-tz-pit", die sich kaum von seinem typischen, harten „Zik"-Ruf unterscheiden. Eine Verwechslungsmöglichkeit besteht mit den ähnlichen Strophen vom Grauschnäpper.

KIRSCHKERNBEISSER
Obstbäume sind besonders beliebt. Im Frühjahr ernährt sich der Kernbeißer von ihren Knospen und jungen Blättern, ab Sommer knackt er mit seinem kräftigen Schnabel sogar harte Kirschkerne, deshalb nennt man ihn auch „Kirschkernbeißer".

HOHE LAUBBÄUME benötigt der Kernbeißer zum Brüten, zum Beispiel Vogelkirschen, Hainbuchen, Buchen und Pappeln.

GOLDAMMER

Emberiza citrinella

063

Der Gesang ist eine sehr einprägsame Strophe, die mit „wie-wie-wie-hab-ich dich-liiiiiiieeeeeb“ umschrieben wird.

NACH DER BRUTZEIT
versammeln sich Goldammern im September zu Schwärmen und suchen bis zum nächsten Frühjahr gemeinsam auf Stoppelfeldern, Äckern, Feldgehölzen und an Gehöften nach Nahrung. Häufig schließen sich Goldammern dabei auch gemischten Finkenschwärmen an.

DAS WEIBCHEN
ist matter gelb und stärker gestrichelt als das Männchen. Es wählt den Brutplatz aus, baut das Nest, brütet die Eier aus und hudert die noch nackten Küken. Das Männchen singt derweil und sichert so das Brutrevier.

NAHRUNG IM SOMMER
Zur Brutzeit erbeuten Goldammern hauptsächlich fliegende und hüpfende Insekten, aber auch unreife Sämereien.

NAHRUNG IM WINTER
Wenn ab Herbst kaum noch Insekten zu finden sind, ernähren sich Goldammern hauptsächlich von Grassamen, Getreidekörnern und samentragenden Wildkräutern.

GARTENTIPP:
Im Winter kommen Goldammern an Futterplätze im Garten, besonders gerne mögen sie am Boden ausgestreute Haferflocken und auch ganze Haferkörner.

ROTBRAUNER BÜRZEL
Sieht man die Goldammer von hinten oder im Flug, fällt bei beiden Geschlechtern der rotbraune Bürzel auf, das ist die Rückenpartie vor dem Schwanz. Dieses sehr wichtige Erkennungszeichen unterscheidet die Goldammer von ähnlichen goldgelben Singvögeln wie Girlitz oder Erlenzeisig mit gelbem Bürzel.

GRÖSSE: 15,5–17 cm

BEI UNS: Jahresvogel. Nach der Brutzeit streifen Goldammern in Schwärmen umher. Manche ziehen im Herbst in Richtung Südwesten.

BRUT: Apr.–Sept. in bodennahem, gut verstecktem Nest; meist 3–5 Eier; Brutdauer 12–14 Tage; Nestlingszeit 11–13 Tage. Die Jungvögel werden noch 2 Wochen nach Verlassen des Nests betreut. 1–2 Jahresbruten.

TYPISCH: Den Gesang der Goldammer hört man im Sommer auch in der Mittagshitze, wenn kaum noch ein anderer Vogel in der Hecke singt.

ZAUNAMMER

Emberiza cirlus

GRÖSSE: 15–16,5 cm

BEI UNS: Seltener Jahresvogel. Bleibt im Winter gerne in der Nähe des Brutgebiets, einige Vögel ziehen auch weit in Richtung Südwesten.

BRUT: Ab Ende Apr.–Sept.; meist 2–5 Eier in bodennahem Nest, gern an Gemäuern.

064

Der Gesang ist eine monoton klappernde Strophe.

BRAUCHT HEUSCHRECKEN

Von der häufigen Goldammer ist sie durch ihren kontrastreichen Kopf, den olivfarbenen (nicht rostbraunen) Bürzel und ihren monotonen Gesang zu unterscheiden. Die Zaunammer leidet besonders unter der Monotonisierung unserer Landschaft und dem Biozideinsatz in Weinbergen, Obstwiesen und Gärten.

WÄRMELIEBEND

Zaunammern leben hauptsächlich im Mittelmeergebiet, breiten sich aber zunehmend in nordöstlicher Richtung aus und brüten bei uns in Weinanbaugebieten, wärmebegünstigten Streuobstwiesen und strukturreichen, naturnahen Gärten

FICHTENKREUZSCHNABEL

Loxia curvirostra

GRÖSSE: 15–17 cm

BEI UNS: Jahresvogel in Nadelwäldern. Bei Nahrungsmangel wandern sie in Schwärmen ab.

BRUT: Meist Jan.–Mai, aber ganzjährig möglich je nach Angebot an Fichtensamen. Meist 3–4 Eier in Nest hoch oben in Fichten.

BEOBACHTUNGSTIPP: Mit ihrem überkreuzten Schnabel pulen Fichtenkreuzschnäbel die Fichtensamen selbst aus geschlossenen Zapfen.

065

Der Gesang ist abgehackt „drüp-drüp-drüp-wieh-wieh“.

NAHRUNGS-POKER

Fichtenkreuzschnäbel sind stark von einem reichen Angebot an Fichtensamen abhängig. Denn davon leben sowohl sie und auch ihr Nachwuchs. So beginnen die kälteunempfindlichen Vögel oft schon im Januar zu brüten, damit die Jungenaufzucht in eine möglichst samenreiche Zeit fällt.

ELSTER

Pica pica

GRÖSSE: 40–50 cm, davon 20–30 cm Schwanz

BEI UNS: Häufiger Jahresvogel.

BRUT: Ab Ende März–Sept. in kugeligem Reisignest in Büschen und Bäumen; meist 5–7 Eier. Das Nest wird oft über viele Jahre vom selben Paar genutzt.

066

Der Gesang besteht aus krächzenden Elementen „tsche-tsche-tsche-tsche“.

BÖSE ELSTER?

Die Liebe zu Gartenvögeln hat bei Elstern oft ein Ende, denn zu ihrer Nahrung zählen zu 10 % auch Eier und Jungvögel. Mindestens ebenso viele Küken und Eier werden regelmäßig von Eichhörnchen, Hauskatzen und Buntspechten erbeutet, doch sind wir eher geneigt, es diesen Tieren nachzusehen.

SCHUTZ IN SIEDLUNGEN

Eigentlich brüten Elstern in offenen Landschaften mit Hecken und Feldgehölzen, doch hat die intensive Bejagung dazu geführt, dass sie ihren Lebensraum zunehmend in menschliche Nähe verlegt haben. In unseren Dörfern, Gärten und Städten wird halt nicht gejagt.

EICHELHÄHER

Garrulus glandarius

GRÖSSE: 32–35 cm

BEI UNS: Jahresvogel und Teilzieher, zusätzlich Wintergäste aus nördlichen und östlichen Brutgebieten.

BRUT: Ab Apr. in stabilem Nest in Bäumen; meist 4–6 Eier; Brutdauer 16–19 Tage. 1 Jahresbrut, bei Verlust Ersatzgelege.

BEOBACHTUNGSTIPP: Im Flug fallen die breiten, runden Flügel mit dem blauen Feld und der weiße Bürzel auf.

067

Der Gesang ist ein leises Schwätzen, typisch sind die „Rätsch"-Rufe.

GERN AN WINTERFÜTTERUNGEN

Im Sommer leben Eichelhäher als heimliche Waldvögel, die man eher hört als sieht. Nach der Brutzeit streifen sie in der Landschaft umher und legen Nahrungsverstecke mit Eicheln, Haselnüssen und Bucheckern an. Im Winter kann man sie am Futterplatz beobachten, sie nehmen gerne Nüsse und Sonnenblumenkerne.

DOHLE

Coloeus monedula

GRÖSSE: 30–34 cm

BEI UNS: Jahresvogel. Im Winter kommen Dohlenschwärme aus Nord- und Osteuropa dazu.

BRUT: Ab Ende März–Aug., nistet in Höhlen an Bäumen und Gemäuern; meist 2–7 Eier; Brutdauer 16–19 Tage; Nestlingszeit 30–35 Tage. Nach Verlassen des Nests werden die Jungvögel noch 4 Wochen lang von ihren Eltern gefüttert. 1 Jahresbrut.

TYPISCH: Dohlen brüten in Städten gern da, wo auch Stadttauben sich niederlassen – wo Tauben vergrämt werden, da leiden auch die Dohlen.

SCHLAUE VÖGEL
Sie sind verspielt, neugierig und sozial. Dohlen können komplexe Verhaltensweisen erlernen und Menschen individuell voneinander unterscheiden.

068

Der Gesang ist ein leises Geschwätz, eine Aneinanderreihung skurriler Laute. Häufig hört man aber die typischen „Kja"-Rufe.

BEUTEZUG AM BODEN
Kurzrasige Wiesen sind für Dohlen ideal. Hier schreiten sie umher, halten Ausschau nach Heuschrecken, Käfern, Wanzen, Spinnen und Raupen und stochern geschickt Schnakenlarven und Würmer aus dem Boden. Besonders im Winter ernähren sich Dohlen auch von Sämereien, Abfällen, Getreide und Hülsenfrüchten.

HÖHLEN GESUCHT
Anders als ihre größere Krähenverwandtschaft sind Dohlen Höhlenbrüter. Für ihr Nest suchen sie Baumhöhlen oder Höhlungen in Gemäuern und an Häusern.

GARTENTIPP:
Wo alte Bäume mit Höhlen fehlen, kann man Dohlen mit speziellen Nistkästen helfen.

HARMONISCHE PÄRCHEN
Dohlen leben in Dauerehe und machen bis zu 18 Jahre lang alles zusammen. Sie überreichen sich Nahrung, passen im Schwarm gut aufeinander auf und pflegen sich gegenseitig das Gefieder. Das alte Sprichwort „Gleich und gleich gesellt sich gern" lautet im Griechischen deshalb „Bei einer Dohle sitzt immer eine Dohle".

IM WINTER streifen Dohlen häufig in Schwärmen mit Saatkrähen umher. Dann erkennt man sie an den hellen „Kja"-Rufen. Außerdem sind sie deutlich kleiner als Saatkrähen.

RABENKRÄHE

Corvus corone

GRÖSSE: 44–50 cm

BEI UNS: Häufiger Jahresvogel und Teilzieher, der im Winter in Richtung Südwesten fliegt.

BRUT: Ab Ende März–Aug. in Nest hoch oben in Bäumen; meist 3–6 Eier; Brutdauer 18–20 Tage. 1 Jahresbrut, bei Verlust Ersatzgelege.

069

Der Gesang ist ein leises Geplauder, typischer Ruf „krah".

KEINE BRUTKOLONIEN

Anders als Saatkrähen, die sich in Städten mit lärmenden Brutkolonien unbeliebt machen, nisten Rabenkrähen eher versteckt und in Einzelpaaren. Die Jungvögel fliegen allerdings in Trupps umher und suchen mancherorts zu Hunderten in der Abenddämmerung bestimmte Schlafbäume auf – ein tolles Schauspiel.

IN DER STADT

Die schlauen Rabenkrähen haben in den letzten Jahrzehnten gelernt, dass es sicherer ist, in Städten zu brüten. Hier stellt ihnen niemand nach und genügend Nahrung findet sich für den anpassungsfähigen Allesfresser allemal: Würmer, Insekten, Vogeleier, Früchte, Getreide, Aas und Hausabfälle.

NEBELKRÄHE

Corvus cornix

GRÖSSE: 44–50 cm

BEI UNS: Häufiger Jahresvogel. Jungvögel streifen in Trupps umher.

BRUT: Ab Febr.–Sept., Zweignest in Bäumen oder Felsnischen; meist 3–6 Eier; Brutdauer 19–21 Tage; Nestlingszeit 40–42 Tage. 1 Jahresbrut.

BEOBACHTUNGSTIPP:
Krähen werfen hartschalige Nüsse auf die Straße und benutzen darüberfahrende Autos als kostenlose Nussknacker.

069

Der plaudernde Gesang und auch die „Krah"-Rufe entsprechen den Lautäußerungen der Rabenkrähe.

SCHWESTER DER RABENKRÄHE

Im Osten Deutschlands kommen grau-schwarz gefärbte Nebelkrähen vor. Sie vertreten die nur westlich verbreitete, schwarze Rabenkrähe. Bei uns treffen die beiden Arten aufeinander und paaren sich auch, ihre Nachkommen zeigen Merkmale beider Eltern. Der hohe Norden und Osteuropa sind ausschließlich Nebelkrähenland.

SAATKRÄHE

Corvus frugilegus

GRÖSSE: 41–49 cm

BEI UNS: Ab Okt., häufiger Jahresvogel im Tiefland, hier auch große Schwärme mit Wintergästen.

BRUT: Ab März–Aug. in lockerem Reisignest in Baumkolonien; meist 3–6 Eier; Brutdauer 16–19 Tage. 1 Jahresbrut.

LAUT UND GESELLIG

Saatkrähen bauen ihre Nester dicht an dicht in Baumkronen. Solche Brutkolonien finden sich auch in Dörfern und Parks, wo die Vögel wegen des Lärms und ihres Kots meist nicht gern gesehen sind. Zur Nahrungssuche fliegen sie gemeinsam auf Äcker oder Wiesen und erbeuten Würmer, Insekten, Schnecken und Feldfrüchte.

BEOBACHTUNGSTIPP: Durch den Zuzug von Wintergästen aus Nordosteuropa bilden sich riesige Winterschwärme.

070

Der Gesang ist ein krächzendes Schwätzen, ihr Ruf ein tiefes „Krah".

KOLKRABE

Corvus corax

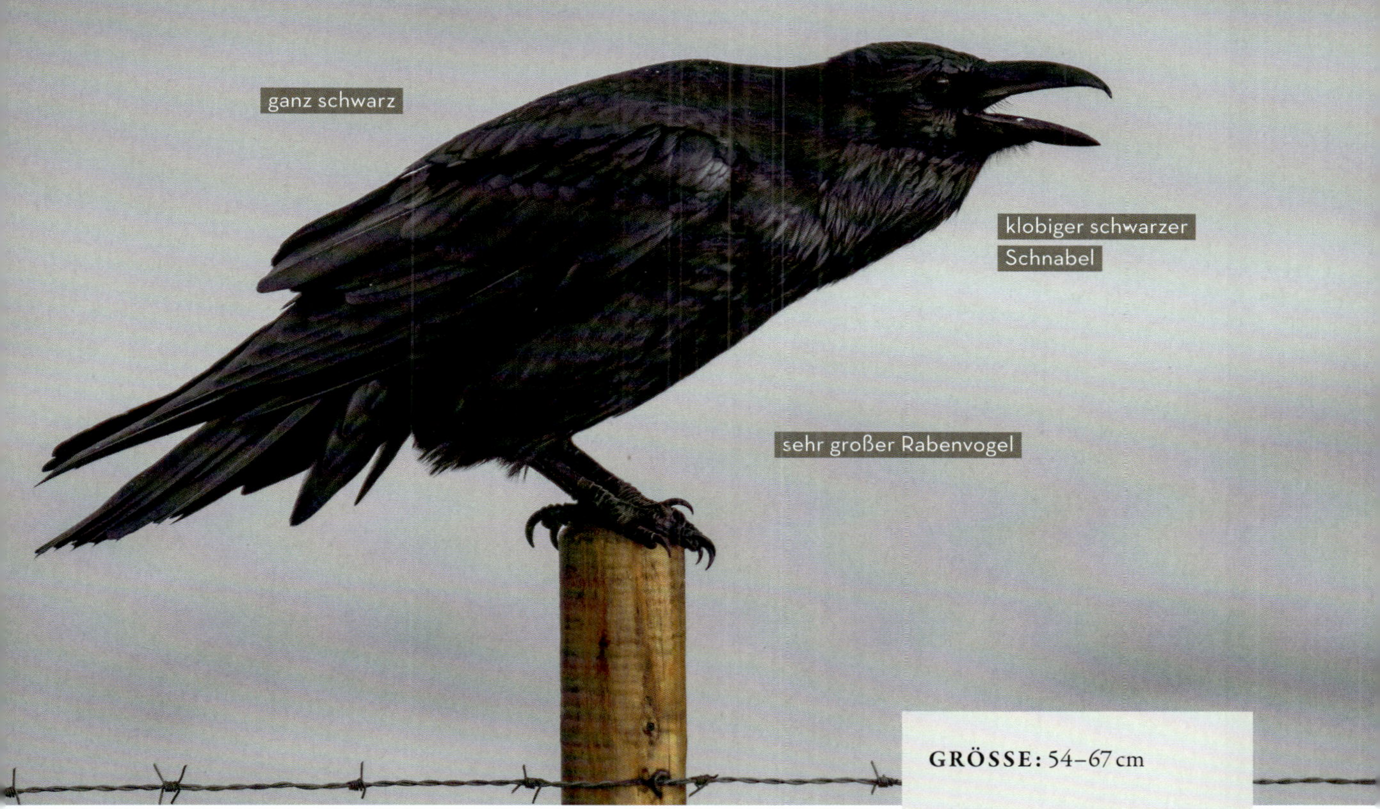

GRÖSSE: 54–67 cm

BEI UNS: Durch Verfolgung (Abschuss) fast ausgerottet, heute wieder häufiger Jahresvogel.

BRUT: Ab Febr.–Sept. in Zweignest auf Bäumen und in Felsnischen; meist 3–6 Eier; Brutdauer 19–21 Tage. 1 Jahresbrut.

KÖNIG DER RABEN

Kolkraben sind so groß, dass man sie besonders im Flug für Greifvögel halten könnte. Sie verraten sich aber mit ihren „Kork"-Rufen. Ihr mächtiges Reisignest bauen sie gerne in den höchsten Baumkronen mit guter Übersicht über ihr riesiges Revier.

071

Der Gesang ist ein unauffälliges Geschwätz. Weit schallen aber seine tiefen „Kork"-Rufe.

TREUE PARTNER

Ihre Ehe hält lebenslang und ihr Baumnest benutzen Kolkraben über 20 Jahre. Manche Kolkraben brüten auch in Felswänden, solche Nester wurden sogar über 40 Jahre lang benutzt. Kolkraben können sehr alt werden: Von Gefangenschaftsvögeln ist bekannt, dass sie ein Alter bis zu 69 Jahren erreichten.

RAUCHSCHWALBE

Hirundo rustica

GRÖSSE: 17–21 cm, davon Schwanzspieße 2–7 cm

BEI UNS: Sommervogel, von Apr.–Okt.; Langstreckenzieher, überwintert in Afrika südlich der Sahara.

BRUT: Legebeginn je nach Wetter meist Ende Apr. oder Mai; 3–6 Eier in Lehmnest in Schuppen und Ställen; Brutdauer 13–16 Tage; Nestlingszeit 20–24 Tage. Die Familien bleiben nach dem Ausfliegen noch 2 Wochen lang zusammen. 1–3 Jahresbruten.

TYPISCH: In rasanten Flugmanövern erbeuten Rauchschwalben Insekten im Flug.

LANGE SCHWANZSPIESSE
Im Flug sind Rauchschwalben mit ihrem tief gegabelten Schwanz und den langen, dünnen Schwanzspießen leicht zu erkennen. Typisch ist auch das dunkle Brustband im Kontrast zum hellen Bauch.

072

Der Gesang ist zwitschernd „witt-witt-widdewitt" mit schnarrenden Elementen.

GARTENTIPP:
Für ihr Nest sammeln Rauchschwalben Schlamm und verkleben ihn mit Speichel und Halmen. Damit es gut hält, bauen sie es auf Balken oder kleinen Mauervorsprüngen. Mit speziellen Nistbrettchen kann man Rauchschwalben mancherorts zum Brüten überreden.

NEST MIT AUSSICHT
Sobald Rauchschwalbenküken etwas größer sind, kann man sie im Nest beim stetigen Heranwachsen beobachten. Im Gegensatz dazu ist das Nest der Mehlschwalbe bis auf ein kleines Einschlupfloch geschlossen, ihre Küken sind nicht zu sehen.

BRAUCHT SCHLAMMPFÜTZEN
Immer seltener finden Schwalben in unserer überpflegten Landschaft nasse, lehmige Erde zum Nestbau.

NISTET INNEN
Im Gegensatz zur Mehlschwalbe brüten Rauchschwalben in Innenräumen menschlicher Behausungen: Das kann im Kuhstall sein, aber auch Gartenschuppen werden gerne zum Bau ihrer Nester ausgesucht. Wichtig: Beginnt eine Rauchschwalbe mit dem Bau ihres Nests, bitte unbedingt ein Fenster offenlassen, bis die Brutzeit vorüber ist.

TÜCHTIGE MÜCKENFÄNGER
Während einer Brutsaison erbeuten Rauschschwalben rund 12.000 Mücken und Fliegen im Garten.

MEHLSCHWALBE

Delichon urbicum

KURZE SCHWANZGABEL, WEISSER BÜRZEL
Im Flug sind Mehlschwalben leicht von den ähnlichen Rauchschwalben zu unterscheiden. Außerdem sind ihre Kehlen, von unten betrachtet, auffallend leuchtend weiß.

FLUGMANÖVER
Mehlschwalben fangen ihre Nahrung in wendigen Flugmanövern aus der Luft: Hauptsächlich jagen sie Mücken, Fliegen und die an Gewässern häufigen Stein- und Eintagsfliegen. In überpflegten, gespritzten Landschaften fliegen heute vielerorts kaum noch genug Insekten, um Jungvögel groß zu bekommen.

HÄUSER ALS ERSATZFELSEN
Eigentlich kleben Mehlschwalben ihre Nestkolonien an Felswände. Doch irgendwann haben sie unsere Häuser als nützliche Ersatzfelsen für sich entdeckt.

NISTET AUSSEN
Ihre Nester kleben Mehlschwalben immer außen an Gebäude, nicht innen, wie die Rauschwalbe. Vorbeigehende Menschen stören sie dabei nicht.

073

Der Gesang ist ein rollendes Geschwätz „drrrt-schrip-brrit-prrrit“.

GARTENTIPP: Nicht jeder Hausbesitzer freut sich, wenn Mehlschwalben ihre Lehmnester unter Dachüberstände oder unter Balkone kleben. Gegen die Verschmutzung mit Kot und bröckelndem Lehm helfen sogenannte Kotbretter, die im Abstand von einem halben Meter unter den Nestern angebracht werden.

BIS ZU 1500 SCHLAMMKLÜMPCHEN braucht ein Schwalbenpaar zur Fertigstellung seines Nests. Das bedeutet für beide rund zwei Wochen Fleißarbeit – vorausgesetzt, es finden sich Lehmpfützen in der Nähe.

GRÖSSE: 13,5–15 cm

BEI UNS: Sommervogel, von Apr.–Sept.; Langstreckenzieher, überwintert in Afrika, südlich der Sahara.

BRUT: Legebeginn meist ab Anfang Mai; 3–5 Eier in Lehmnest an Außenwänden von Gebäuden unter Dachvorsprüngen; Brutdauer 14–16 Tage; Nestlingszeit 22–32 Tage. Nach dem Ausfliegen kehren die Jungvögel noch mehrere Wochen zum Nest zurück. 1–2 (3) Jahresbruten.

TYPISCH: Ab Aug. sammeln sie sich in Schwärmen auf Leitungsdrähten.

AN PARKTEICHEN

HÖCKERSCHWAN

Cygnus olor

074

GRÖSSE: 140–160 cm

Typisch für Höckerschwäne ist der namengebende Höcker auf dem Schnabel. Ihr großes, auffälliges Nest bauen die wenig scheuen Vögel an Gewässerufern. Mit einem Gewicht von zwanzig Kilogramm und einer Spannweite über zwei Metern zählen sie zu den schwersten, flugfähigen Vögeln. Überfliegende Höckerschwäne kann man hören. Ihre Schwingen erzeugen ein lautes, singendes Wummern.

GRAUGANS

Anser anser

075

GRÖSSE: 74–84 cm

Viele unserer Graugänse sind keine echten Wildgänse mehr, sie stammen von gezüchteten und ausgesetzten oder aus Tierparks entflogenen Vögeln ab und sind Menschen gegenüber deshalb oft sehr zutraulich. Graugänse sind Zugvögel, die den Winter im Mittelmeerraum verbringen, doch bleiben vermehrt auch Überwinterer bei uns.

KANADAGANS

Branta canadensis

076

GRÖSSE: 80–110 cm

Typisch für die große Kanadagans ist ihr langer, schwarzer Hals mit dem weißen Kinnband, das sich bis hoch auf die Halsseiten erstreckt. Im Flug hört man oft die laut trompetenden Rufe „ah-hong“. Alle europäischen Kanadagänse sind Abkömmlinge aus Gefangenschaftszuchten, nur in Nordamerika ist diese Wildgans heimisch.

Wenn Ihr Garten über einen Teich verfügt oder sich in der Nähe Ihres Gartens ein Stadtparkteich befindet, ist es gut möglich, dass auch diese Vögel über Ihren Garten fliegen oder bei Ihnen Station machen.

NILGANS

077

Alopochen aegyptiaca

GRÖSSE: 63–73 cm

Die rotbraun-graue Gans mit dunklem Augenfleck stammt ursprünglich aus Afrika. Von dort brachte man sie im 18. Jahrhundert nach Europa. Rasch gelang es der anpassungsfähigen, kälteunempfindlichen Gans, in unseren Breiten Fuß zu fassen und sich entlang der Flüsse auszubreiten. Wenig scheu ist sie häufig in Parks, Gärten und Freibädern unterwegs.

STOCKENTE

078

Anas platyrhynchos

GRÖSSE: 50–60 cm

Stockenten sind die Stammform unserer Hausenten. Das Männchen der Stockente erkennt man an seinem grün schillernden Kopf, das Weibchen ist schlicht graubraun marmoriert und so perfekt auf seinem Nest getarnt. Häufig trifft man auf besonders zahme Tiere mit weißen Flecken, dabei handelt es sich um Mischformen mit Hausenten.

TAFELENTE

079

Aythya ferina

GRÖSSE: 42–49 cm

Fuchsroter Kopf mit rotem Auge und hellgrauem Körper. Das Männchen der Tafelente ist kaum zu verwechseln, das Weibchen dagegen deutlich schlichter graubraun gezeichnet. Tafelenten gründeln meist im flachen Wasser nach Pflanzen, können aber auch durchaus nach Muscheln und Krebsen tauchen. Im Winter oft in Trupps mit Reiherenten.

REIHERENTE

Aythya fuligula

O80

GRÖSSE: 40–37 cm

Der rundliche Kopf mit Federtolle und die leuchtend gelben Augen sind typisch für die zierliche Reiherente. Das Männchen hat weiße Flanken, beim Weibchen sind sie bräunlich. Zur Nahrungssuche gehen diese Enten auf Tauchgang, weshalb sie auch auf tieferen Gewässern anzutreffen sind. Muscheln und andere wasserlebende Kleintiere machen 90 % ihrer Nahrung aus.

GÄNSESÄGER

Mergus merganser

O81

GRÖSSE: 58–68 cm

Mit kleinen Sägezähnchen am Schnabel können Gänsesäger auch glitschige Fische erbeuten – daher rührt der Name „Säger". Neben dem gänsegroßen Gänsesäger kommt an unseren Gewässern noch der zierlichere Mittelsäger vor, die Nahrung beider Arten besteht fast ausschließlich aus Fischen. Zum Brüten braucht der Gänsesäger Höhlen am Ufer oder in Bäumen.

HAUBENTAUCHER

Podiceps cristatus

O82

GRÖSSE: 46–51 cm

Schon im Winter beginnt die spektakuläre Balz der Haubentaucher auf eisfreien Gewässern, dabei sträuben beide Partner ihre Federhaube und führen Bauch an Bauch ihren legendären „Pinguintanz" auf. Dabei rufen sie rollend „raa-raahhr". Für seidig-fedrigen Hut- und Kragenschmuck wurden die Vögel noch im 19. Jahrhundert stark bejagt.

TEICHHUHN

Gallinula chloropus

083

GRÖSSE: 27–31 cm

Platz für ein Pärchen Teichhühner ist sogar im Gartenteich, Hauptsache es gibt am Ufer reichlich schützende Vegetation. Ihr Nest verstecken sie zwischen Pflanzen am Ufer oder im seichten Wasser. Für sie ist es deshalb besonders wichtig, dass wir zur Brutzeit die Uferbereiche von Teichen nicht betreten oder nicht anderweitig stören.

BLÄSSHUHN

Fulica atra

084

GRÖSSE: 36–42 cm

Besonders im Winter fallen die schwarz-weißen Blässhühner auf, weil sie dann große Schwärme bilden. Oft trifft man sie im Park zusammen mit futterzahmen Enten. Ihr Nahrungsspektrum ist äußerst vielseitig. Blässhühner picken Pflanzen an Land und unter Wasser oder sie tauchen geschickt nach Muscheln und anderen kleinen Wassertieren.

EISVOGEL

Alcedo atthis

085

GRÖSSE: 17–19 cm

Blau schillerndes Gefieder, langer Dolchschnabel, kurze Beine: Trotz seines markanten Aussehens und durchdringenden Pfiffs wird der Eisvogel oft übersehen, denn er ist nur wenig größer als ein Hausspatz. Sein kräftiger Schnabel ist nicht nur perfekt für den Fischfang, damit gräbt der kleine Vogel auch bis zu ein Meter tiefe Bruthöhlen in steile Uferwände.

LACHMÖWE

086

Chroicocephalus ridibundus

GRÖSSE: 35–39 cm

Im Sommer erkennt man Lachmöwen an ihrer dunkelbraunen Kapuze, im Winter bleiben davon nur kleinere, verwaschene Flecken zurück. Lachwöwen brüten in lärmenden Kolonien an Gewässern. Zur Nahrungssuche sind sie oft auf Feldern unterwegs, wo der Pflug bodenlebende Tiere freilegt. Im Winter sieht man sie auch häufig mitten in Städten.

STURMMÖWE

087

Larus canus

GRÖSSE: 40–46 cm

Sie ist etwas größer als eine Lachmöwe aber deutlich kleiner als die ansonsten ähnliche, mächtige Silbermöwe (Seite 213). Sturmmöwen trifft man praktisch überall, ob an der Küste oder im Binnenland, denn die anpassungsfähige Möwe findet in vielen verschiedenen Lebensräumen ein Plätzchen für ihr Nest und Nahrung in Form von Fischchen, Krebsen, Muscheln, Würmern oder Insekten.

MITTELMEERMÖWE

088

Larus michahellis

GRÖSSE: 52–58 cm

Große, massige Möwe, die ursprünglich im Mittelmeerraum zu Hause ist, sich aber zunehmend entlang großer Flüsse im mitteleuropäischen Binnenland ausbreitet und hier auch brütet. Ein Blick auf ihre Beine verrät, dass es sich nicht um die ähnliche Silbermöwe (Seite 213) handelt: bei Mittelmeermöwen sind Beine und Füße gelb, bei Silbermöwen sind sie blassrosa.

KORMORAN

Phalacrocorax carbo

089

GRÖSSE: 77–94 cm

Den gänsegroßen schwarzen „Meerraben" sieht man häufig mit ausgebreiteten Flügeln an der Küste, aber auch an Süßgewässern. So trocknet er seine Flügel nach dem Tauchgang auf Fische. Seine großen Ruderfüße nutzt er dabei unter Wasser wie Flossen. Kormorane brüten im Binnenland in lärmenden Kolonien auf Bäumen, an der Küste auf Klippen.

SILBERREIHER

Ardea alba

090

GRÖSSE: 85–100 cm

Der weiße elegante Silberreiher ist ursprünglich am Mittelmeer und in Osteuropa zu Hause, breitet sich aber zunehmend auch nach Mitteleuropa aus. Am häufigsten sieht man ihn in kleinen Trupps von Herbst bis zum Frühjahr, wenn er auf Wiesen und an flachen Gewässern Ausschau nach Fischchen, Amphibien, Insekten oder Mäusen hält.

GRAUREIHER

Ardea cinerea

091

GRÖSSE: 98–102 cm

Trotz seiner Größe ist er leicht zu übersehen, denn der Graureiher steht oft einfach reglos in der Ufervegetation und späht nach Fischen. Dann schreitet er gemächlich wie in Zeitlupe weiter durch seichtes Wasser. Aufgeschreckt fliegt der große Vogel mit typisch S-förmig eingezogenem Hals und ruft laut krächzend „kraich".

MAUERSEGLER

Apus apus

GRÖSSE: 17–18,5 cm

BEI UNS: Sommervogel, von Ende Apr./Anfang Mai bis Aug.; Langstreckenzieher, überwintert südlich der Sahara.

BRUT: Legebeginn ab Mitte Mai in Nest unter Dachziegeln oder anderen Hohlräumen; meist 2–3 Eier; Brutdauer 18–20 Tage; Nestlingszeit meist 40–50 Tage. Die Jungvögel sind beim Ausfliegen komplett selbstständig. 1 Jahresbrut.

TYPISCH: Unsere Städte sind ihre „Ersatzfelsen" – umso höher die Häuser und Türme, desto besser.

SCHRILLE SCHREIE AN SOMMERABENDEN sind typisch für Schwärme von Mauerseglern, die über den Dächern unserer Städte ihre sozialen Flugspiele zeigen. Dabei nutzen sie die Thermik und segeln in Kreisen aufwärts. Ein beeindruckendes Naturschauspiel, das bei uns nur in Städten zu erleben ist.

092

Typisch sind die hohen, schrillen „Sriieeeehhhh"-Rufe fliegender Mauersegler, ihre Jagdflüge begleitet oft ein schnelles „Si-si-si-si-si-si".

LEBEN IN DER LUFT
Mauersegler können fast alles in der Luft: jagen, fressen, sich paaren und sogar hin und wieder ein Nickerchen halten – das tun sie segelnd in höheren Luftschichten.

GARTENTIPP: Bei Haus- und Schuppensanierungen daran denken, gute Nischen unterm Dach für Vögel zu lassen.

GUTE KLETTERER
Mit ihren kurzen Klammerfüßen können Mauersegler sich perfekt an senkrechten Wänden festkrallen, aber nicht gut auf Zweigen sitzen.

KESCHERT INSEKTEN
Fliegen, Mücken oder Blattläuse: Was an Insekten in der Luft umherschwirrt, fangen Mauersegler mit weit aufgerissenen Schnäbeln, die im Flug wie Kescher funktionieren. Im Kehlsack formen sie daraus für ihre Küken Ballen aus mehreren Hundert Insekten.

SCHMALE NISCHEN unterm Dach sind perfekte Verstecke für Mauersegler. Hier haben Räuber keinen Zugriff und ihre Küken können in Sicherheit groß werden. Leider werden im Zuge von Haussanierungen immer mehr solcher guten Verstecke abgedichtet.

WIEDEHOPF

Upupa epops

GRÖSSE: 25–29 cm

BEI UNS: Sommervogel, meist Ende Apr.–Aug.; Langstreckenzieher, überwintert südlich der Sahara.

BRUT: Legebeginn meist Anfang Mai, Nest in Höhlen aller Art; meist 5–8 Eier; Brutdauer 15–17 Tage; 1–2 Jahresbruten.

093

Die dumpfen „Up-up-up"-Rufe gaben ihm den wissenschaftlichen Namen „Upupa".

BEOBACHTUNGSTIPP: Wird am Boden meist übersehen, fällt am ehesten im Flug oder durch seine Rufe auf.

BODENJÄGER

Mit ruckartigen Schritten und nickendem Kopf stöbert der Wiedehopf auf kurzrasigen Wiesen nach Käfern, Grillen, Raupen, Würmern, Schnecken und Spinnen. Sein Nest versteckt er in Baumhöhlen, Steinhaufen oder auch in Nistkästen. Wiedehopfe brauchen offene Landschaften mit ungespritzten Wiesen und vereinzelten Bäumen.

WENDEHALS

Jynx torquilla

GRÖSSE: 16–18 cm

BEI UNS: Sommervogel, meist Mai–Sept.; überwintert vorwiegend südlich der Sahara.

BRUT: Legebeginn ab Mai in Baumhöhlen und Nistkästen; meist 7–10 Eier; Brutdauer 12–14 Tage; Nestlingszeit 19–22 Tage; 1–2 Jahresbruten.

HOHE ANSPRÜCHE

Geschlossene Wälder behagen ihm nicht. Der kleine Specht bewohnt reich strukturierte, halboffene Landschaften wie Streuobstwiesen mit altem Baumbestand. Er brütet in Baumhöhlen und sucht auf kurzrasigen, mageren Wiesen nach Nahrung. Hauptsächlich erbeutet er die Larven und Puppen aus Ameisenbauten.

094

Typisch ist seine quäkende Rufreihe „gjä-gjä-gjä-gjä-gjä".

KLEINER BRAUNER SPECHT

Der Wendehals erinnert in Größe und Aussehen eher an eine zierliche Singdrossel, zählt aber trotz seines eher kurzen Schnabels zu den Spechten. Anders als alle anderen heimischen Spechte zieht der Wendehals zum Überwintern nach Afrika.

GRÜNSPECHT

Picus viridis

GRÖSSE: 31–33 cm

BEI UNS: Ganzjährig. Über 90% des Weltbestandes lebt in Europa.

BRUT: Anfang Mai–Juni, 1×; bei Verlusten Ersatzgelege, auf Spänen in morschen Höhlungen alter Laubbäume; 5–8 Eier; Junge sind mit 3–4 Wochen flügge.

095

Der Gesang ist eine impulsive, schallend klingende Lachstrophe „kjükjükjü…“ gleichbleibender Tonhöhe.

GARTENTIPP: Ohne Ameisen keine Grünspechte – auch deshalb bitte auf Ameisengifte im Garten verzichten.

ERDSPECHT

Man sieht ihn oft auf Wiesen am Boden hüpfen. Hier holt der Grünspecht Ameisen und deren Puppen aus ihren Gängen. Erst hackt er ein Loch, dann schiebt er seine 10 cm lange Zunge geschickt in den Ameisenbau. Auch im Winter besteht seine Nahrung fast ausschließlich aus Ameisen, strenge Winter werden ihm nicht selten zum Verhängnis.

GRAUSPECHT

Picus canus

GRÖSSE: 25–27 cm

BEI UNS: Ganzjährig; nicht häufig, heimlicher als der Grünspecht.

BRUT: Anfang Mai–Juni, 2x; auf Spänen in Höhlen von Laubbäumen; 7–9 Eier (Zweitgelege kleiner); beide Eltern füttern; Junge sind mit 3–4 Wochen flügge.

IM WINTER ZUTRAULICH

Wie der Grünspecht ernährt er sich im Sommer hauptsächlich von Ameisen und deren Puppen („Erdspecht"), stochert aber außerdem auch in Totholz nach anderen Insektenlarven. Nimmt gern Obst und freut sich im Winter über angebotene Sämereien und Fettfutter.

096

Der Gesang ist eine abfallende, melancholische klingende Strophe, die gegen Ende in der Tonhöhe abfällt.

BRAUCHT ALTE BÄUME

Am häufigsten trifft man ihn in lichten Laubmischwäldern an Berghängen und in Auwäldern. Zum Bau seiner Höhle und zur Nahrungssuche ist er auf morsches Holz angewiesen. Der Grauspecht hat gelernt, nach Ende der Brutzeit in Siedlungen nach Futter zu suchen.

BUNTSPECHT

Dendrocopos major

GRÖSSE: 20–26 cm

BEI UNS: Jahresvogel, im Winter Zuzug von nord- und osteuropäischen Brutvögeln nach Mitteleuropa.

BRUT: Legebeginn ab Mitte Apr.; meist 4–7 Eier in selbstgezimmerter Baumhöhle; Brutdauer 10–13 Tage; Nestlingszeit 20–23 Tage. Die Familien bleiben nach Verlassen der Bruthöhle noch 3 Wochen zusammen. 1 Jahresbrut.

TYPISCH: Buntspechte bleiben auch im Winter in ihrem Revier.

IHRE KRÄFTIGEN SCHNÄBEL brauchen Buntspechte zur Nahrungssuche und um damit 20 bis 50 cm tiefe Bruthöhlen in morsche Baumstämme zu meißeln.

097

Der Gesang ist ein lauter Trommelwirbel „brorrrrrrrrr".

HAUS STATT HOLZ
Manche Buntspechte haben gelernt, in gedämmten Hausfassaden ihre Höhlen zu zimmern. Von solchen Höhlen machen auch andere Höhlenbrüter gern Gebrauch.

NAHRUNG IM SOMMER
Seine Spezialität ist es, mit spitzem Schnabel und langer Zunge tief im Holz morscher Bäume versteckt lebende Insektenlarven herauszupulen. Häufig erbeuten Buntspechte auch Ameisen, Schmetterlingsraupen sowie – nicht selten – Eier und Küken anderer Vögel.

RETTER IN DER WOHNUNGSNOT
Eher selten beziehen Buntspechte ihre Bruthöhle ein zweites Mal. So wird ihre Wohnung im nächsten Frühjahr frei für Nachmieter, die nicht selber zimmern können: Meisen, Trauerschnäpper und der Kleiber freuen sich darüber, ebenso auch Fledermäuse, Eichhörnchen und Hornissen.

GARTENTIPP: Buntspechte fliegen im Winter auf Futterplätze im Garten, am liebsten mögen sie Fettfutter wie Meisenknödel.

ZIRPWACHE
Sind beide Buntspecht-Eltern älterer Küken auf Nahrungssuche, hält einer der Jungvögel Wache am Höhleneingang und zirpt dabei ununterbrochen. Kommt ein Elternteil mit Futter im Schnabel angeflogen, geht das Zirpen in ein lautes Bettelgeschrei über. Herausschauende Jungspechte erkennt man an ihren roten Käppchen.

GARTENSPECHT
Er ist längst kein reiner Waldspecht mehr. Buntspechte kann man häufig in städtischen Parks beobachten und auch in baumreichen Gärten.

AN DER WINTERFÜTTERUNG fällt der Buntspecht durch seine Größe und das bunte Gefieder sofort ins Auge.

NAHRUNG IM WINTER
Sind keine Insekten mehr zu finden, steigen Buntspechte auf ölreiche Nüsse, Bucheckern und Samen von Fichten und Kiefern um. Ein Specht-Paar kann in einem Winter Samen aus über 5.000 Zapfen ernten.

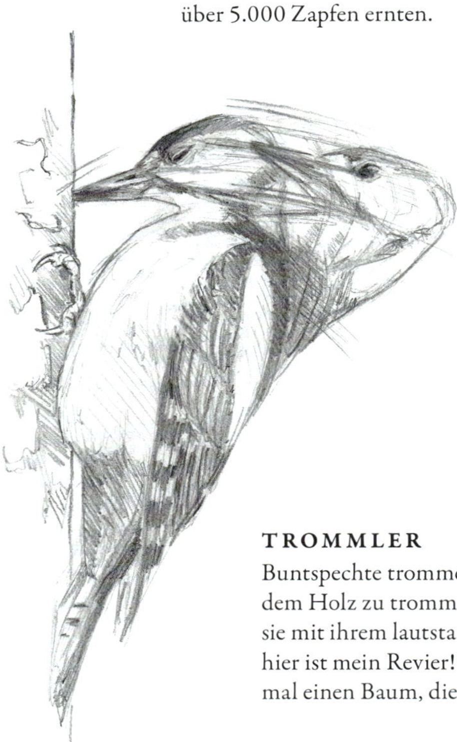

WIE GEHT'S DEM WALD?
Obwohl anpassungsfähig und häufig, sind Buntspechte doch gute Indikatoren für den Zustand unserer Wälder. Nur da, wo neben Jungwuchs auch alte, morsche Bäume stehen bleiben dürfen und es reichlich Käferlarven und andere Insekten gibt, kann der Buntspecht erfolgreich seinen Nachwuchs großziehen.

TROMMLER
Buntspechte trommeln nicht, um Larven „aus dem Holz zu trommeln" – vielmehr machen sie mit ihrem lautstarken Trommeln klar: „Das hier ist mein Revier!". Dazu braucht es nicht mal einen Baum, die Dachrinne tut es ebenso.

Spechteinflug
Im Herbst und Winter sind Spechte häufiger zu beobachten. Das liegt auch daran, dass nordische Buntspechte bei Nahrungsknappheit den Winter bei uns verbringen.

Ohne Plastik
Damit sich Vögel mit ihren langen Zehen und Krallen nicht in Plastiknetzen verfangen können, ist es besser, Knödel ohne Netze anzubieten.

Baumhacker
Mit seinem kräftigen Schnabel kann der Buntspecht nicht nur trommeln. Er hackt damit auch holzfressende Insekten aus Baumstämmen.

MITTELSPECHT

Dendrocoptes medius

GRÖSSE: 20–22 cm

BEI UNS: Jahresvogel, kommt aber nur in manchen Regionen vor. Im Winter an Futterplätzen.

BRUT: Apr.–Aug., Nest in Baumhöhlen; meist 5–6 Eier; Brutdauer 10–14 Tage; 1 Jahresbrut, bei Verlust Ersatzgelege.

AN DER WINTERFÜTTERUNG kann man den eher scheuen und unauffällig lebenden Specht ganz aus der Nähe beobachten. Findet er an kalten, kurzen Wintertagen nicht mehr genügend Insekten in Baumrinden, freut er sich im Garten über Fettfutter und Sonnenblumenkerne.

KLEINER EICHEN-SPECHT

Mittelspechte sind Lebensraum-Spezialisten. Wichtig sind für sie alte Laubbäume mit morschen Ästen, das können Eichenwälder sein oder auch alte Obstbaumwiesen. Die morschen Äste brauchen sie zum Zimmern ihrer Bruthöhlen, in den Rindenritzen finden sie im Sommer und Winter Insektennahrung.

098

Der Gesang ist ein klagendes „Wähh-wähh-wähh". Der Mittelspecht trommelt selten und kurz.

KLEINSPECHT

Dryobates minor

GRÖSSE: Größe: 14–17 cm

BEI UNS: Jahresvogel, bleibt bei gutem Nahrungsangebot ganzjährig im Brutrevier.

BRUT: März–Aug.; meist 5–7 Eier in Höhle in morschem Holz; Brutdauer 9–12 Tage. Beide Partner hudern und füttern. 1 Jahresbrut.

099

Der Gesang ist ein helles „Kie-kie-kie-kie-kie". Der Kleinspecht trommelt nur leise.

GARTENTIPP: Kleinspechte kommen bevorzugt in Obstgärten mit hochstämmigen Obstbäumen.

SELTEN UND HEIMLICH

Kleinspechte kommen nur regional vor und sind nirgendwo häufig. Sie brüten bevorzugt in gewässernahen Auwäldern mit viel Totholz, aber auch in Alleen und Streuobstwiesen, in denen man am ehesten durch ihre helle Rufreihe auf sie aufmerksam wird. Die Art leidet unter dem Schrumpfen ihrer strukturreichen Lebensräume.

KUCKUCK

Cuculus canorus

WEIBCHEN AUF NESTSUCHE

Kuckuck-Weibchen können ganz rostbraun gefärbt sein. Oft sitzen sie mit hängenden Flügeln auf Zaunpfählen und spähen Nester kleiner Singvögel aus. Sie selbst brüten nicht, sondern lassen andere ihre Arbeit tun. Ihre Eier schmuggeln sie in die Nester von Rohrsängern, Rotkehlchen, Bachstelzen, Rotschwänzen und anderen Kleinvögeln.

HUNGRIGES RIESENBABY

Ein Jungkuckuck benötigt enorme Futtermengen – für seine viel kleineren Wirtseltern ein echter Kraftakt, den kleinen Nimmersatt zufriedenzustellen. Bis zu 3 Wochen lang füttern sie ihr immer hungriges Riesenbaby.

100

Der Gesang – das bekannte, weit schallende „Kuckuck – ku-kuck" ist hauptsächlich im Mai und Juni zu hören.

NAHRUNG IM SOMMER

Kuckucke verzehren hauptsächlich große Insekten wie Heuschrecken, Libellen, Käfer und große, pelzige Schmetterlings-Raupen, die von anderen Vögeln verschmäht werden. Der Kuckuck hat gelernt, nur das Innere herauszuschlürfen, den pelzigen Mantel lässt er liegen.

ANGEBORENER WEGWEISER

Der ausgewachsene Jungkuckuck macht sich im Spätsommer ganz allein und ohne Hilfe auf den Weg ins afrikanische Winterquartier.

BEOBACHTUNGSTIPP:
Den Kuckuck kann man am häufigsten in halboffenen Landschaften in Gewässernähe beobachten.

KEIN PLATZ FÜR GESCHWISTER

Ist der Jungkuckuck geschlüpft, wirft er nacheinander die anderen Jungvögel aus dem Nest, bis nur noch er selbst übrigbleibt.

GRÖSSE: 32–36 cm

BEI UNS: Sommervogel, meist Apr.–Sept.; Langstreckenzieher, überwintert in Afrika südlich des Äquators.

BRUT: Ab Ende Apr.–Mitte Juli, abhängig von der Brutperiode seiner Wirtsvögel, verteilt bis zu 25 Eier in fremde Nester; Brutdauer meist 12 Tage; Nestlingszeit je nach Wirt ca. 3 Wochen.

TYPISCH: Wird oft mit Turmfalken, Tauben oder dem Sperber verwechselt.

STADTTAUBE

Columba livia f. *domestica*

101

Der Gesang ist leise gurrend „guu-ru-gu“.

HÄUSER STATT FELSWÄNDE

Unsere Stadttauben stammen von wild lebenden Felsentauben ab, die für Fleisch und Eier gezüchtet wurden und später zum Teil wieder verwilderten. Unsere Städte sind für sie willkommene „Ersatzfelsen“. Genau wie die Felsentauben sind auch Stadttauben bei der Nahrungssuche am liebsten gesellig unterwegs.

KÜKEN, DIE MILCH BRAUCHEN

Tauben füttern ihre Küken mit „Milch“, die Weibchen und Männchen selbst produzieren. In einer speziellen Ausbuchtung der Speiseröhre, dem sogenannten Kropf, geben Drüsenzellen diese Milch ab („Kropfmilch“). Sie ist für die Küken in den ersten Lebenstagen überlebenswichtig.

EINE PLAGE?

Vergrämt, krank durch Abfälle oder im Müll entsorgt: Das muss so nicht sein. Eine gute Lösung bieten betreute Taubenschläge, in denen man die Tiere sachgerecht füttert und ihre Eier gegen Gipseier austauscht.

LEBENSLANGE BINDUNG

Taubenpaare sind bekannt für ihre lebenslange Treue dem Partner gegenüber.

IHRE NAHRUNG

Während wild lebende Felsentauben die Samen von Gräsern und Kräutern picken, haben Stadttauben gelernt, in unseren Städten von Abfällen und Brot zu leben. Manche Schwärme fliegen zur Nahrungssuche auch gezielt Getreidespeicher oder Häfen an, manche ziehen auch ins ländliche Umfeld, um auf Äckern Körner zu finden.

GRÖSSE: 29–35 cm

BEI UNS: Jahresvogel, sehr ortstreu.

BRUT: Meist März–Sept., auch Winterbruten kommen in Städten vor. Nest an Gebäuden (Simse, Vorsprünge), 2 Eier; Brutdauer 17–18 Tage; Nestlingszeit 23–25 Tage. Beide Eltern hudern und füttern den Nachwuchs. Meist 2–4 Jahresbruten.

TYPISCH: Die enge Bindung an ihren Geburtsort und ihr herausragender Orientierungssinn führten zum Einsatz als „Brieftaube“.

RINGELTAUBE

Columba palumbus

GRÖSSE: 38–43 cm

BEI UNS: Häufiger Sommervogel, regional auch Überwinterer. Die meisten ziehen aber im Herbst nach Südwesteuropa.

BRUT: März–Sept., meist 2 Eier in Nest auf Bäumen; Brutdauer 16–17 Tage. 2–3 Jahresbruten.

102

Ihr Gesang ist ein typisch fünfsilbiges „Hu-hu-hu-huhu".

BEOBACHTUNGS-TIPP: Aufgeschreckt fliegen Ringeltauben mit lautem Flügelklatschen davon.

VOM WALD IN DIE STADT

Die ehemals scheue Waldtaube brütet mittlerweile auch in Parks, Gärten und sogar in Städten, wo man sie inmitten von Stadttauben entdecken kann. Ringeltauben leben vegetarisch von Sämereien, Blättern und Früchten, in Städten auch von Brot. Zur Nahrungssuche und nach der Brutzeit oft in größeren Schwärmen.

TÜRKENTAUBE

Streptopelia decaocto

GRÖSSE: 29–33 cm

BEI UNS: Jahresvogel

BRUT: Ab März-Sept., meist 2 Eier in Nest an Gebäuden und auf Bäumen; Brutdauer 13–15 Tage; Nestlingszeit 15–19 Tage. 2–4 Jahresbruten, bei Verlust Ersatzgelege. Auch Winterbruten möglich.

JUNGVÖGEL AUF REISEN

Schon wenige Monate nach dem Schlüpfen können junge Türkentauben bereits selbst brüten. Viele zieht es dazu aber in die Ferne: Bis über 1.000 km können junge Türkentauben zurücklegen, um neue Brutgebiete mit günstigem Nahrungsangebot zu besiedeln.

103

Ihr Gesang ist immer dreisilbig „hu-huuu-hu".

DIE AUSBREITUNGSKÜNSTLERIN

Seit rund 100 Jahren breitet sich die Türkentaube kontinuierlich vom Balkan in Richtung Nord- und Westeuropa aus und ist mittlerweile eine häufige Taube in Mitteleuropa. Als Kulturfolgerin trifft man sie besonders in grünen Städten und Gärten. Wo sie sich wohl fühlt, brütet sie mehrfach im Jahr.

TURTELTAUBE

Streptopelia turtur

GRÖSSE: 25–28 cm

BEI UNS: Sommervogel, Apr.–Sept.; überwintert in afrikanischen Savannen südlich der Sahara.

BRUT: Ab Mai–Aug., 2 Eier in Nest auf Sträuchern oder Bäumen; Brutdauer 13–16 Tage; Nestlingszeit 18–23 Tage. 1–2 Jahresbruten.

SONNE UND WASSER

Besonders im Mittelmeerraum sind Turteltauben weit verbreitet, nach Norden hin werden sie seltener. Sie bevorzugen wärmebegünstigte Regionen und brüten auch in Gärten mit Bäumen. Am ehesten bemerkt man hier ihren gurrenden Gesang. Bevorzugt brüten sie in der Nähe von Wasser, denn Tauben müssen täglich trinken.

104

Der Gesang ist 2–5-silbig gurrend „grurr-gurrr-gurr-gurr...“.

REISEFREUDIG

Sie ist die einzige Langstreckenfliegerin unter unseren Tauben. Ab Mitte August machen sich Turteltauben auf den Weg in ihre afrikanischen Überwinterungsgebiete südlich der Sahara. Wegen starker Bejagung kehren viele nicht von ihrer Reise zurück.

UHU

Bubo bubo

GRÖSSE: 59–73 cm

BEI UNS: Jahresvogel, bleibt ganzjährig in seinem Revier.

BRUT: Meist ab März–Sept.; 2–4 Eier in Nest auf Bäumen, in Felsnischen oder am Boden; Brutdauer 34–36 Tage; Nestlingszeit 3–7 Wochen. 1 Jahresbrut.

BEOBACHTUNGSTIPP: Oktober ist Höhepunkt der Uhu-Balz. Dann hört man ihn in der Nacht häufig rufen.

105

Der Gesang ist ein dumpfes, weit zu hörendes „Buu-hoo".

WIEDERKEHR DER RIESEN

Mitte des 19. Jahrhunderts war der Uhu im Flachland Mitteleuropas durch gezieltes Nachstellen weitestgehend verschwunden. Durch Schutzmaßnahmen konnten sich die Bestände der imposanten Eule mittlerweile wieder erholen. Heute brütet der Uhu wieder in vielen Wäldern, Kiesgruben und Felswänden.

WALDOHREULE

Asio otus

GRÖSSE: 31–37 cm

BEI UNS: Jahresvogel, im Winter Zuzug aus nordöstlichen Brutgebieten nach Mitteleuropa.

BRUT: Ab Febr.–Sept.; meist 3–5 Eier in altem Nest in Bäumen; Brutdauer 25–30 Tage; Nestlingszeit 3 Wochen. 1 Jahresbrut.

106

Der Gesang ist ein stöhnendes, mehrmals wiederholtes „Huuuh“.

NACHMIETER IM KRÄHENNEST

Waldohreulen bauen keine eigenen Nester, sondern beziehen zum Brüten ausgediente Nester von Krähen, Elstern, Eichhörnchen oder Greifvögeln. Im Winter bilden sie Schlafgemeinschaften in bestimmten Baumgruppen auf Friedhöfen und in Gärten.

ÄSTLINGE

Typisch Eule verlassen die Küken ihr Nest bereits, lange bevor sie fliegen können. Als graue puschelige Federbälle hocken sie auf Ästen in der Nähe des Nestes und fiepen in der Nacht nach Nahrung. Solche „Ästlinge“ bitte keinesfalls tagsüber einsammeln und „retten“. Sie werden noch versorgt.

WALDKAUZ

Strix aluco

GRÖSSE: 37–43 cm

BEI UNS: Häufiger Jahresvogel.

BRUT: Meist ab März–Aug.; 3–5 Eier in Baumhöhlen, Nischen oder Nistkästen; Brutdauer 28–29 Tage; Nestlingszeit 5 Wochen. Jungvögel verlassen die Höhle noch flugunfähig. 1 Jahresbrut.

BEOBACHTUNGSTIPP: Den ganzen Winter über kann man den Waldkauz-Gesang hören, im Frühjahr verstummt er.

107

Der Gesang ist ein schauerliches „Huuuhuhuhuhuuuu“.

IN HÖHLEN UND NISCHEN

Oft sieht man Waldkäuze tagsüber mit zusammengekniffenen Augen vor ihrer Höhle in der Sonne sitzen. Über viele Jahre sind das immer dieselben Plätzchen, denn das Käuzchen ist seinem Revier treu und auch seiner Partnerin. In der Dämmerung fliegen Waldkäuze los und erbeuten Mäuse, Vögel und andere kleine Tiere.

SCHLEIEREULE

Tyto alba

GRÖSSE: 33–39 cm

BEI UNS: Jahresvogel und Teilzieher.

BRUT: März–Sept.; meist 4–7 Eier in dunklen, ungestörten Gebäude-Nischen; Brutdauer 30–35 Tage; Jungvögel verlassen im Alter von 50–60 Tagen das Nest. 1–2 Jahresbruten.

GARTENTIPP: Bitte kein Mäusegift ausbringen, denn die Schleiereulen-Küken sterben an vergifteten Mäusen.

108

Der Gesang ist ein heiseres Kreischen „hrüüüüiiii".

GEISTERHAFT

Kreischende Schnarchlaute und gellende Rufe in der Nacht, dazu die große, geisterhaft helle Erscheinung: Schleiereulen können Menschen in der Nacht einen gehörigen Schrecken einjagen, besonders, weil sie am liebsten ganz nah bei uns brüten. Ihr Nest bauen sie in Scheunen und Ställen, die sie dafür mäusefrei halten.

STEINKAUZ

Athene noctua

GRÖSSE: 23–27,5 cm

BEI UNS: Jahresvogel, bleibt auch im Winter in seinem Revier.

BRUT: Apr.–Sept.; meist 3–5 Eier in Höhlen (auch Nistkästen); Brutdauer 27–28 Tage. Im Alter von 4–5 Wochen verlassen die Jungvögel die Höhle. 1 Jahresbrut.

TAGAKTIVE EULE

Wo der Steinkauz vorkommt, da fällt er auch auf: Anders als andere Eulen ist der Mini-Kauz auch bei Tageslicht aktiv und nimmt sogar ausgiebige Sonnenbäder. Zum Brüten braucht er Höhlen in Ställen oder alten Bäumen wie Kopfweiden oder Obstgehölzen.

109

Der Gesang ist ein ansteigendes „Guuu-uuuuhhik".

OBSTWIESEN UND SCHAFE

Übersichtliche, halboffene Landschaften mit alten, höhlenreichen Bäumen und beweideten oder gemähten Wiesen gefallen dem Steinkauz am besten. Denn auf der Suche nach Mäusen, Insekten und Würmern ist er gerne zu Fuß unterwegs, im hohen Gras würde die kleine Eule komplett verschwinden.

ROTMILAN

Milvus milvus

GRÖSSE: 61–72 cm

BEI UNS: Sommervogel; zieht im Herbst ins Mittelmeergebiet.

BRUT: Anfang Apr.–Sept.; meist 2–3 Eier in großem Baumnest; Brutdauer 31–32 Tage; Nestlingszeit 8–50 Tage, abhängig vom Angebot an Futter. 1 Jahresbrut.

110

Der Gesang ist ein pfeifendes Miauen „Djuh-wiuwiu-ii-uu-ii-uu".

BEOBACHTUNGS-TIPP: Im Flug ist er unverwechselbar mit seinem langen, tief gegabelten Schwanz.

GROSSER GREIFVOGEL IN SIEDLUNGSNÄHE

Rotmilane zählen bei uns zu den ersten Frühlingsboten. Schon zeitig im März sieht man sie wieder über Äckern und Wiesen ihre Kreise drehen. Aber immer mehr Rotmilane überwintern inzwischen auch in Mitteleuropa. Sie leben von Aas, Abfällen, Fischen und anderen Kleintieren bis hin zu Insekten.

MÄUSEBUSSARD

Buteo buteo

GRÖSSE: 48–56 cm

BEI UNS: Häufiger Jahresvogel und Kurzstreckenzieher.

BRUT: März–Sept.; meist 2–3 Eier in Baumnest, auch Nester in Felsen, auf Masten und am Boden; Brutdauer 32–36 Tage; Nestlingszeit 6–7 Wochen. 1 Jahresbrut.

HÄUFIGSTER GREIFVOGEL

Entdeckt man in unserer Kulturlandschaft einen Greifvogel, dann ist es meist ein Mäusebussard. Häufig sieht man ihn auf Zaunpfählen am Straßenrand, wo er darauf wartet, dass fahrende Autos seine Beute erlegen, oder er segelt über Wiesen und späht nach Mäusen und anderen kleinen Säugetieren.

Der Gesang ist ein oft zu hörendes, miauendes „Hiii-jääähhh“.

BALZFLÜGE IM FEBRUAR

Schon ab Januar besetzen Mäusebussarde ihre Brutreviere und bieten dann ein tolles Schauspiel zur Balzzeit: Die Partner schrauben sich in der Thermik höher und höher, um urplötzlich einzeln oder auch gemeinsam „abzustürzen“ und sich zu paaren.

SPERBER

Accipiter nisus

GRÖSSE: Männchen 29–34 cm, Weibchen 35–41 cm

BEI UNS: Jahresvogel.

BRUT: Ab Ende Apr.; meist 4–6 Eier in Baumnest; Brutdauer 33–35 Tage; Nestlingszeit 24–31 Tage. Das Männchen versorgt die Familie mit Nahrung. 1 Jahresbrut.

TYPISCH: Die kleineren Männchen können mit Falken verwechselt werden, das deutlich größere Weibchen mit dem Habicht.

TAUBENARTIGER FLUG
Man erkennt fliegende Sperber an kurzen, breiten Flügeln und schnellen, taubenartigen Flügelschlägen, dem langen, rechteckigen Schwanz und seiner komplett gebänderten Unterseite. Das größere Weibchen kann im Flug leicht mit dem Habicht-Männchen verwechselt werden.

112

Der häufigste Ruf ist ein weiches „Gjüggüg-güüggügü" im Frühjahr, außerhalb der Brutzeit sind Sperber eher schweigsam.

JUNGE SPERBER haben noch ein braunes Rückengefieder, ein wichtiges Erkennungszeichen ist ihre grob und unregelmäßig gebänderte Brust.

KLEINVOGEL-JÄGER
Dem Sperber genügt zum Brüten ein kleines Feldgehölz mit angrenzenden, offenen Flächen für die Jagd. An Heckensäumen und Waldrändern sieht man ihn flach über dem Boden mit hoher Geschwindigkeit Finken, Drosseln, Spatzen und Meisen nachjagen. Das größere Weibchen kann sogar Tauben im Flug erbeuten.

IM WINTER AM FUTTERPLATZ: Hier hat der Sperber es allerdings nicht auf das Vogelfutter abgesehen, sondern auf die Kleinvögel selbst. Stieben alle Vögel gleichzeitig aufgeregt auf und davon, haben sie den Sperber wahrscheinlich vor uns entdeckt.

STARKE MÜTTER
Sperber-Weibchen sind rund ein Drittel größer und schwerer als ihr Männchen, so können sie ihre Brut gut wärmen und wehrhaft verteidigen.

DAS NEST ist eine flache Mulde aus Reisig. Sperber verstecken es gerne in Fichten, meist bauen sie es nah am Stamm.

HABICHT

Accipiter gentilis

GRÖSSE: Männchen 49–56 cm, Weibchen 58–64 cm

BEI UNS: Jahresvogel, junge Habichte ziehen auch umher.

BRUT: Ab Ende März–Sept.; meist 2–5 Eier in Nest auf hohen Bäumen; Brutdauer 35–40 Tage; Nestlingszeit 35–42 Tage. 1 Jahresbrut.

113

Ruft bussardähnlich „hiijäähh, zur Brutzeit „gik-gik-gik"-Rufreihen.

GROSSER ZWILLING VOM SPERBER

Typisch für Habichte ist der deutliche Größenunterschied zwischen Männchen und Weibchen. Während das Weibchen so groß ist wie der häufige Mäusebussard, erinnert das zierliche Männchen eher an das sehr ähnliche Sperber-Weibchen.

WENDIGER VOGELJÄGER

Habichte sind rasante Jäger in deckungsreichem Gelände, vor allem Tauben, Drosseln und Staren stellen sie nach, machen aber auch vor Hühnern im Garten und Haustauben nicht Halt. Daher sind Habichte bei Geflügelhaltern nicht gern im Garten gesehen. Sie brüten nicht selten nahe unserer Siedlungen.

WANDERFALKE

Falco peregrinus

GRÖSSE: Männchen 38–45 cm, Weibchen 46–51 cm

BEI UNS: Jahresvogel, im Winter Zuzug nordischer Brutvögel.

BRUT: März–Aug.; meist 3–4 Eier an Felswänden oder hohen Gebäuden; Brutdauer 29–32 Tage; Nestlingszeit 35–42 Tage. 1 Jahresbrut.

FELS UND STADT

Ursprünglich brütet er an steilen Felswänden im Gebirge und an Meeresküsten, inzwischen sieht man Wanderfalken auch mitten in der Großstadt. Schornsteine, Gebäudenischen und Masten nutzt er als Ersatzfelsen zum Brüten und die zahlreichen Taubenschwärme in der Stadt bieten rund ums Jahr leichte Beute.

BEOBACHTUNGSTIPP: Im Winter sieht man nordische Wanderfalken in unseren Städten bei ihren spektakulären Verfolgungsjagden auf Stadttauben.

114

Ruft hauptsächlich zur Balzzeit „gräh-grä-grä“.

TURMFALKE

Falco tinnunculus

GRÖSSE: 31–39 cm

BEI UNS: Häufiger Jahresvogel, Teilzieher, Zugvogel und Wintergast aus Nordeuropa.

BRUT: Apr.–Juli; meist 4–6 Eier in Nest an Gebäuden, Hochspannungsmasten, Steinbrüchen oder Bäumen; Brutdauer 27–32 Tage; Nestlingszeit 27–32 Tage. Jungvögel sind 4 Wochen nach dem Verlassen des Nests selbstständig. 1 Jahresbrut.

TYPISCH: Falke der offenen Kulturlandschaft mit Wiesen und Äckern.

115

Die Rufe „gui-gui-gui-gui" hört man zur Balzzeit und in Nestnähe.

RÜTTELFALKE
Auf Mäusejagd sieht man den Turmfalken häufig flügelschlagend an einer Stelle in der Luft stehen („Rüttelflug") und nach Beute spähen. Dabei hilft sein aufgefächerter Schwanz, die Balance zu halten. Hat er eine Maus entdeckt, stürzt er jäh zu Boden und greift sie mit seinen langen Krallen.

WOHER WEISS DER TURMFALKE, wo sich das Rütteln lohnt? Anders als wir ist er fähig, ultraviolettes Licht zu sehen. Frischer Mäuseurin, mit dem Mäuse ihr Revier markieren, reflektiert dieses Licht. So weiß er aus großer Höhe, wo bald eine Maus zu erwarten ist.

BEOBACHTUNGSTIPP:
Wo Felswände und hohe Gebäude fehlen, die Landschaft aber viel Nahrung verspricht, kann man brütende Turmfalken auch in ausgedienten Baumnestern von Krähen oder Greifvögeln entdecken.

AUCH IN NISTKÄSTEN
Wo Gebäudenischen fehlen, kann man dem Turmfalken mit speziellen Nistkästen helfen, einen Brutplatz zu finden.

HAUPTSACHE HOCH
Eigene Nester baut der Turmfalke nicht, er bezieht gerne tiefe Nischen in Felsen oder auch mitten in der Stadt in hohen Gebäuden. Während das Weibchen brütet und auf die Jungvögel aufpasst, schafft das Männchen Nahrung für die Familie heran. In der Stadt erbeuten Turmfalken überwiegend Kleinvögel, auf dem Land eher Mäuse und größere Insekten.

WEISSSTORCH

Ciconia ciconia

WICHTIGE WIESEN
Störche sind darauf angewiesen, ihre Nahrung in der näheren Umgebung ihres Nestes in maximal 3–5 km Entfernung zu finden. Wo artenreiche Wiesen und Sümpfe fehlen, können sie keine Küken großziehen.

116

Am Nest begrüßen sich die Partner mit zurückgebogenem Hals und lautem Schnabelklappern. Dieses Verhalten gab ihnen den volkstümlichen Namen Klapperstorch.

GLÜCKSBRINGER „ADEBAR"
Wenn die Weißstörche im Frühjahr zurückkehren, beginnt bei uns die fruchtbare, nährende Jahreszeit. So entstand der Volksglaube, der Weißstorch würde die Kinder bringen.

UNVERWECHSELBAR ist der Weißstorch durch seinen roten Dolchschnabel.

SCHWARZE SCHNÄBEL
An der Farbe ihrer Beine und Schnäbel erkennt man Jungstörche. Sie sind hier noch nicht leuchtend rot, sondern schwarzgrau.

FLUSSAUEN SCHÜTZEN
Natürliche Süßwasser-Feuchtgebiete sind der wichtigste Lebensraum des Weißstorchs. Der Schutz dieser immer seltener werdenden Lebensräume ist der beste Storchenschutz.

JÄGER AUF DER WIESE
Ihre Nahrung suchen Weißstörche in übersichtlichen Landschaften mit mäuse- und insektenreichen Wiesen und Sümpfen. Auch Frösche, Krebse, Fische und Regenwürmer stehen auf ihrem Speiseplan. Während der Zugzeit kann man große Trupps von Weißstörchen auf Mülldeponien in Spanien beobachten, wo sie auch Aas fressen.

GRÖSSE: 100–110 cm

BEI UNS: Sommervogel, von März–Okt., im Winter südlich der Sahara in Afrika. Immer mehr Weißstörche überwintern aber auch in Süd- und Mitteleuropa.

BRUT: Meist 3–5 Eier in hoch gelegenem Reisignest auf Dächern, Masten oder Bäumen; Brutdauer 32–34 Tage. Die Jungvögel sind mit 55–60 Tagen flügge. 1 Jahresbrut.

TYPISCH: Der Bruterfolg von Altstörchen ist größer als bei noch unerfahrenen Jungstörchen.

Störche im Aufwind
Flügel ausbreiten, in warmen Aufwinden nach oben tragen lassen und mit der Thermik in großen Höhen segeln: So legen Weißstörche jedes Jahr Tausende von Kilometern zurück.

Familiensitz
Weißstörche nisten auf Bäumen, Hausdächern oder extra errichteten Plattformen. An ihrem einmal gewählten Nest baut das Paar ein Leben lang weiter. So wird es jedes Jahr etwas höher. Alte Nestburgen können bis zu 800 kg schwer und 2,50 m hoch werden.

Schlaraffenland
Blühende Wiesen ohne Gifte rings um unsere Ortschaften sind ein Schlaraffenland für Störche.

FASAN, JAGDFASAN

Phasianus colchicus

GRÖSSE: 70–90 cm (davon Schwanz 35–45 cm), Weibchen kleiner

BEI UNS: Ganzjährig; regelmäßig in freier Natur ausgesetzt.

BRUT: Ab Apr. 8–12 Eier in Bodennest; Brutdauer 23–25 Tage. Die Jungen verlassen das Nest nach wenigen Stunden.

AUSGESETZT ZUR JAGD

Fasane sind oft wenig scheu und kommen im Winter an Futterplätze im Garten. Das liegt daran, dass die ursprünglich in Asien beheimateten Vögel bei uns in Fasanerien gezüchtet und anschließend zu Jagdzwecken in die Natur entlassen wurden. Im Winter werden Fasane von Jägern an bestimmten Plätzen zugefüttert.

117

Der Gesang ist ein lautes, heiseres „Göö-gock".

Fasanenhenne

GARTENTIPP:
Anders als Singvögel freuen sich Fasane im Winter über Getreide und Mais.

AN DER KÜSTE

AUSTERNFISCHER

118

Haematopus ostralegus

GRÖSSE: 39–44 cm

An Stränden und auf küstennahen Salzwiesen ist er wirklich nicht zu übersehen und seine durchdringenden „Kliep-klieep"-Rufe auch nicht zu überhören. Mit seinem schwarz-weißen Gefieder, dem langen roten Stocherschnabel und den roten Beinen ist der Austernfischer ein unverwechselbarer Charaktervogel unserer Küsten und landet wenig scheu auch mal auf Hausdächern und in Gärten.

SANDREGENPFEIFER

119

Charadrius hiaticula

GRÖSSE: 17–19,5 cm

Der kleine sandfarbene Vogel huscht meist unbemerkt von Strandspaziergängern auf und davon. Oft hört man nur noch seine weichen „Küliep"-Rufe. Sie verraten, dass ganz in der Nähe seine gut getarnten Eier in einer kleinen Sandmulde versteckt sind. Bitte nicht weiter stören, damit seine Eier nicht zu stark auskühlen.

ROTSCHENKEL

120

Tringa totanus

GRÖSSE: 24–27 cm

Während der Brutzeit sieht man Rotschenkel meist auf Zaunpfählen Ausschau halten. Nähert sich ein potenzieller Nesträuber, warnt er durchdringend „tjü-dü-düh" und zieht dann laut schimpfend seine Kreise über der Wiese. Denn hier ist sein gut getarntes Bodennest versteckt, auf dem der Partner oder die Partnerin brütet.

Wenn Sie in Norddeutschland wohnen, ist es gut möglich, dass auch diese Küstenvögel über Ihren Garten fliegen oder bei Ihnen Station machen.

KIEBITZ

121

Vanellus vanellus

GRÖSSE: 28–31 cm
Akrobatische Hochzeitsflüge über Frühlingswiesen, untermalt von nasalen „Kiu-witt"-Rufen sind typisch für den Kiebitz. Es ist noch nicht lange her, da konnte man dieses Schauspiel noch fast überall bewundern. Kiebitze leiden heute unter der intensiven Landwirtschaft. Für ihr Nest und das Großziehen ihrer Küken benötigen sie naturnahe Feuchtwiesen.

SILBERMÖWE

122

Larus argentatus

GRÖSSE: 54–60 cm
Sie zählt zu unseren größten Möwen: Silbermöwen sind so groß wie ein Mäusebussard und die prachtvollen Vögel lassen sich gerne und wenig scheu an Hafen, Stränden oder von Schiffen aus mit Brot füttern. Ihre Nesthaufen aus Tangen, Gras und Strandgut finden sich eigentlich auf Felsvorsprüngen und in Dünen, immer häufiger aber auch an Häusern und auf Dächern.

KÜSTENSEESCHWALBE

123

Sterna paradisaea

GRÖSSE: 33–39 cm
Seeschwalben sind schlanker als Möwen und besitzen lange Schwanzspieße. Daher rührt ihr Name „See-Schwalbe". Küstenseeschwalben brüten in lärmenden Kolonien in Wassernähe und erbeuten hauptsächlich kleine Fischchen im Sturzflug. Den Winter verbringen sie in der Antarktis und fliegen so einmal im Jahr um die ganze Welt.

SERVICE

NÜTZLICHE ADRESSEN

ORGANISATIONEN

- **NABU (Naturschutzbund Deutschland) e. V.**
  NABU-Bundesgeschäftsstelle
  Charitéstr. 3
  D-10117 Berlin
  www.nabu.de
- **LBV – Landesbund für Vogelschutz in Bayern e. V.**
  Eisvogelweg 1
  D-91161 Hilpoltstein
  www.lbv.de
- **BirdLife Österreich – Gesellschaft für Vogelkunde**
  Museumsplatz 1/10/8
  A-1070 Wien
  www.birdlife.at
- **Schweizer Vogelschutz SVS/ BirdLife Schweiz**
  Wiedingstr. 78
  CH-8036 Zürich
  www.birdlife.ch

HILFREICHE LINKS

- **Avi-Fauna: Vögel in Deutschland**
  Häufige Brutvögel, Rote Liste der Brutvögel in Deutschland, Kulturfolger, Neubürger und Rückkehrer.
  https://www.avi-fauna.info/start/haeufige-brutvoegel/
- **LBV: Elemente für eine naturnahe Gartengestaltung**
  Trockenmauern, Obst- und Schmetterlingswiesen, Hecken und Fassadenbegrünung: Elemente für eine naturnahe Gartengestaltung.
  https://www.lbv.de/ratgeber/lebensraum-garten/strukturen-im-garten/
- **NABU: Stunde der Gartenvögel**
  Mitmachen bei der großen Vogelzählung im Garten und die Ergebnisse melden.
  www.nabu.de/tiere-und-pflanzen/aktionen-und-projekte/stunde-der-gartenvoegel/
- **Naturgarten e.V.: Informative Webseite zum Thema Naturgarten, Lebensräumen, Wissensblog und Projekten.**
  www. naturgarten.org
- **Natura DB: Ausführliche Beschreibungen zu Pflanzen** für Garten, Terrasse und Balkon und ihren ökologischen Wert für Insekten, Vögel und Säugetiere.
  www.naturadb.de
- **Wildvogelhilfe**
  Informationen zu Wildvögeln, Wildvögeln in Not helfen, Vogelwissen und Auffangstationen.
  www.wildvogelhilfe.org

BEZUGSQUELLEN FÜR VOGELFUTTER

- **Pauls Mühle**
  Wildvogelfutter aus eigener Herstellung, Körner, Saaten, Fette zum Selbermischen.
  www.pauls-muehle.de
- **Welzhofer**
  Hochwertiges Vogelfutter, auch Meisenknödel in Bio-Qualität
  www.welzhofer-shop.de
- **Zoo-Papp**
  Lebende Futterinsekten für Vögel, Sommerfutter für Vögel und Energieblöcke
  www.zoo-papp.de
- **NABU-Shop**
  Verschiedene Futtersorten und -systeme.
  https://www.nabu-shop.de

MEDIENEMPFEHLUNGEN

BÜCHER

Barthel, P. H. & Dougalis, P. (2024): **Was fliegt denn da?** Das Original. Alle Vogelarten Europas. Extra: Über 188 Vogelstimmen kostenlos mit der KOSMOS-PLUS-App hören. 200 S., Kosmos, Stuttgart

Beddard, R. (2012): **The Garden Bird Year.** A seasonal guide to enjoying the birds in your garden. New Holland Publishers

Haag, H. (2024): **Kindernaturführer Welcher Gartenvogel ist das?** 25 Arten vor deiner Haustür. Vogelstimmen kostenlos mit der KOSMOS-PLUS-App hören. Für Kinder ab 8 Jahre, 112 Seiten, Kosmos

Hecker, K. & F. (2020): **Meine Vogel-Snackbar.** Vogelfutter selber machen. 72 S., Kosmos

Hecker, K. & F. (2022): **Mach was für Vögel.** Do-it-yourself-Ideen, Pflanzen und Nistplätze für Gartenvögel. 72 S., Kosmos

Hecker, K. & F (2025): **Kosmos Vogelführer für unterwegs.** 230 Arten einfach bestimmen und in ihren Lebensräumen entdecken. Kosmos

Hume, R. et al. (2023): **Die Vögel Europas:** Sämtliche Kleider, Unterarten, alle Bestimmungsaspekte, Mauser, Status, Verbreitung, Lebensraum. 928 Arten in über 4700 Fotos. Der umfassendste Fotoführer mit allen Vögeln Europas. 640 S., Kosmos

Schmid, U. (2023): **Vogelparadies Garten.** So wird dein Garten vogelfreundlich. 96 S., Kosmos

Singer, D. (2022): **Was fliegt denn da?** Der Fotoband. 346 Vogelarten Europas. Extra: Vogelstimmen und Vogelfilme auf der KOSMOS-PLUS-App. 400 S., Kosmos

Svensson, L. et al. (2017): **Der Kosmos Vogelführer.** Alle Arten Europas, Nordafrikas und Vorderasiens. Kosmos

Tinz, S. (2019): **Haufenweise Lebensräume.** Ein Lob der Unordnung im Garten. Naturschutzprojekte, Artenvielfalt, Gestaltung. Pala

Die meisten Kosmos-Bücher sind auch als E-Book erhältlich.

NÜTZLICHE APPS

- App KOSMOS-PLUS (siehe S. 220/221)
- Der Kosmos Vogelführer
- Merlin Bird ID
- Vögel Europas – Was fliegt denn da?
- Vögel füttern und erkennen

AUTORIN & FOTOGRAF

KATRIN UND FRANK HECKER sind Diplom-Biologen und arbeiten seit vielen Jahren als freiberufliche Autoren und Naturfotografen für diverse Medien und Naturschutz-Organisationen. Natur genau dort erleben zu können, wo sie wohnen und arbeiten, und ihr eigenes Wohnumfeld entsprechend vielfältig zu gestalten, liegt ihnen besonders am Herzen. Mittendrin im Geschehen – zwischen Blumen, Büschen und dem Summen, Zirpen und Gezwitscher. Wie es gelingen kann, diesen Reichtum um sich herum zu gestalten und zu erleben, gibt das Paar gern an seine Leserinnen und Leser weiter. Seine Vision ist es, immer mehr Menschen für das vielfältige, faszinierende Leben um sich herum zu begeistern. Weil Naturverbundenheit beiden Seiten guttut: den Menschen und der Natur.
Die Ornithologie ist seit Beginn ihres Biologie-Studiums Katrins Schwerpunkt. Jahrelange Vogelkartierungen, systematische Vogelzählungen vom Schiff aus und vogelkundliche Führungen im Wattenmeer zählen ebenso dazu wie ihre ornithologische Diplomarbeit im griechischen Nestos-Delta. Ihr besonderes Steckenpferd sind Vogelstimmen.
Die Vogelfotografie ist seit vielen Jahren ein wichtiger Schwerpunkt in Franks Naturfotografie, zu Hause im eigenen Garten ebenso wie im Rest Europas: von Flamingos und Gänsegeiern im Süden bis zu Falkenraubmöwen und Papageitauchern im hohen Norden. Sein besonderes Lieblingsprojekt ist die Lichtschrankenfotografie. Dabei werden die Bewegungen der Vögel im Flug eingefroren, die unsere Augen so nicht wahrnehmen können.

Mehr über Katrin und Frank finden Sie unter *www.naturfoto-hecker.com*

ILLUSTRATORIN

HENRIKE KELSCH ist am liebsten draußen unterwegs. Ob die gefiederten Besucher im heimischen Garten oder die vielfältige Flora und Fauna in Wäldern, Nationalparks und Vogelschutzgebieten: Mit Skizzenbuch und Kamera fängt sie künstlerisch ein, was ihr in der Natur begegnet. Ihre handgezeichneten Illustrationen verleihen uns in diesem Buch berührende Einblicke in die Welt unserer Gartenvögel.
Die gebürtige Münsteranerin hat Design und Illustration an der Münster School of Design studiert und arbeitet als Illustratorin und Fotografin für Themen rund um die heimische Natur. Ihre lebendigen Aquarelle und naturalistischen Zeichnungen finden ihren Platz in Naturkundemuseen, Büchern und an Naturlehrpfaden.

Mehr über Henrike finden Sie unter *www.haselhuhn-illustration.de* und *@haselhuhn_art* und *@henrike_haselhuhn*

APP-CODES

001

Die App-Codes der Vogelstimmen – in alphabetischer Reihenfolge der Artnamen.
Die Seitenzahlen verweisen auf die Platzierungen der Stimmen bei den Artbeschreibungen.

Code	Art	Seite
046	Alpenbraunelle	122
050	Alpendohle	123
025	Amsel	87
118	Austernfischer	212
040	Bachstelze	115
054	Bergfink	133
056	Birkenzeisig	136
084	Blässhuhn	173
001	Blaumeise	37
055	Bluthänfling	134
053	Buchfink	130
097	Buntspecht	183
068	Dohle	161
061	Dompfaff, Gimpel	148
033	Dorngrasmücke	103
067	Eichelhäher	159
085	Eisvogel	173
066	Elster	158
059	Erlenzeisig	145
117	Fasan, Jagdfasan	211
052	Feldsperling, Feldspatz	129
065	Fichtenkreuzschnabel	157
035	Fitis	105
081	Gänsesäger	172
010	Gartenbaumläufer	57
031	Gartengrasmücke	100
017	Gartenrotschwanz	72
041	Gebirgsstelze	117
024	Gelbkopfamazone	85
034	Gelbspötter	104
061	Gimpel, Dompfaff	148
060	Girlitz	147
063	Goldammer	154
075	Graugans	170
091	Graureiher	175
011	Grauschnäpper	59
096	Grauspecht	181
058	Grünfink	140
095	Grünspecht	180
113	Habicht	204
013	Halsbandschnäpper	65
021	Halsbandsittich	84
044	Haubenlerche	121
005	Haubenmeise	47
082	Haubentaucher	172
018	Hausrotschwanz	77
051	Haussperling, Hausspatz	125
042	Heckenbraunelle	118
074	Höckerschwan	170
117	Jagdfasan, Fasan	211
076	Kanadagans	170
062	Kernbeißer	153
121	Kiebitz	213
032	Klappergrasmücke	102
008	Kleiber	52
099	Kleinspecht	187
002	Kohlmeise	41
071	Kolkrabe	165
089	Kormoran	175
100	Kuckuck	188
123	Küstenseeschwalbe	213
086	Lachmöwe	174
092	Mauersegler	177
111	Mäusebussard	201
073	Mehlschwalbe	168
028	Misteldrossel	93
088	Mittelmeermöwe	174
098	Mittelspecht	186
030	Mönchsgrasmücke	97
015	Nachtigall	71
069	Nebelkrähe	163
077	Nilgans	171
019	Pirol	79
069	Rabenkrähe	162
072	Rauchschwalbe	167
080	Reiherente	172
047	Ringdrossel	122
102	Ringeltaube	192
027	Rotdrossel	92
014	Rotkehlchen	67
110	Rotmilan	200
120	Rotschenkel	212
070	Saatkrähe	164
119	Sandregenpfeifer	212
108	Schleiereule	198
045	Schneesperling	122
007	Schwanzmeise	51
043	Seidenschwanz	120
122	Silbermöwe	213
090	Silberreiher	175
026	Singdrossel	90
038	Sommergoldhähnchen	109
112	Sperber	203
016	Sprosser	71
101	Stadttaube	190
020	Star	81
109	Steinkauz	199
048	Steinschmätzer	123
057	Stieglitz	139
078	Stockente	171
087	Sturmmöwe	174
003	Sumpfmeise	44
079	Tafelente	171
049	Tannenhäher	123
006	Tannenmeise	49
083	Teichhuhn	173
012	Trauerschnäpper	63
103	Türkentaube	193
115	Turmfalke	207
104	Turteltaube	194
105	Uhu	195
029	Wacholderdrossel	95
009	Waldbaumläufer	55
107	Waldkauz	197
106	Waldohreule	196
114	Wanderfalke	205
004	Weidenmeise	46
116	Weißstorch	208
094	Wendehals	179
093	Wiedehopf	178
037	Wintergoldhähnchen	108
064	Zaunammer	156
039	Zaunkönig	111
036	Zilpzalp	107

REGISTER DER ARTEN

Die Seitenzahlen verweisen auf die Vorstellung der Arten ab Seite 36.

DAS KOSTENLOSE EXTRA: DIE APP „KOSMOS PLUS"

Mit dieser APP können Sie die Vogelstimmen zu den vorgestellten Arten hören.

Und so geht's:

1. Besuchen Sie den App Store oder Google Play.
2. Laden Sie die kostenlose App „KOSMOS PLUS" auf Ihr Mobilgerät
3. Öffnen Sie die App, schalten Sie die Inhalte mit folgendem Code **Birkenzeisig** frei und laden die Inhalte für dieses Buch herunter.
4. Auf den Buchseiten mit dem Symbol 001 oder auch hier mithilfe der Tabelle (links) können Sie die Stimmen der jeweiligen Vogelart hören. Dazu geben Sie den dort genannten Zahlen-Code, z. B. 001, ein.

Mehr Informationen unter plus.kosmos.de

BILDNACHWEIS

Mit 348 Farbfotos, davon 243 von **Frank Hecker**, außerdem 1 von **Günter Bethge** (S. 204); 18 von **Blickwinkel über Hecker** (S. 56, 65 o., 79, 85 u., 100 o., 100 Mitte, 106, 131, 135, 138, 146, 166, 169, 176, 187, 191, 205, 206); 61 von **Wolfgang Buchhorn/Frank Hecker** (S. 19, 21, 24, 26 li., 37 Mitte, 47, 48, 49 o., 55, 68 Mitte, 76, 77 Mitte, 77 u., 78 o., 81 Mitte, 82 Mitte, 83 o., 90 Mitte, 96, 102, 103, 104, 105, 107 u., 108, 109, 111 Mitte, 116 o., 118 u., 126 o., 134 Mitte, 134 u., 136 Mitte, 137, 139 Mitte, 139 u., 140 u., 147 Mitte, 147 u., 150 u., 153 Mitte, 168 u., 171 o., 172 Mitte, 174 o., 175 o., 175 Mitte, 178, 179, 180 o., 180 u., 183 Mitte, 184 Mitte, 188 Mitte, 189, 194, 195, 197, 202, 203 u., 208 u.); 1 von **Vinoth Chandar** (S. 84 o.); 1 von **Stefan Decker** (S. 219), 1 von **Daniel-Dktue** (S. 190 Mitte); 1 von **Raju Kasambe** (S. 84 u.); 6von **Eckhard Mestel/Frank Hecker** (S. 14 li., 44 Mitte, 143 o., 143 u., 170 o., 211); 1 von **Shalom Nisimi** (S. 85 o.); 13 von **Rudolf Schmidt/Frank Hecker** (S. 57 o., 57 Mitte, 65 u., 95 u., 122 Mitte, 122 u., 125 Mitte, 151 u., 154 u., 157, 161 Mitte, 181, 198) und 1 von **Alun Williams** (S. 93).

Mit 103 Illustrationen von **Henrike Kelsch**.

Mit Vogelsilhouetten auf den Exkursseiten von **Adobe Stock** (Alexandersittich auf S. 84/85 von serkanmutan, Alpendohle auf S. 122/123 von Alexander, Kanadagans auf S. 170/171 von elvil, Blässhuhn auf S. 172/173 von lantapix und serkanmutan, Kormoran auf S. 174/175 von CERESNAK Vladimír und Kiebitz auf S. 212/213 von Vitaly Ilyasov).

Mit 120 Vogelstimmen von **Jean C. Roché** und einer Vogelstimme (Gelbkopfamazone) von **Holger Haag** auf der KOSMOS-PLUS-App.

IMPRESSUM

Umschlaggestaltung von **Gramisci Editorial Design (Isabelle Fischer)**, München, unter Verwendung folgender Abbildungen auf der Umschlagvorderseite: 2 Farbfotos von **Frank Hecker**: Sumpfmeise und Blaumeise, 1 Farbfoto von **Marilar Irastorza/Stocksy:** Amsel; 3 Illustrationen von **Henrike Kelsch**: Birkenzeisig, Zaunkönig und Kohlmeise; auf der Umschlagrückseite: 1 Farbfoto von **Frank Hecker:** Kleiber; 3 Illustrationen von **Henrike Kelsch:** Rauchschwalbe und Turmfalkenfedern.

Gedruckt auf chlorfrei gebleichtem Papier

MIX
Papier | Fördert gute Waldnutzung
FSC® C004592

ISBN: 978-3-440-18076-1
Redaktion: Stefanie Tommes
Gestaltungskonzept: Claudia Eder, Pocking
Gestaltung und Satz: Katrin Kleinschrot, Stuttgart
Produktion: Markus Schärtlein
Druck und Bindung: Firmengruppe APPL, Wemding
Printed in Germany / Imprimé en Allemagne